日常手做绝美花蛋糕

*

韩式裱花技法宝典

吴语婕　著

中国轻工业出版社

图书在版编目（CIP）数据

韩式裱花技法宝典 / 吴语婕著. —北京：中国轻工业出版社，2020.10
餐饮行业职业技能培训教程
ISBN 978-7-5184-2925-7

Ⅰ.①韩… Ⅱ.①吴… Ⅲ.①蛋糕—造型设计—技术培训—教材 Ⅳ.①TS213.23

中国版本图书馆CIP数据核字（2020）第038492号

责任编辑：史祖福　贺晓琴　　责任终审：张乃柬　　整体设计：锋尚设计
策划编辑：史祖福　　　　　　责任校对：吴大鹏　　责任监印：张　可

出版发行：中国轻工业出版社（北京东长安街6号，邮编：100740）
印　　刷：北京富诚彩色印刷有限公司
经　　销：各地新华书店
版　　次：2020年10月第1版第1次印刷
开　　本：889×1194　1/16　印张：18.5
字　　数：426千字
书　　号：ISBN 978-7-5184-2925-7　定价：138.00元
邮购电话：010-65241695
发行电话：010-85119835　传真：85113293
网　　址：http://www.chlip.com.cn
Email：club@chlip.com.cn
如发现图书残缺请与我社邮购联系调换
200131S1X101ZYW

传递幸福的信念

Today you can, and you will.

从事裱花蛋糕的教学工作并非我儿时的梦想，犹记高中因为自己对语言有着浓烈的兴趣，便踏入了英文的世界，后来上了台湾淡江大学英文系，实现了想在淡水河边念书的浪漫情怀（笑）。当时天真地以为下半辈子也许做语文相关的工作，殊不知老天开了一个玩笑，母亲后来被确诊罹患罕见疾病：小脑萎缩症，这是第一个打击，第二个打击接踵而来，医生说：这是遗传性疾病，家族有50%的概率罹患此病。随着母亲的病情渐渐恶化，我的心情也跌落谷底，也曾逃避想着我先不要看自己的验血报告，但这种心态伴随着更深沉的忧郁，终于，检查结果揭晓了……我属于那健康的50%概率！好似死过一回又获得重生，当然，我母亲就没有如此幸运了。

接下来的人生起了转折，我找寻着挽救母亲的可能性，研读神经科学资料。更疯狂的是，我开始考虑念台湾阳明大学的脑科所，这是一条艰难的路，也许要花个几年的时间取得学位，但不知为什么，我无所畏惧，也许了解到人生的短暂与无常，也许有种使命感，终于考取了。也感谢当时奋力的我，过程中有多少血泪如过眼云烟，在看到榜单的那一刻全化作了一抹微笑，母亲也感到欣慰。

到社会工作后虽然薪水高，帮助了许多专案研发新药、做人体试验，可惜的是始终等不到小脑萎缩的药物，而现实是，由于罕见疾病的人数较少、情况复杂，药厂大多不会花钱选择此方向。陪伴母亲时总想为她做点什么，也因此而开启了裱花之路，为母亲制作传递幸福的蛋糕。

如果说在有生之年想要留下什么，我想答案就是传递幸福的信念吧，每每有同学担心自己无基础手不巧时，希望能鼓励他们不要去局限自己的终点，因为人生总有出其不意的惊喜在等待你。追寻的过程是辛苦而踏实的，生活会放弃你，但不会放过你，只有破茧而出的美丽，而没有等待出来的成功，如同我们教室的名字“新月”，寓意为月球运行地球与太阳中间呈现无光之月相，最暗的角度后看见的第一道光芒最闪亮，仅献给每一个黑暗后等待闪耀的你。

感谢橘子文化出版社的美娜与小旻邀请，你们的出版品质令人放心，最后感谢我的先生，也是此书的摄影师，没有你的扶持也无法呈现美好的作品。

新月 La Lune Pastry Art 创办人

Trinity

Trinity Wu（阿吹老师）

喜爱将烘焙变成艺术品融入生活之中，坚持甜点不只好吃，还要绝美！以亲切及细腻的教学风格，传授让蛋糕甜点更美丽的秘诀，坚持一步步带领学生制作，教学不藏私，学生遍布多地。

另著有《花果子の技法宝典》一书。

新月 La Lune Pastry Art Facebook

新月 La Lune Pastry Art 官方网站

新月 La Lune Pastry Art Instagram

推荐序

很高兴看到阿吹老师的成名作品集一本接着一本如期完成，内容除了制作蛋糕的配方与详细步骤之外，还会指导学员、读者使用基本奶油霜与流行的韩式挤花所需技巧，使用豆沙霜等各种多元素材来裱花，并且提供色彩丰富的图解与各种装饰技巧解说来表现细致的手法，呈现在读者眼前，如同身临其境。

此书满满三百多页的丰富内容，具有阿吹老师和强大的工作团队规划特色，可随时上课。强力推荐给大家！

财团法人中华谷类食品工业技术研究所 讲师

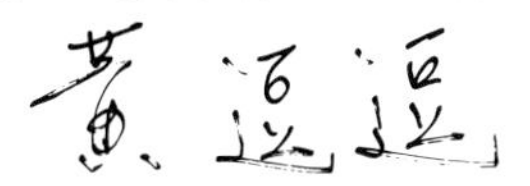

Contents
目 录

CHAPTER 04
Flower Piping & Cake COMBINATION
裱花 × 蛋糕组合配置运用

工具与材料

Tools & Ingredients

工具 TOOLS

花钉

挤花时使用，有大小区别，最常用的尺寸为7号和13号。

花座

摆放花钉的底座，底座上有洞，插入花钉即可固定。

烘焙纸

在挤没有底座的平面花形时，先垫一张烘焙纸，花朵挤好后才能取下。

花剪

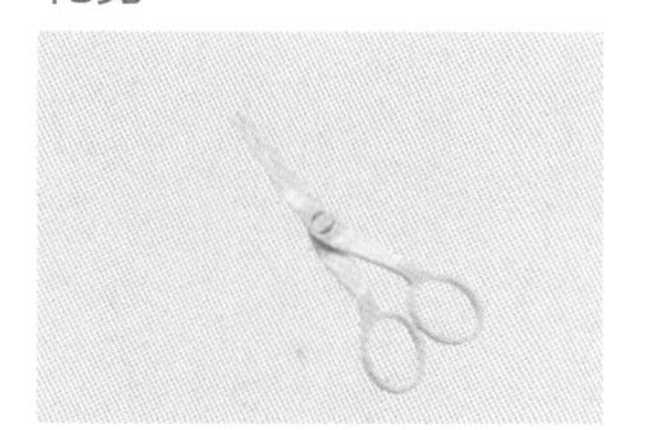

用来移动裱花的工具。

调色碗

调色使用的碗。

花嘴转接头

替换花嘴时使用。

搅拌棒

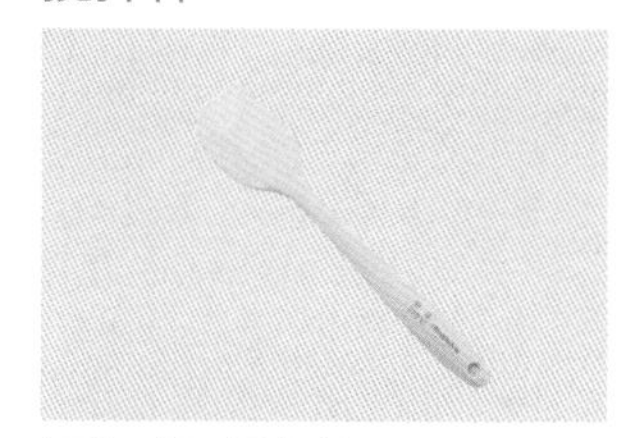

调色或是混色使用。

电动搅拌机

将各类材料搅拌均匀或是打发，例如：蛋白、奶油等。

搅拌器打蛋头

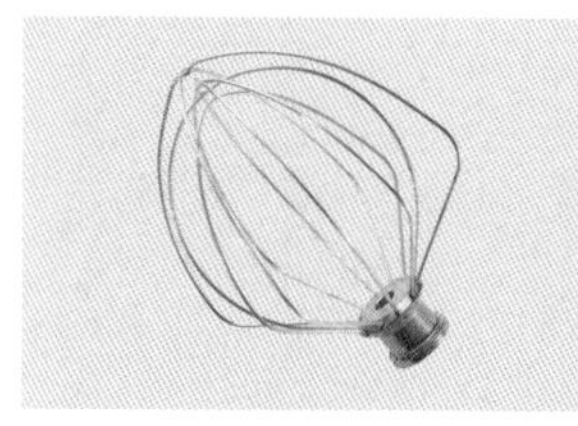

装在电动搅拌机上，可以搅拌食物。

烤箱

烘烤蛋糕使用。

计时器

精确测量烘焙的时间。

剪刀

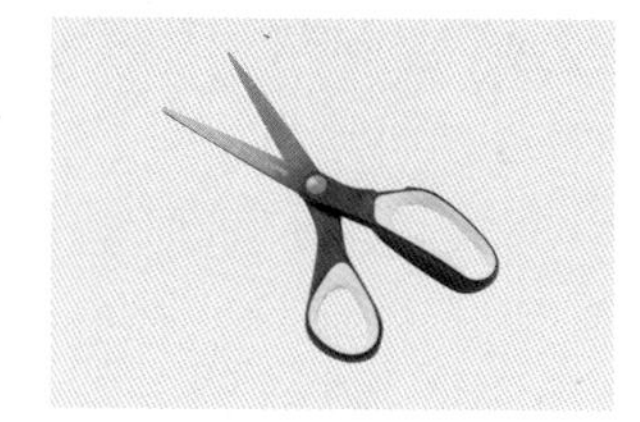

用来剪挤花袋（三明治袋）的袋口。

抹刀

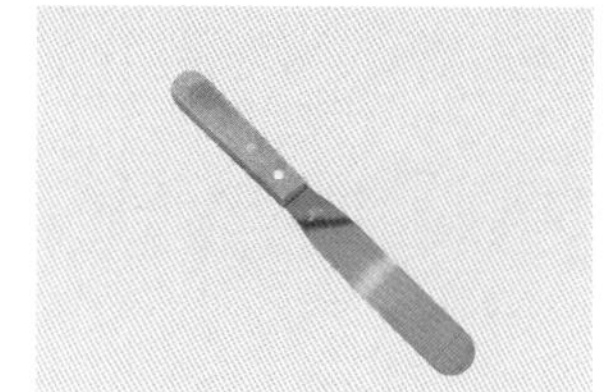

用于蛋糕脱模与抹平奶油。

刮刀

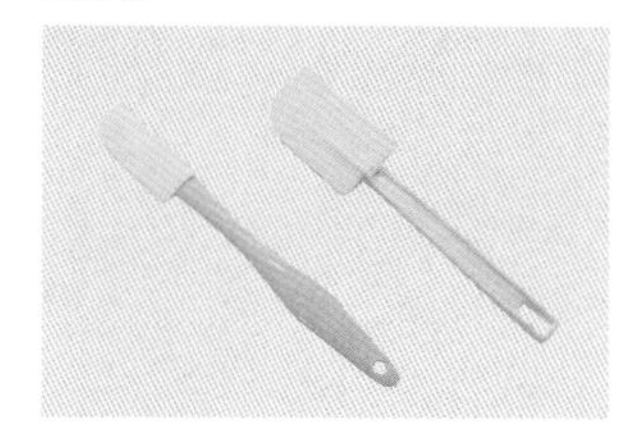

用于拌奶油霜 / 豆沙霜。

打蛋器

制作糕点时使用。

竹签

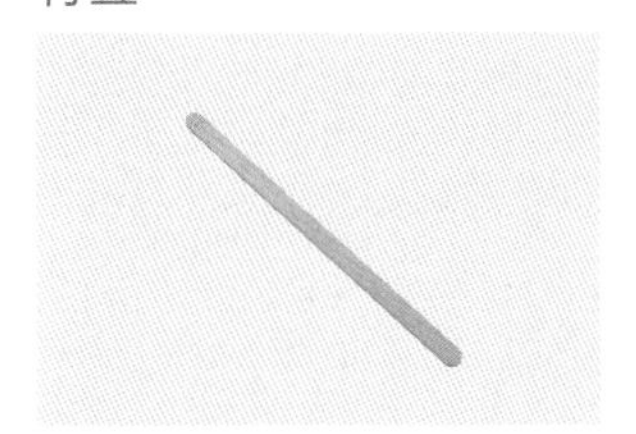

用于蛋糕顶端戳洞，测量是否烤熟。

牙签

用于蘸取颜料。

筛网

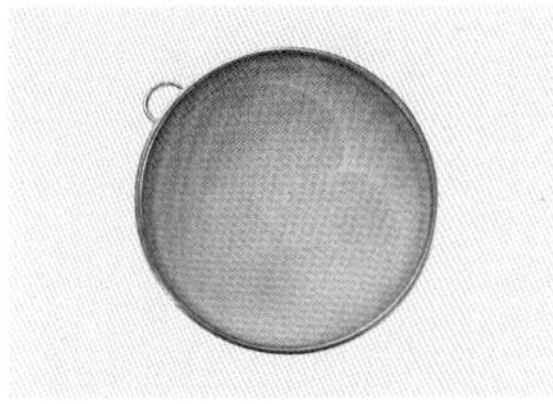

过筛粉类时使用，使粉类不结块。

滤网

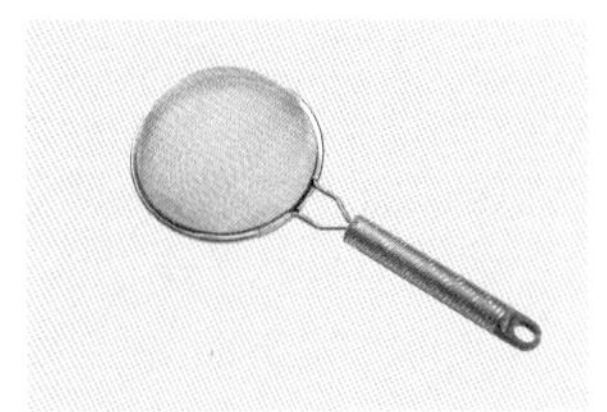

过筛粉类时使用，使粉类不结块。

手套

用以隔绝手温挤奶油霜。

电子秤

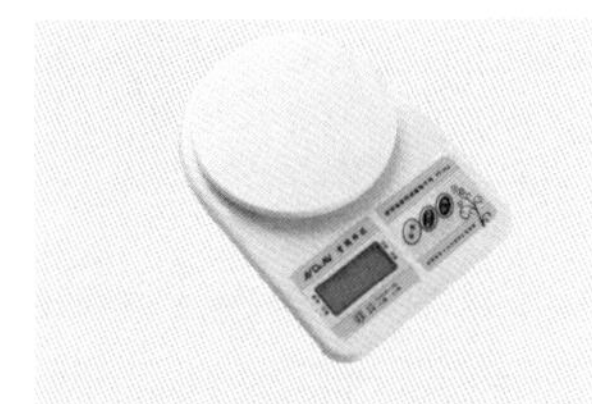

称量材料重量。

挤花袋（三明治袋）

用来盛装豆沙霜与奶油霜的袋子。

斜口钳

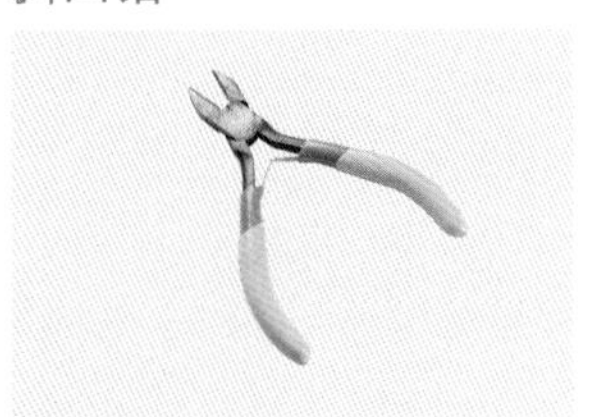

用来调整花嘴形状。

6 吋蛋糕模

烘烤蛋糕的模具。

6 吋烘焙底纸

垫于蛋糕模底部。

不锈钢盆

盛装各式粉类与材料。

单柄锅

烹饪食物使用。

喷雾器

内装饮用水，适时喷洒调整温度。

保鲜盒

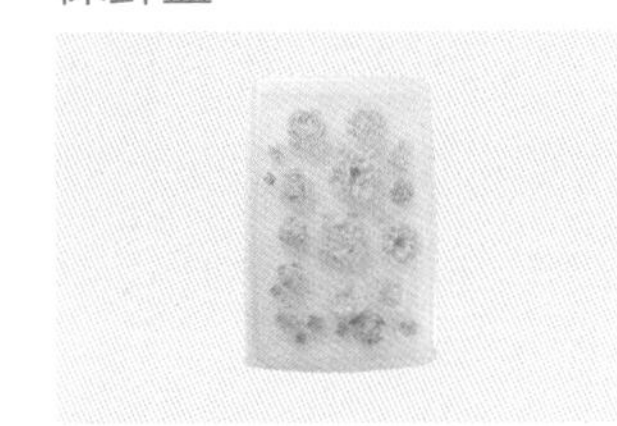

用来盛装裱花的用具。

隔热手套

取出烤箱蛋糕使用。

保鲜膜

保存食材，隔绝空气。

红外线温度计

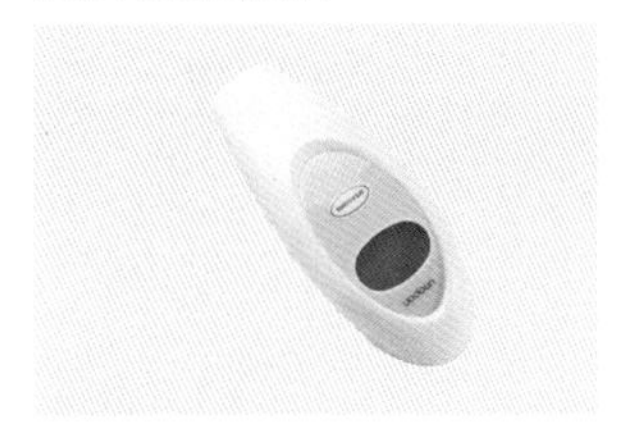

测量温度使用。

保冷包

可加强食品保冷效果。

抹布

用来覆盖保冷包。

蒸锅、蒸笼

蒸豆沙糖皮使用。

尺

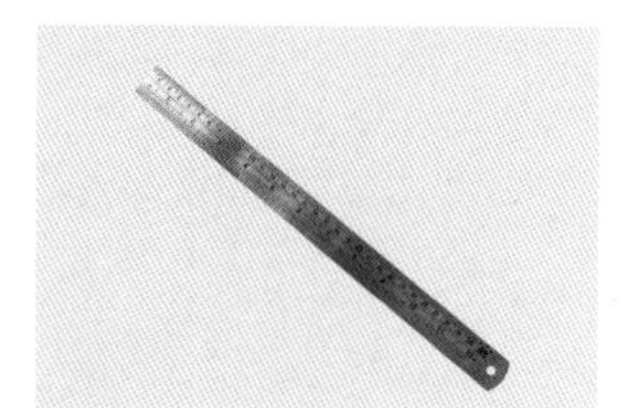

测量长度与大小。

雕塑工具组

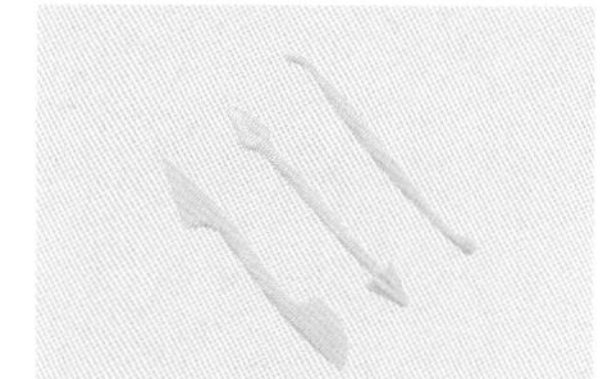

雕塑造型时使用的工具。

擀面棍

擀平材料使用。

水彩笔

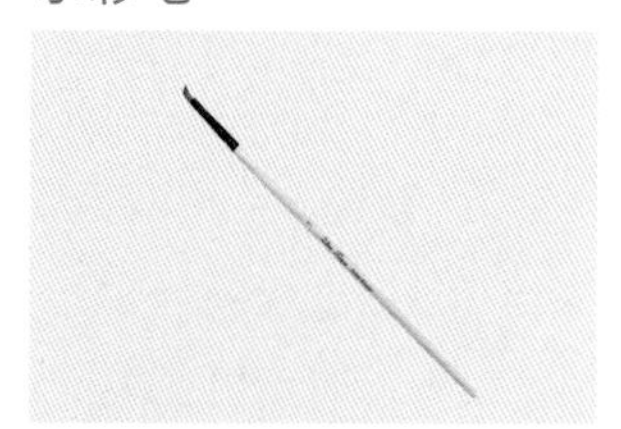

彩绘使用。

小花模具

制作造型使用。

剪刀

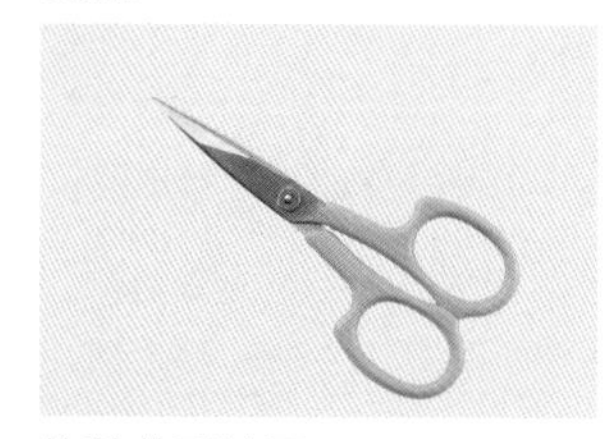

修整花形使用。

砧板

装饰蛋糕时使用。

烘焙垫

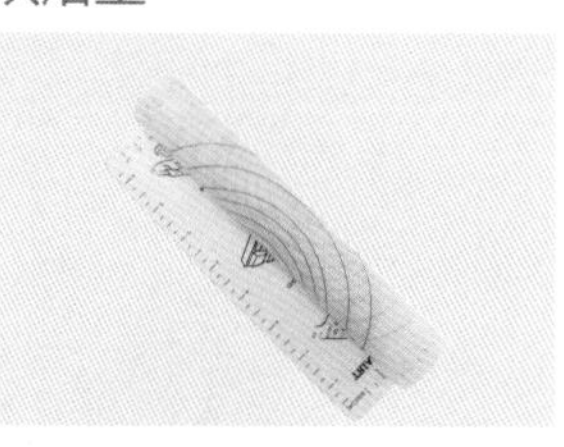

操作时不易粘黏，使工作台保持一定清洁。

蛋糕转盘

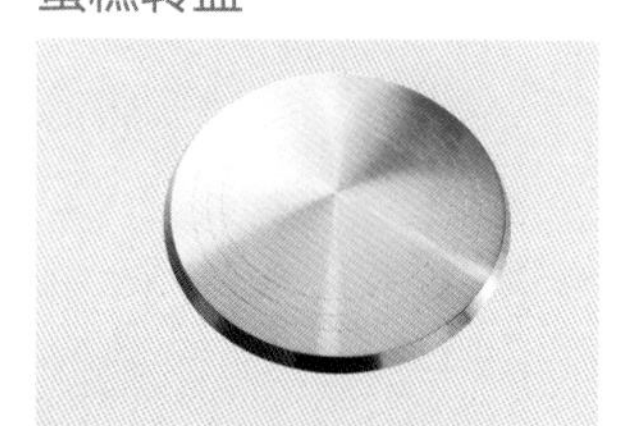

组装裱花与抹面时使用。

挤泥器

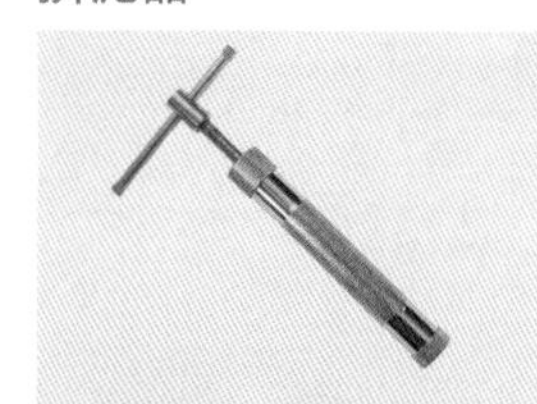

可压出不同的细条造型。

海绵垫

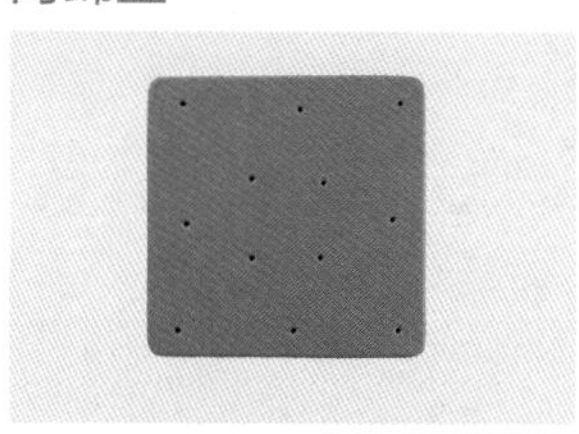

用于蛋糕装饰的花瓣塑型。

切面刀

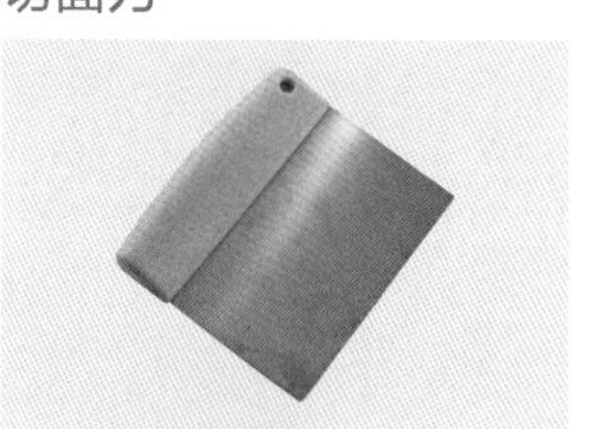

分割材料使用。

材料 INGREDIENTS

可可粉

从可可树结出果实里取出的可可豆，经发酵、粗碎、去皮等工序得到的可可豆碎片，由可可饼脱脂粉碎后的粉状物，是巧克力蛋糕成分之一。

细砂糖

由蔗糖经溶解、去杂质、结晶而成，比一般砂糖更细，更易均匀溶于面团中。

低筋面粉

由小麦磨成的粉末，蛋白质含量较低，容易结块。

上新粉

粳米洗净后干燥，磨成的粉末。

伯爵茶粉

使用伯爵茶原叶低温研磨的茶粉。

鸡蛋

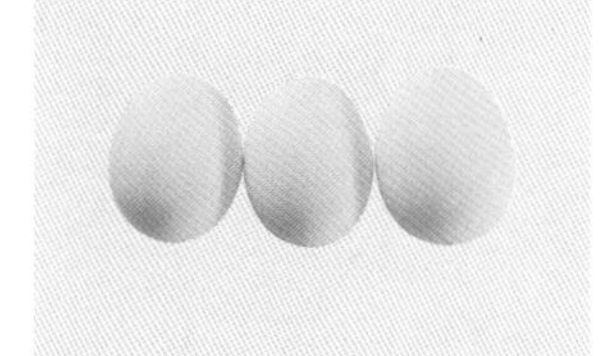

制作蛋糕使用。

奶油

从天然牛奶中提炼出的油脂。

葡萄糖浆

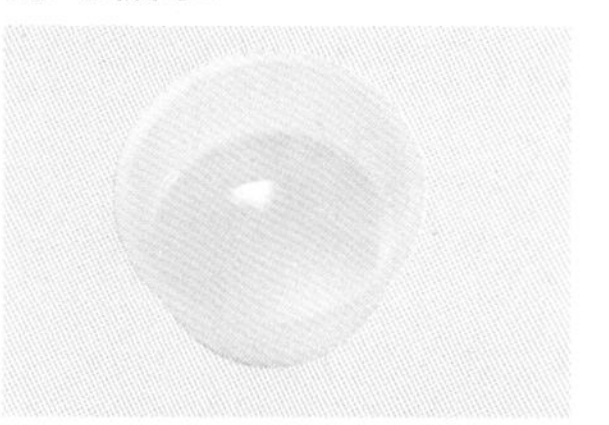

以淀粉为原料，在酶或酸的作用产生的一种淀粉糖浆。

色膏

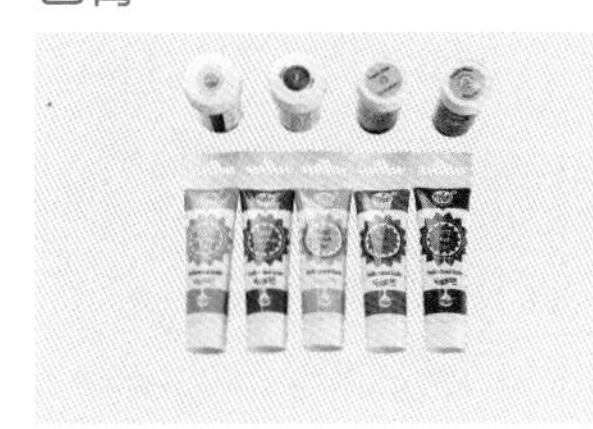

调色使用。

白豆沙

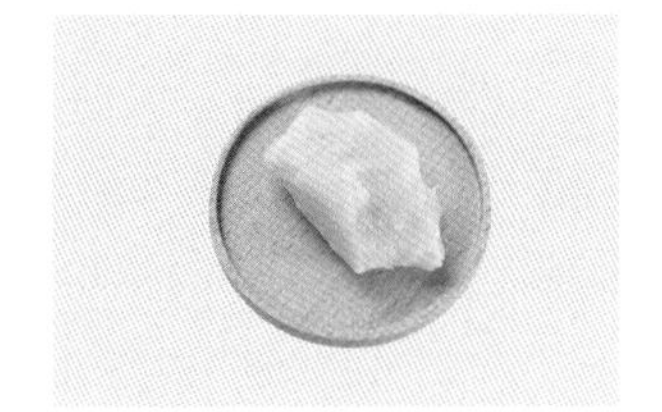

白凤豆加工后与麦芽糖等材料混合而成。

植物油

通常由植物种子中取得，主要成分三酸甘油脂，依来源不同由多种脂肪酸组合。常见有葵花油、葡萄籽油。

美乃滋

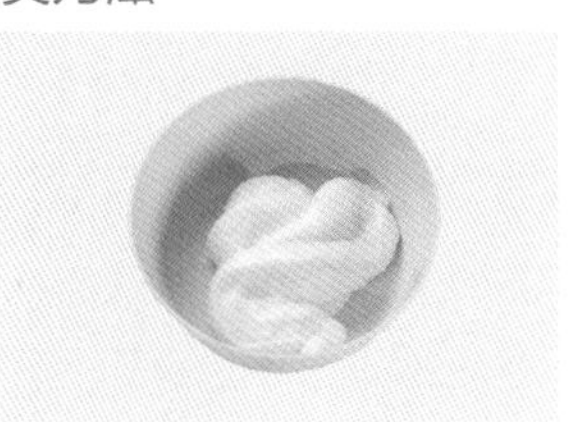

又称蛋黄酱，主要由植物油、蛋、柠檬汁或醋以及其他调味料制成的浓稠半固体调味酱。

花嘴型号一览表 DECORATING TIP

#352

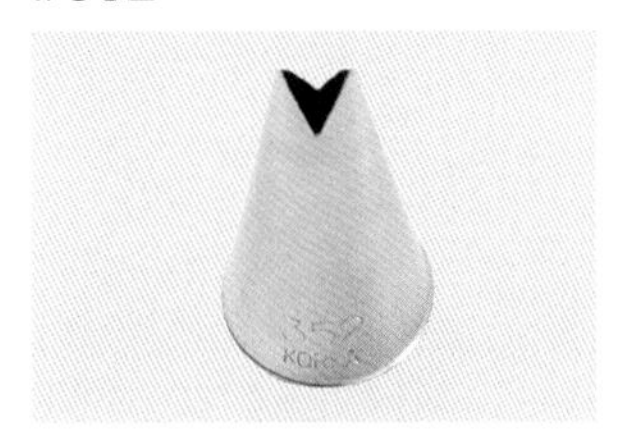

#60

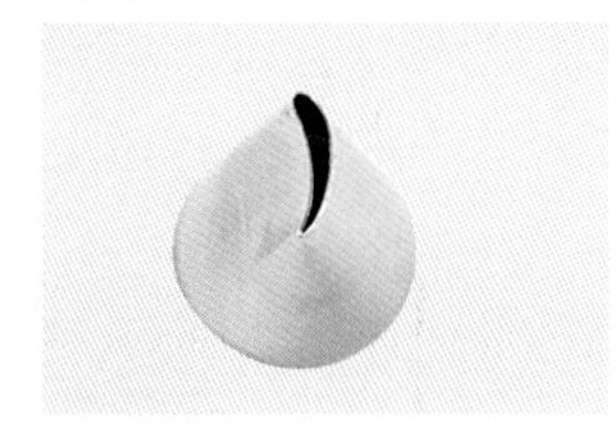

#124K

#125

#123

#81

#102

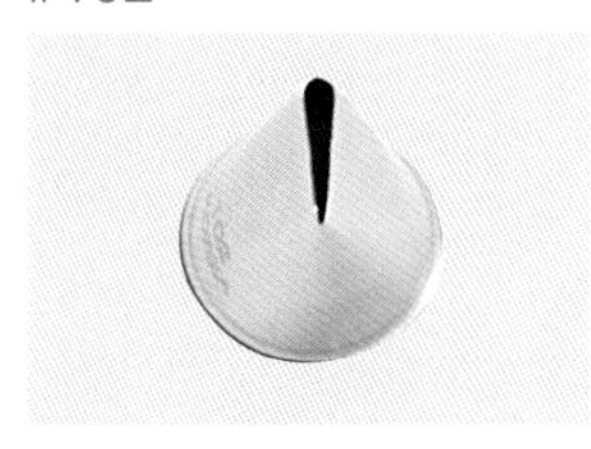

#120

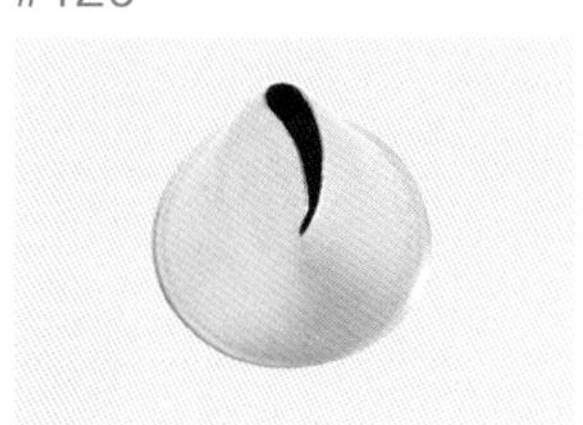

#13

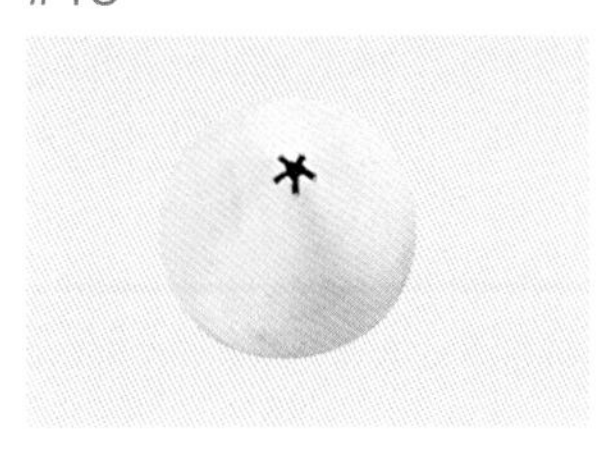

#104

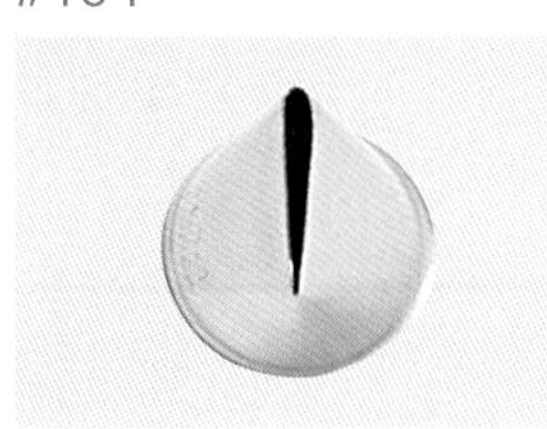

#59S

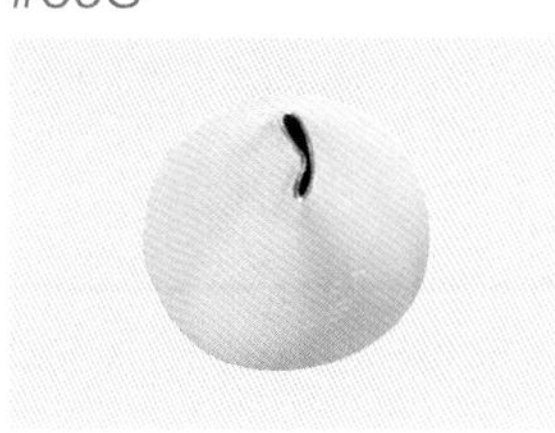

#48

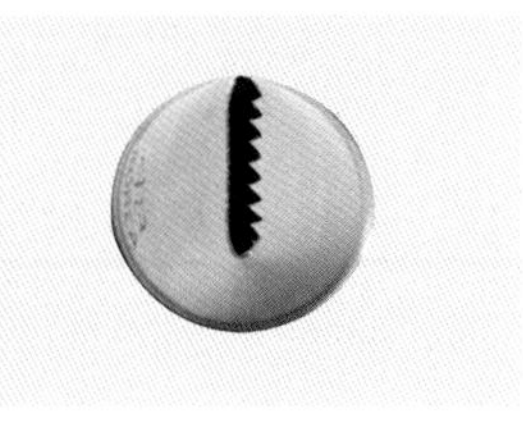

色号表

Color Chart

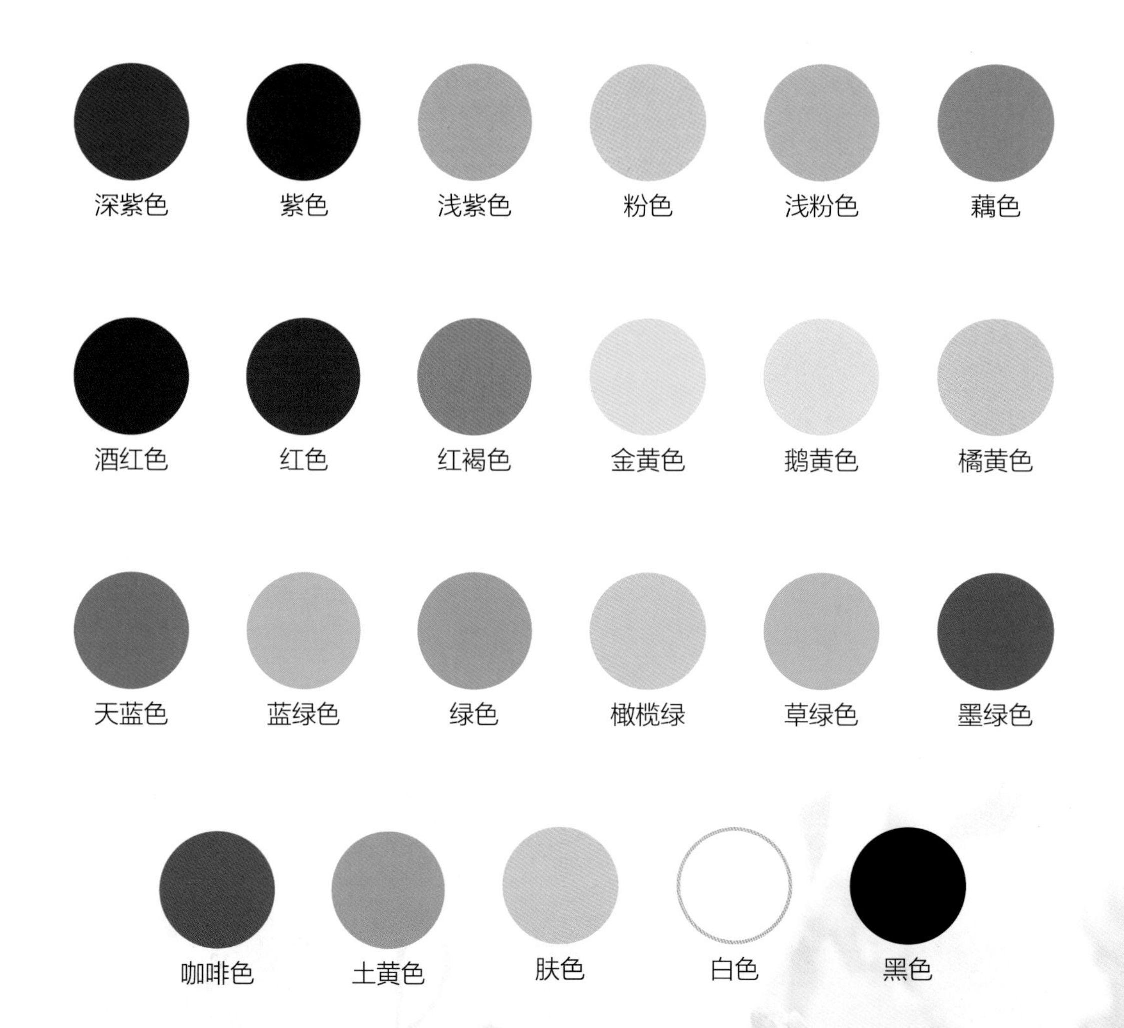

色彩的基础理论

Color Theory

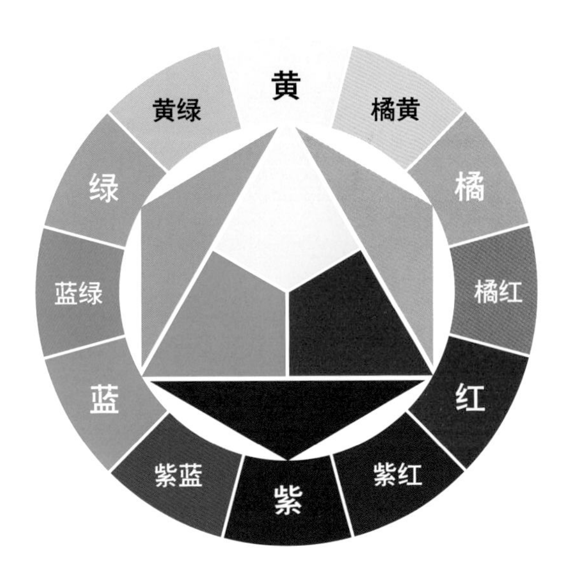

从调色基本功开始

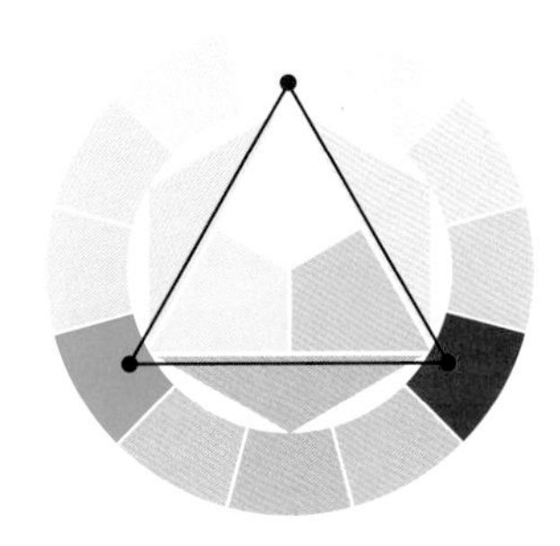

对于初学者来说，调色首先就是一道难题，有时不知道如何才能调出想要的颜色，我建议可以购买基础色开始练习起，例如：红、黄、蓝色。

1 红＋黄＝橘色

橘色中红色的比例加的多，就会变成橘红色；橘色中黄色的比例加的多，就会变成橘黄色。

2 红＋蓝=紫色

紫色中红色的比例加的多，就会变成紫红色；紫色中蓝色的比例加的多，就会变成紫蓝色。

3 黄＋蓝=绿色

绿色中黄色的比例加的多，就会变成黄绿色；绿色中蓝色的比例加的多，就会变成蓝绿色。

依照上面的变化练习，即可变化出12道色相环色彩。

由于调色技巧无法量化为克数，因此色彩如同裱花一样，也是一门需要练习的功课，不要小看色彩，色彩的调配和裱好一朵花一样重要！

从色彩的搭配着手

不同色彩的搭配，可以让同一颗蛋糕营造出不同的视觉效果。

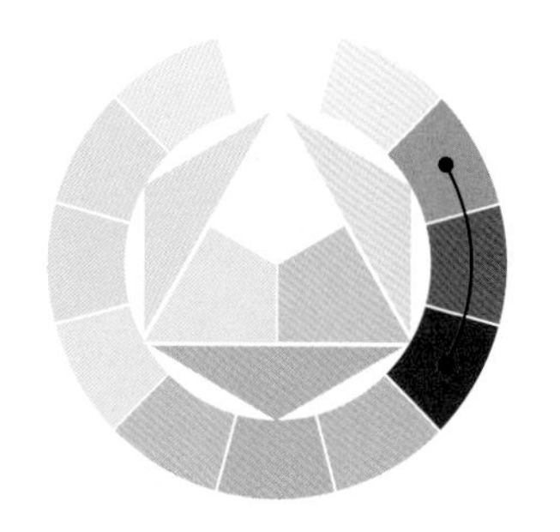

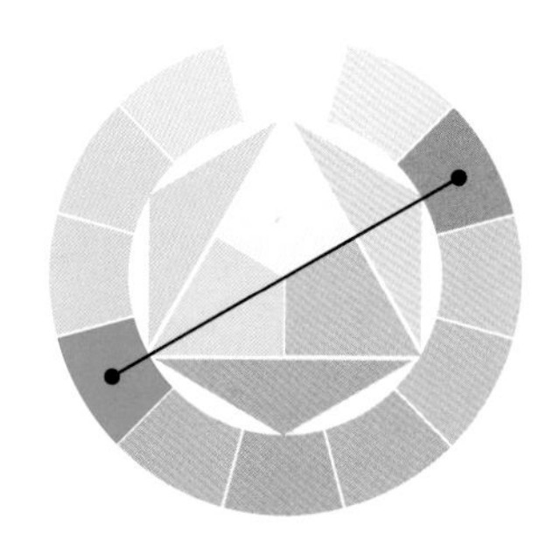

1 相似色

例如：红、橘、黄色等暖色系的花朵摆在一起，会有和谐与温暖的感觉。

2 对比色

例如：在暖色系中摆上一些点缀的冷色系花朵，会有让人眼睛一亮的效果，可以增加画面的活泼感并显现主体，惟须注意比例上的搭配，如果两个互补色呈现1：1的分布在蛋糕上，容易有着不协调的感觉，反而导致主体失衡而没有一个重点。

加入黑与白的变化

在色彩的世界，黑色与白色属于中性色彩，不属于暖色系也不属于冷色系色调，却是不可或缺的存在。

1 关于白

在搭配的色系中适当地加入白色调和，可以让整体色调带着明亮而轻盈的效果。

2 关于黑

在搭配的色系中适当地加入黑色调和，可以让原本的纯色调增添复古的风格，若想增加蛋糕的色彩质感，建议可以融入白与黑去变化明度与彩度，毕竟真花的颜色不可能是永远的纯色调，而白与黑能够帮助色彩呈现更加和谐与拟真的效果、突出其他色彩的表现。

明度与彩度

高明度

低明度

高彩度

低彩度

进入裱花之前

Before the
FLOWER PIPING

CHAPTER
01

- BEFORE THE FLOWER PIPING -

工具使用方法

HOW TO USE THE TOOL

①

Section 01 改造花嘴的方法

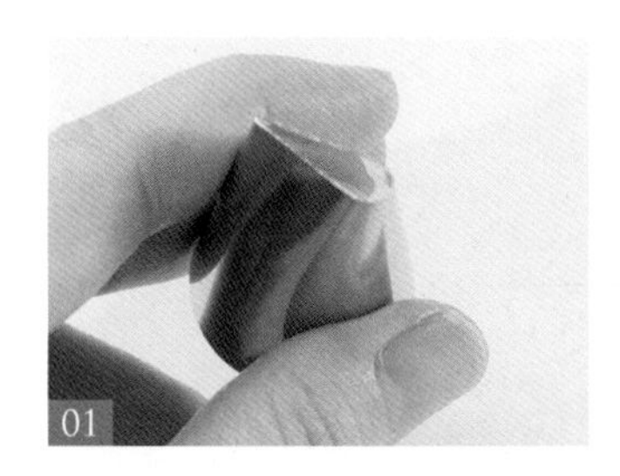

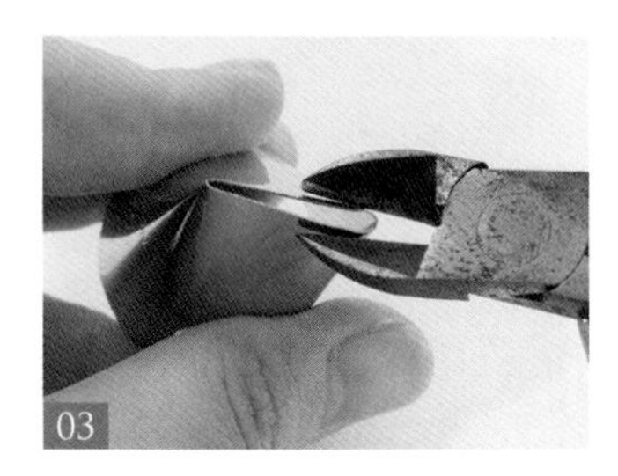

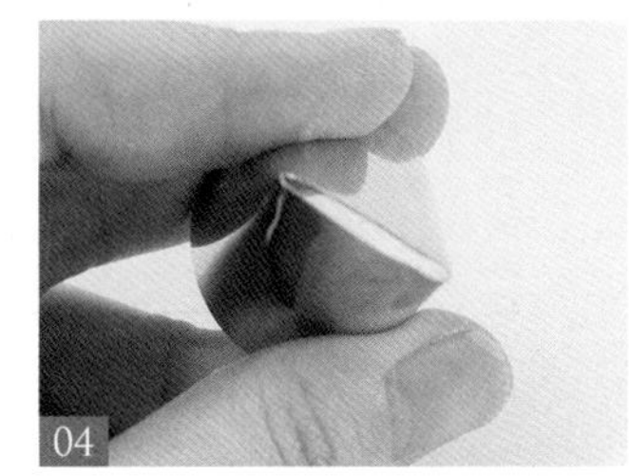

01　任取一个花嘴。

02　以斜口钳对准欲改造的位置。

03　承步骤2，将斜口钳用力往内压紧。

04　如图，花嘴改造完成。

Section 02 花嘴装法

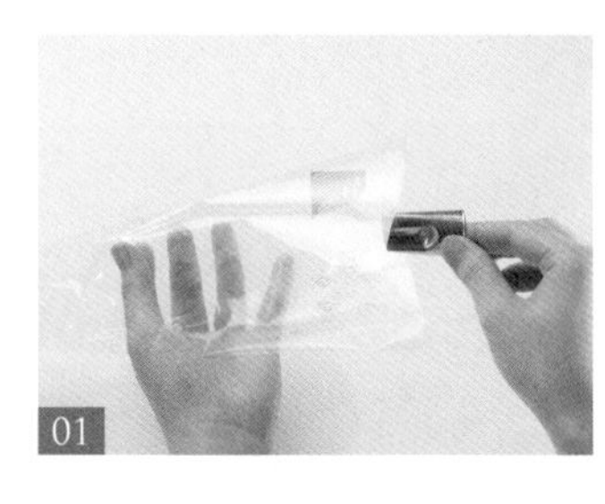

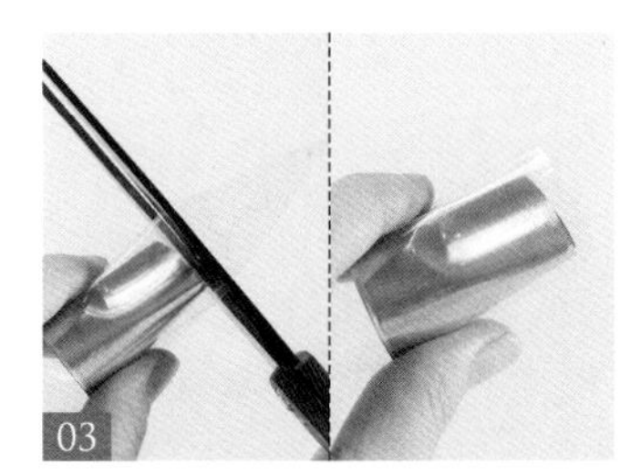

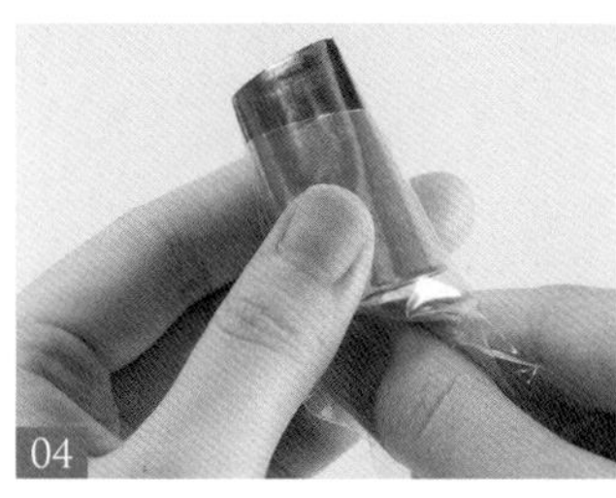

01　取挤花袋及花嘴。

02　将花嘴放入挤花袋中并往内推。

03　以剪刀将挤花袋尖端剪下。

04　将花嘴推出挤花袋。

05　如图，花嘴装法完成。

Section 03 转接头与花嘴的装法

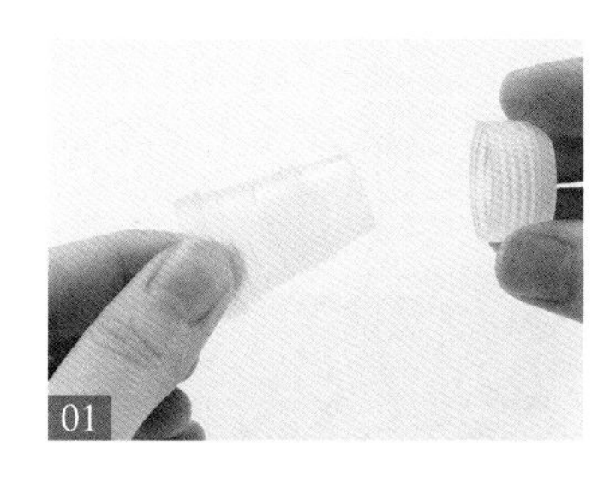

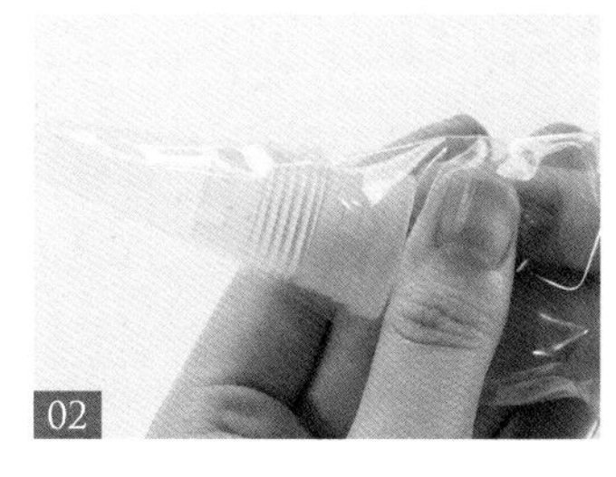

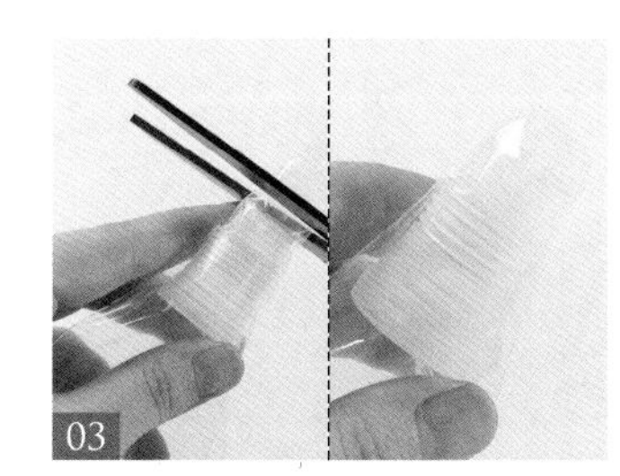

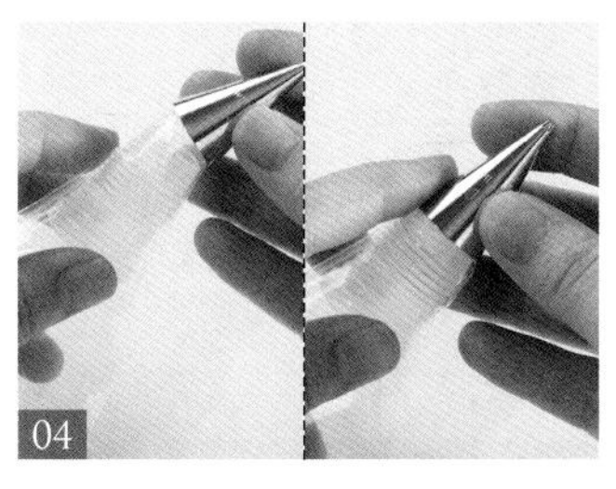

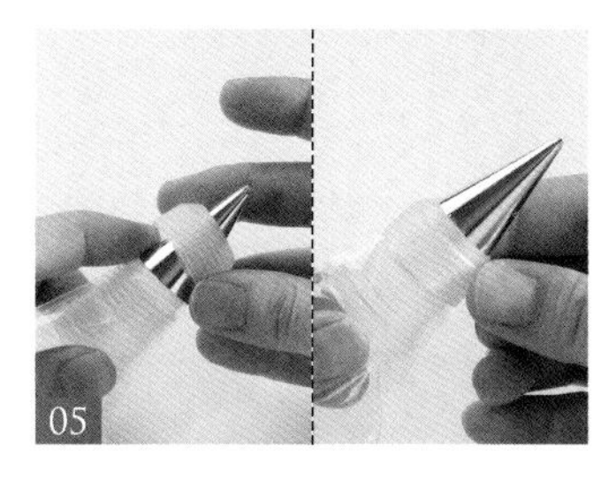

01 取下转接头的固定环。

02 将转接头放入挤花袋中并往内推。

03 用剪刀将挤花袋尖端剪下。

04 将花嘴放进转接头的凹槽中。

05 将固定环放回转接头上，并旋紧。

06 如图，转接头与花嘴的装法完成。

Section 04 花剪的组装方法

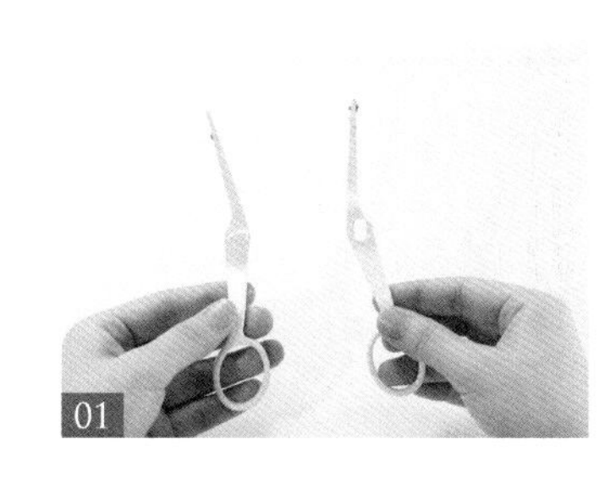

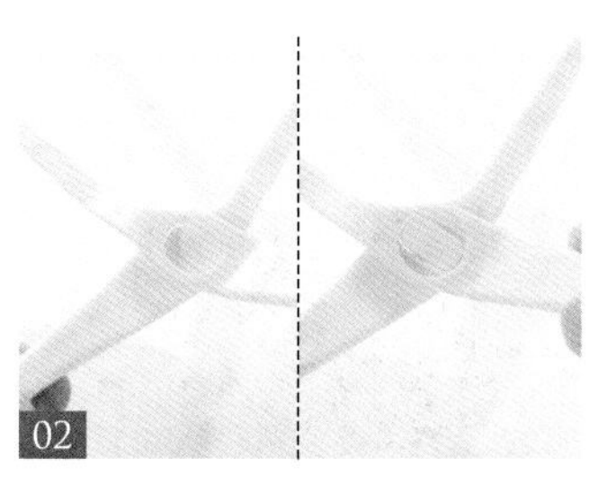

01 取花剪左右两部分。

02 将花剪右侧与左侧中间的卡榫接合。

03 如图，花剪组装完成。

Section 05 清洗花嘴的方法

01 用花剪挖出花嘴内残留的奶油霜。

02 用清水冲洗花嘴。

03 将花嘴放入碗中，并加入热水。（注：以热水浸泡，较易清洗掉油脂）

04 承步骤3，加入洗碗精。

05 将花嘴在碗中浸泡一段时间。

06 取出花嘴。

07 用清水冲洗花嘴。

08 如图，花嘴清洗完成，放干即可。

- BEFORE THE FLOWER PIPING -

裱花基本概念

BASIC CONCEPTS

2

Section 01 裱花钉拿法

正确拿法

主要使用大拇指、食指、中指与无名指，轻轻捏着花钉中间的位置，可以适时的将小拇指支撑在下方，以稳固花钉。

错误拿法

握的位置太高，花钉不好旋转。

握的位置太高或太低，在使用时会不稳。

Section 02 调色方法

01

02

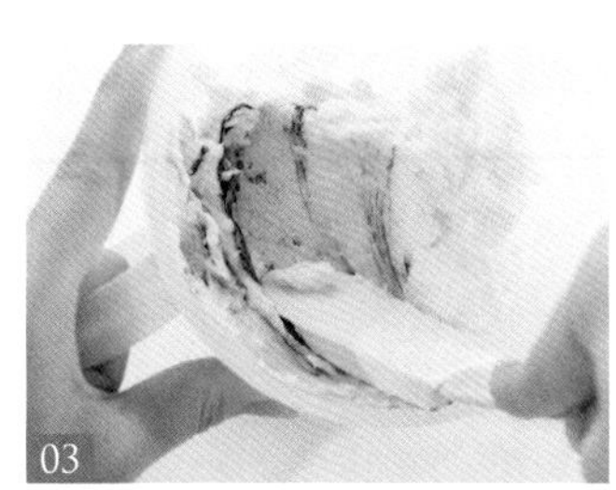

03

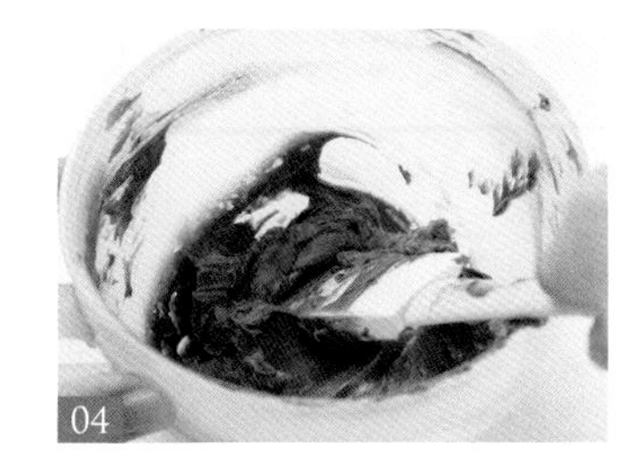

04

01 用牙签蘸取适量色膏。（注：使用过的牙签勿重复使用，以免污染色膏而变质）

02 将色膏放入豆沙霜（或奶油霜）中。

03 用刮刀将豆沙霜（或奶油霜）与色膏以压拌方式搅拌均匀。

04 重复步骤2，将豆沙霜（或奶油霜）与色膏拌匀即可。（注：颜色浓度可依照个人喜好调整）

Section 03 混色基底装入挤花袋方法

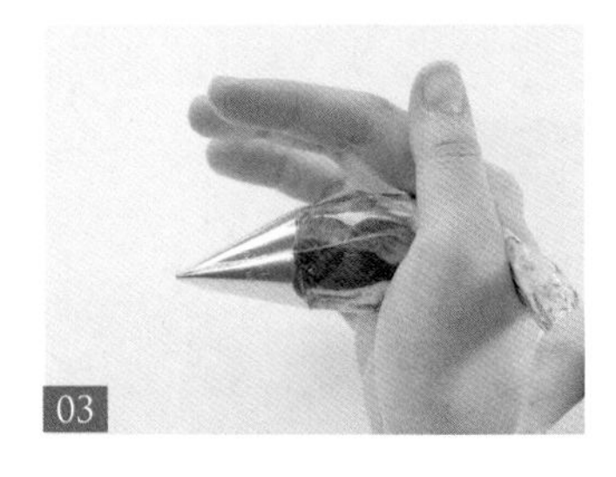

01 先用刮刀取一点白色豆沙霜（或奶油霜）后，再取红色豆沙霜（或奶油霜）。（注：勿搅拌均匀）

02 将豆沙霜（或奶油霜）放入挤花袋中。

03 将豆沙霜（或奶油霜）往挤花袋尖端（花嘴位置）推挤并集中。

04 如图，混色基底完成，在挤裱花时颜色会较自然。

Section 04 双色基底装入挤花袋方法

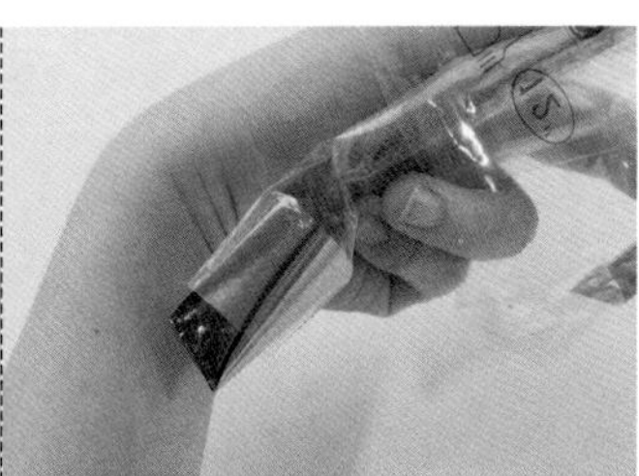

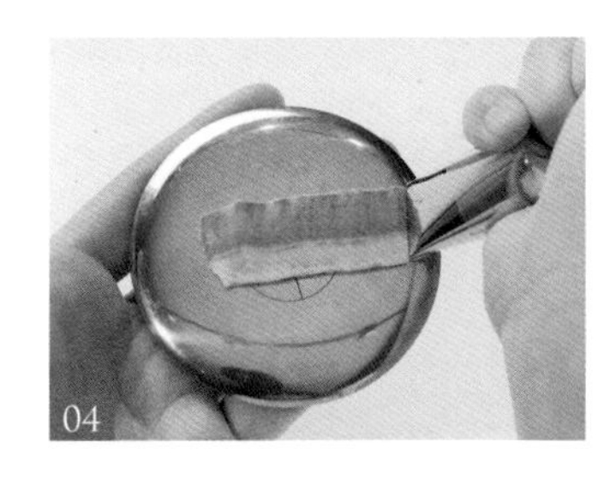

01 将挤花袋袋口打开，在花嘴一侧放入深色豆沙霜（或奶油霜）。

02 重复步骤1，在花嘴另一侧放入白色豆沙霜（或奶油霜）。

03 将豆沙霜（或奶油霜）往挤花袋尖端（花嘴位置）推挤并集中。

04 如图，双色基底完成。

Section 05 挤花袋握法

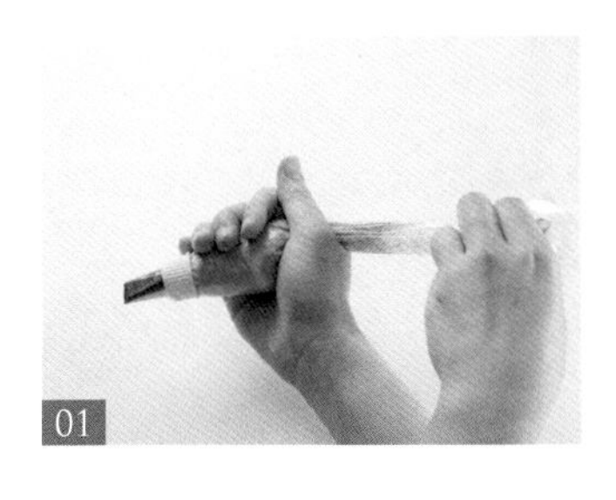

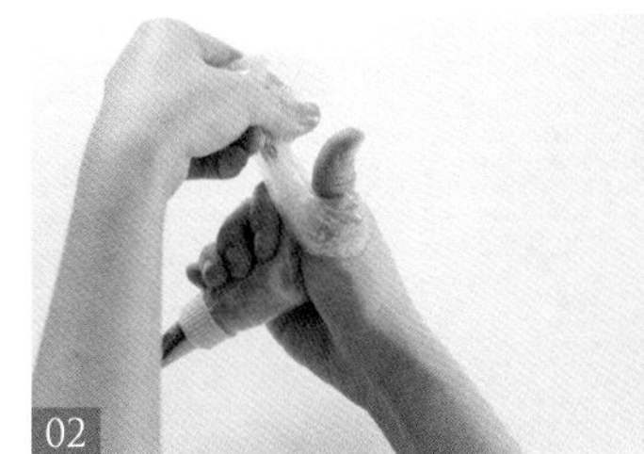

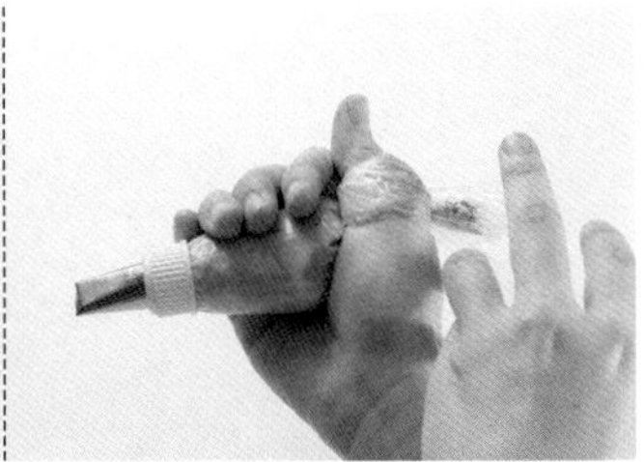

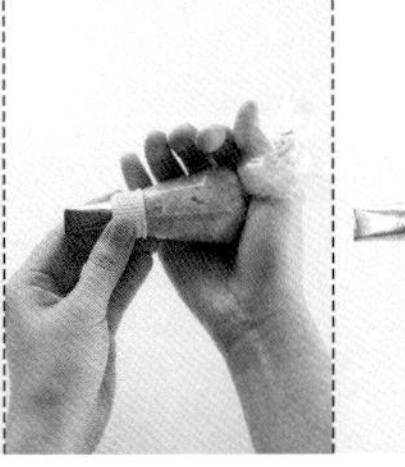

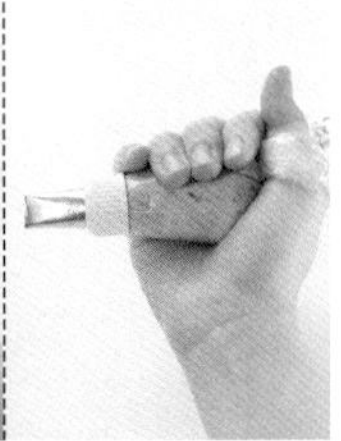

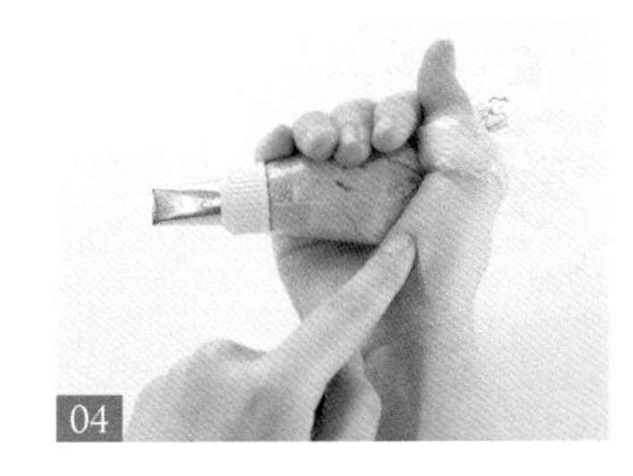

01 将豆沙霜（或奶油霜）放入挤花袋后，用左手抓着袋子上缘，右手的虎口捏住袋子，将豆沙霜（或奶油霜）推至花嘴。

02 将袋子上缘的部分，绕大拇指一圈。

03 于虎口处将装有豆沙霜（或奶油霜）的地方转紧，并将花嘴与虎口调至平行状。

04 如图，为挤花袋握法。（注：挤花时，将手指全部都放在挤花袋上，同时使用中指与拇指下方的肌肉出力，才不至于手指疲劳）

TIP

大部分花嘴握法为，花嘴较窄的面朝上，较宽的面朝下，以制作花瓣薄的效果，或拿反则会有多肉植物的感觉挤出。为避免混淆，其后每朵花形的花嘴处会标示上窄下宽或上宽下窄等拿法。

Section 06 底座概念

底座类型

在挤花前，为避免夹取时破坏花形，都须先挤底座，而底座的形态及大小不定，可依花形决定。

长条形

适用花瓣会层叠的花形，如：玫瑰。

山丘形

适用于有圆弧的花形，如：千日红。

圆形

适用平面的花形，如：木莲花。

补底座概念

在挤花时，若花形较大，并开始不稳时，可适时补底座，除了能让花形稳定外，在从花钉中取下时，较不易破坏花形。

Section 07 花嘴与花瓣的角度

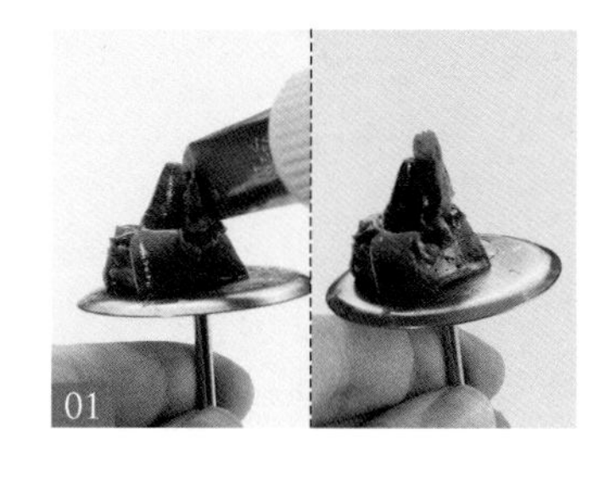

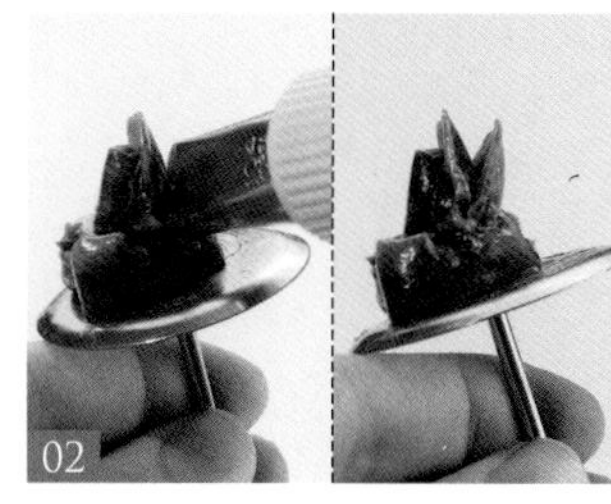

01 12点钟方向。

02 1点钟方向。

03 3点钟方向。（注：依花嘴的方向而塑造出花朵的开合）

Section 08 花剪拿取裱花的方法

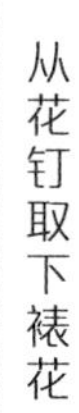

从花钉取下裱花

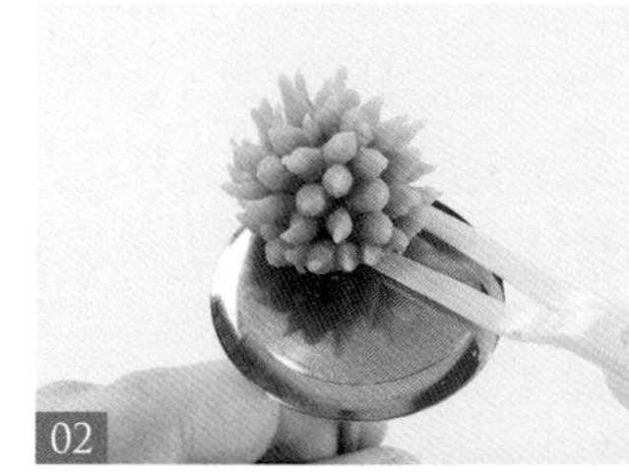

01 将花剪放在底座底部。

02 一边转动花钉，一边使用花剪夹取平移离开花钉。

03 将裱花放在盘子上。

04 最后，将花剪平行往下轻压后抽出。

TIP 花剪轻轻下压示意图

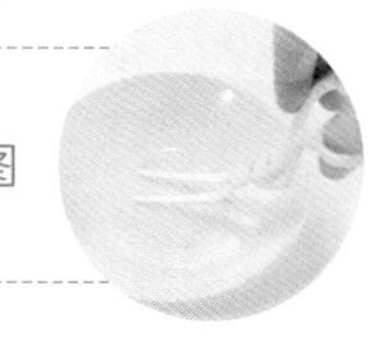

修剪底座方式

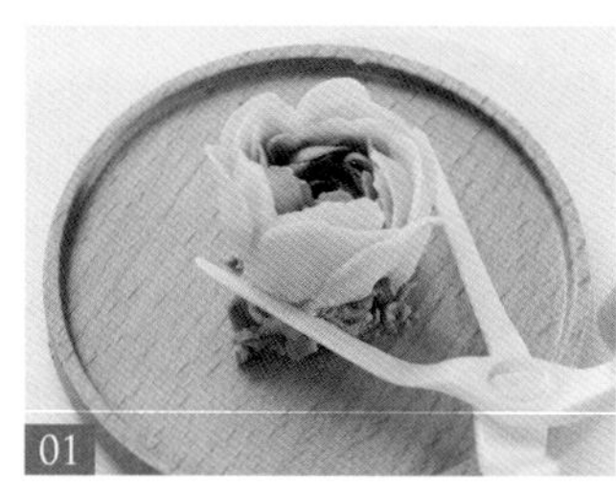

01 将花剪放在底座上。

02 将花剪垂直向下切除侧边底座。（注：若裱花都制作完成，要开始放在蛋糕上，就须将侧边多余的底座切除）

03 夹取花朵，即可开始组装。

蛋糕体制作

CAKE BODY MAKING

3

Section 01 6吋法式海绵蛋糕做法

||| 材料工具 |||

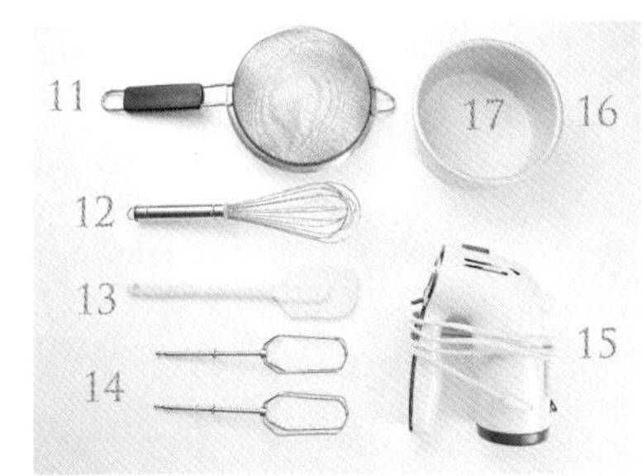

1 细砂糖a 10g
2 蛋黄50g
3 蛋白100g
4 细砂糖b 55g
5 盐1.5g
6 低筋面粉50g
7 色拉油18g
8 鲜奶18g
9 大不锈钢盆
10 小不锈钢盆
11 筛网
12 打蛋器
13 刮刀
14 搅拌机打蛋头
15 手持电动搅拌机
16 6吋蛋糕模
17 6吋烘焙底纸

*1吋=2.54厘米

||| 步骤说明 |||

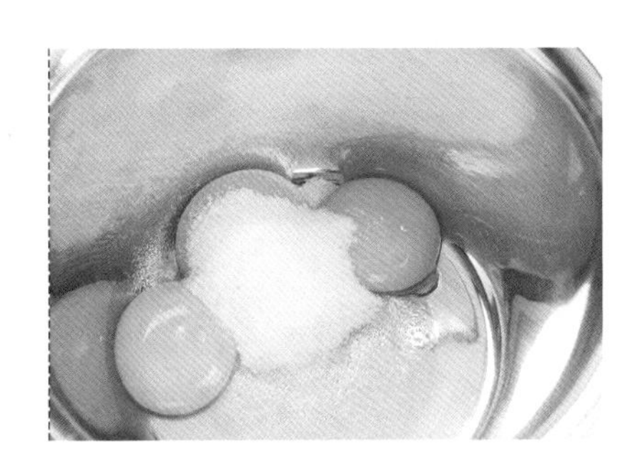

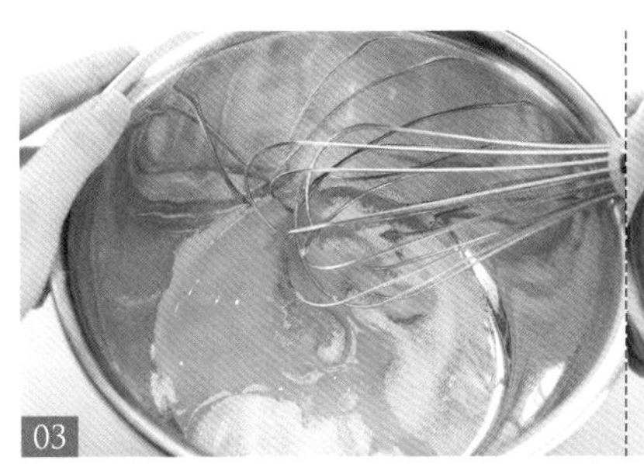

01 将低筋面粉过筛后备用。

02 将细砂糖a加入蛋黄中。

03 用打蛋器将砂糖和蛋黄搅拌至糖稍微溶解泛白后备用。

04 将盐加入细砂糖b中，备用。

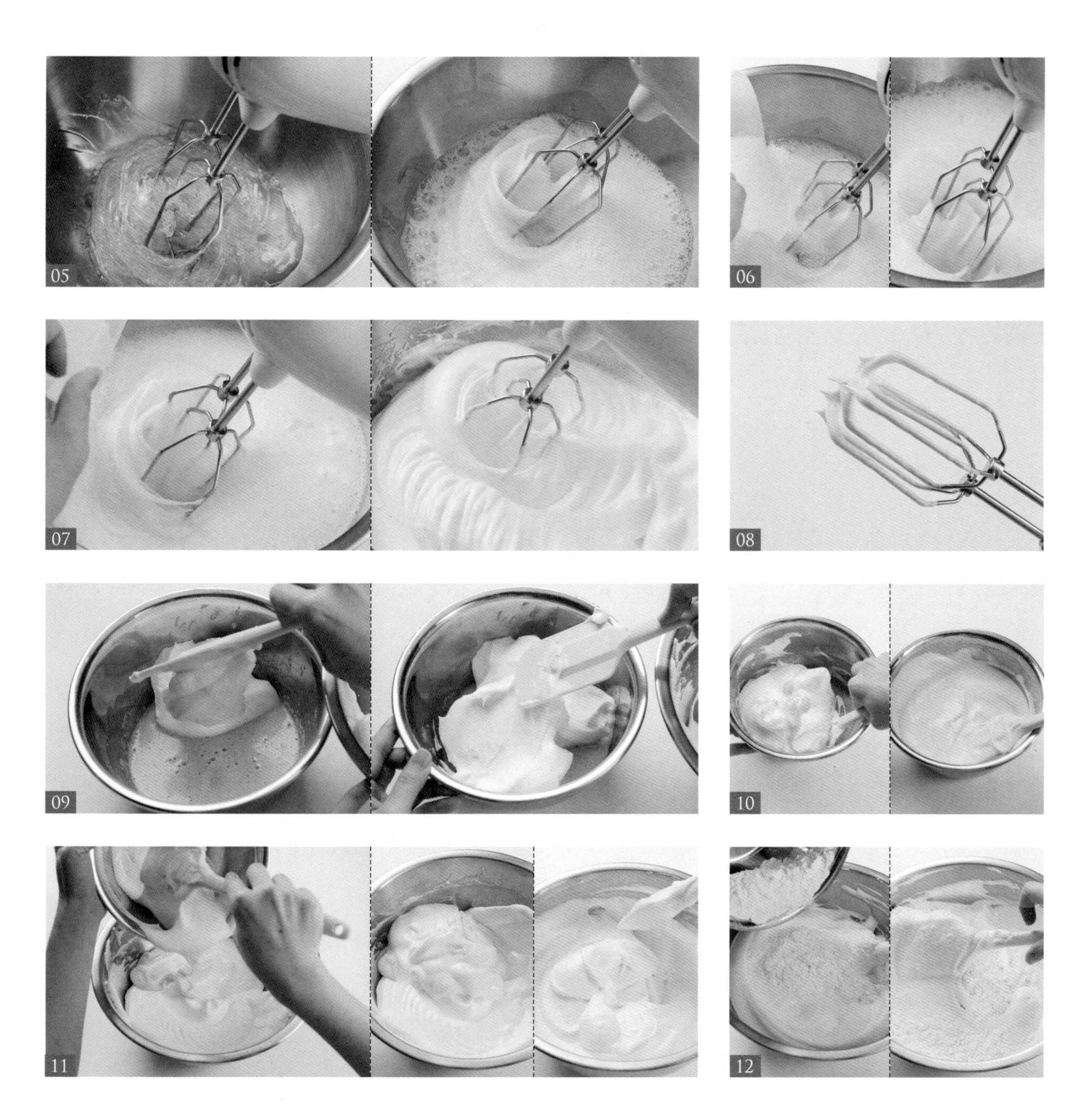

05 用电动搅拌机将蛋白以高速打发，直到呈现大泡球状。

06 先加入1/3步骤4材料，并持续打发。

07 重复步骤6，步骤4材料约分3次倒入，并持续打发。

08 如图，打至蛋白呈现尖角状。

09 以刮刀挖起1/3的蛋白糊，加入步骤3的蛋黄糊中。

10 承步骤9，以刮刀轻柔地使用捞拌手法拌匀。

11 待拌匀后，加入剩余2/3蛋白糊中，拌匀。

12 加入1/2的低筋面粉，持续拌匀。（注：须由底部往上捞拌，才会均匀）

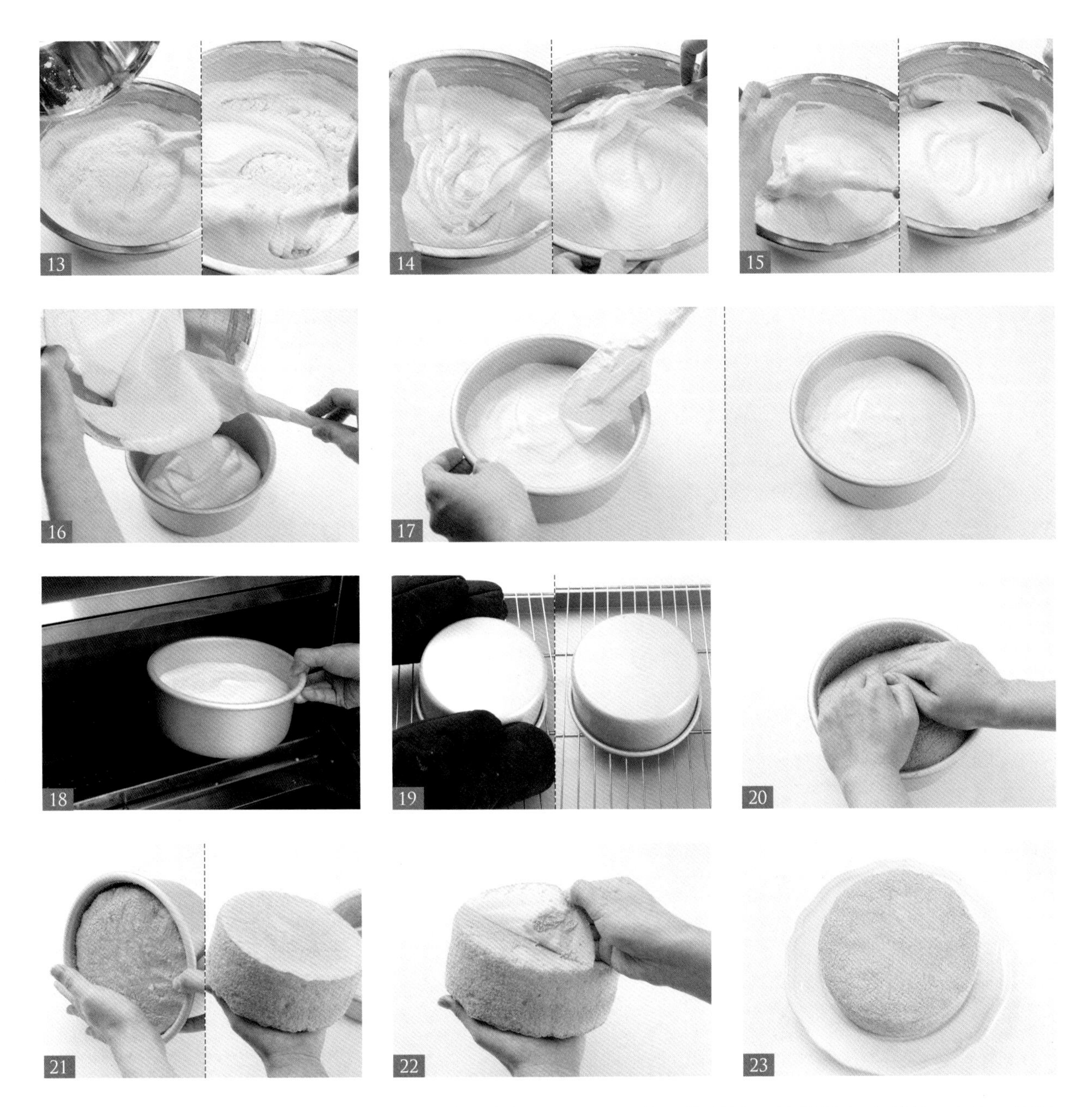

13 重复步骤12，将剩下1/2的低筋面粉全部倒入，持续拌匀。（注：低筋面粉分两次下完）

14 加入色拉油，持续拌匀。

15 加入鲜奶，持续拌匀。

16 将搅拌好的面糊倒入已放6吋烘焙底纸的蛋糕模中。（注：此为固定模，放底纸可以帮助脱模顺利，若为活动模，则可省去底纸，直接倒入面糊）

17 承步骤16，用刮刀将面糊表面刮平。（注：盛装7分满面糊即可）

18 将面糊放进预热的烤箱中烘烤。（注：烤箱上下火180℃，烤28~30分钟）

19 烘烤完成后，将蛋糕模取出，并倒扣放凉。

20 待蛋糕凉后，用手顺着蛋糕模，下压使蛋糕体边缘脱模。

21 将蛋糕体倒扣取出。

22 将蛋糕体底部烘焙纸剥除。

23 如图，法式海绵蛋糕完成。（注：冷藏可保存5天；冷冻可保存14天）

Section 02 老奶奶布朗尼

材料工具

1 低筋面粉180g
2 细砂糖150g
3 可可粉12g
4 小苏打粉4g
5 泡打粉4g
6 美乃滋180g
7 水180g
8 筛网
9 打蛋器
10 钢盆
11 抹刀
12 竹签
13 6吋蛋糕模
14 6吋烘焙底纸

步骤说明

01 将低筋面粉倒入筛网后过筛。

02 将可可粉倒入筛网后过筛。

03 将小苏打粉倒入筛网后过筛。

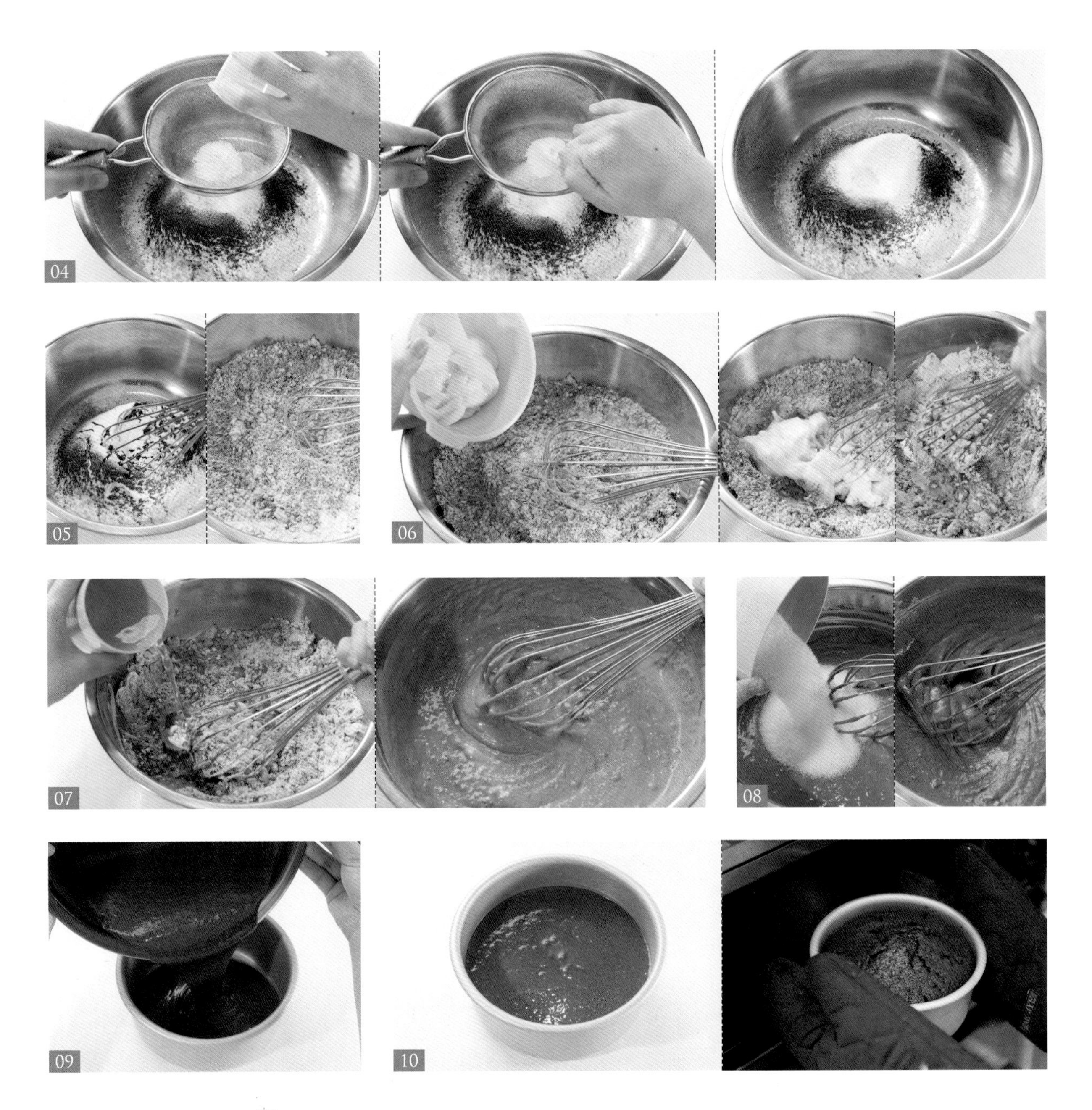

04 将泡打粉倒入筛网后过筛。

05 用打蛋器搅拌粉料，直到拌匀。

06 加入美乃滋，用打蛋器稍微搅拌。

07 加入水，用打蛋器搅拌均匀。（注：若想更浓郁，可将一半或全部的水换成咖啡）

08 加入细砂糖，用打蛋器搅拌均匀。

09 将搅拌好的面糊倒入已放6吋烘焙底纸的蛋糕模中。（注：倒入约7分满面糊即可）

10 将面糊放进预热的烤箱中烘烤。（注：烤箱上下火180℃，烤约60分钟）

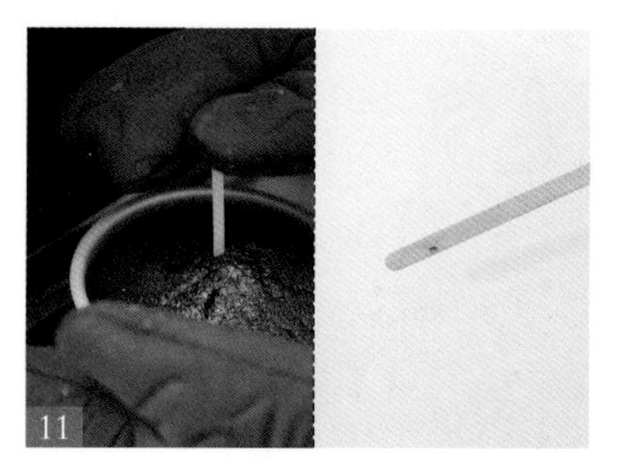

11　取出蛋糕模，并用竹签插入蛋糕体中后拔出，若竹签上未沾附蛋糕糊，即完成蛋糕体制作。

12　烘烤完成后，将蛋糕模取出放凉，并用抹刀顺着蛋糕模周围切开蛋糕体。

13　将蛋糕体倒扣取出。

14　将蛋糕体底部烘焙纸剥除。

15　如图，老奶奶布朗尼蛋糕完成。（注：冷藏可保存5天；冷冻可保存14天）

TIP　若竹签上沾附蛋糕糊，则需继续烘烤约5分钟。

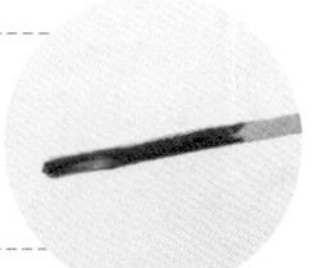

TIP

若还未要使用蛋糕，须用保鲜膜覆盖老奶奶布朗尼蛋糕，以免蛋糕体长时间接触空气而使蛋糕体不湿润。

此配方灵感为第二次世界大战时，因蛋与奶油等物资缺乏，美国的妈妈们想出了使用美乃滋取代蛋与奶油而制作的家乡蛋糕。

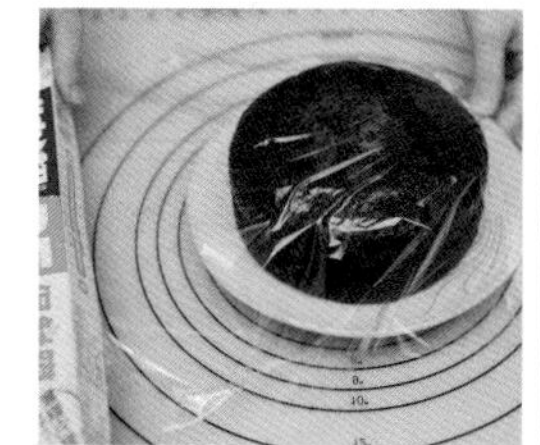
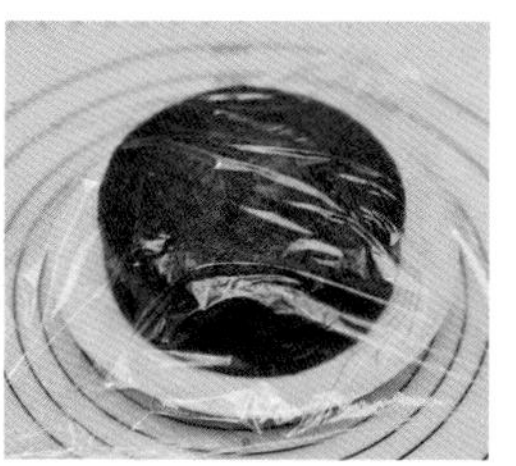

Section 03 伯爵茶米蛋糕

材料工具

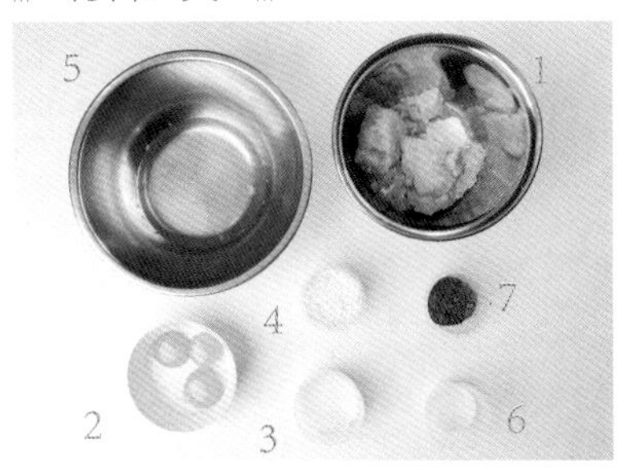

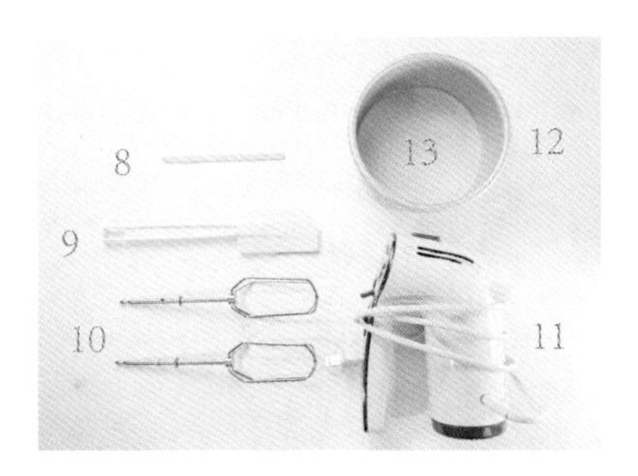

1 白豆沙270g
2 蛋黄60g
3 细砂糖a 45g
4 上新粉35g
5 蛋白105g
6 细砂糖b 20g
7 伯爵茶粉4g
8 竹签
9 刮刀
10 搅拌器打蛋头
11 电动搅拌器
12 蛋糕模
13 6吋烘焙底纸

步骤说明

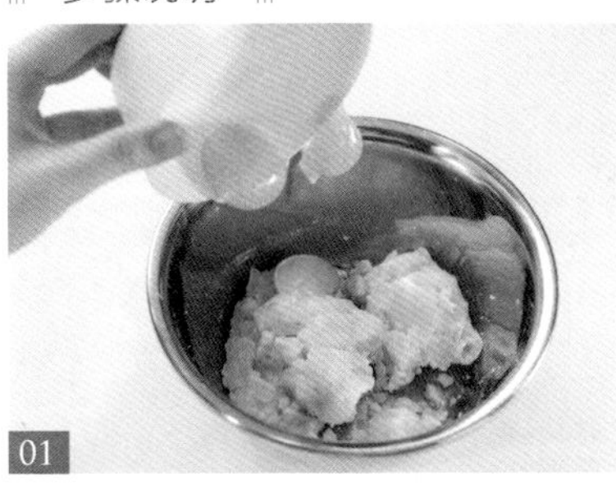

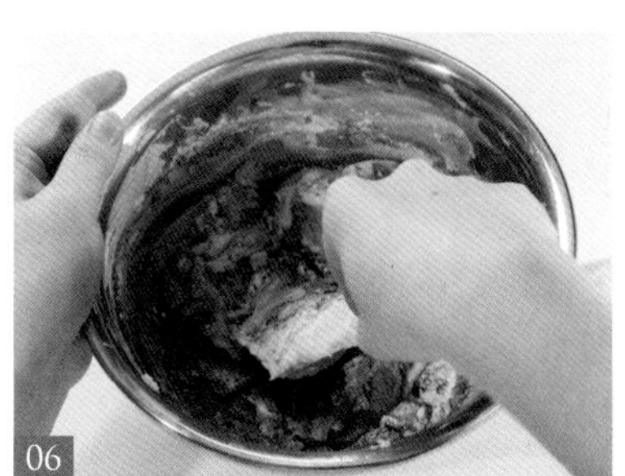

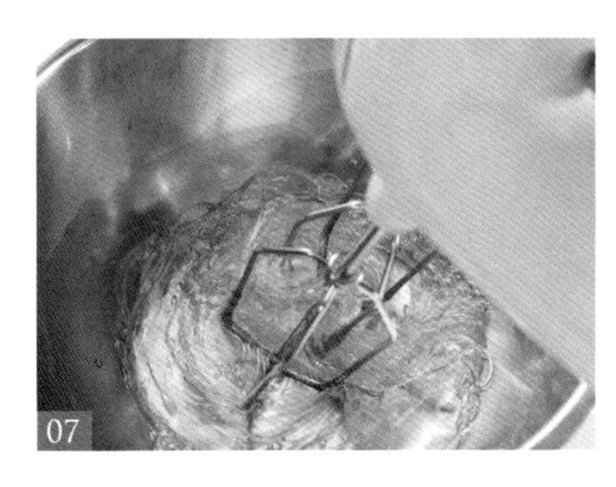

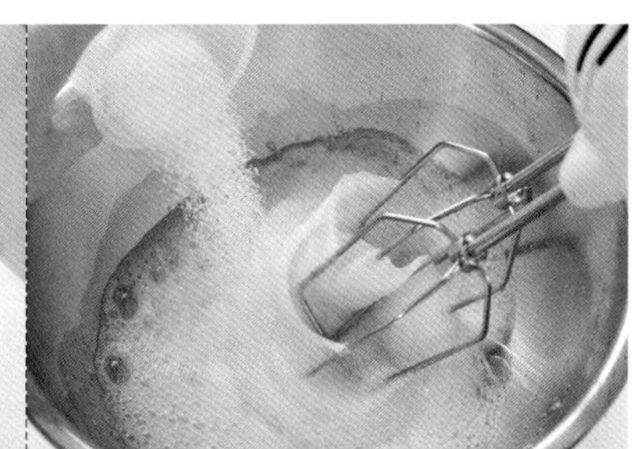

01 将蛋黄加入白豆沙中。

02 加入细砂糖a。

03 用刮刀搅拌均匀。

04 加入上新粉。

05 加入伯爵茶粉。

06 用刮刀搅拌均匀后，备用。

07 用电动搅拌机将蛋白打发。

08 承步骤7，打至呈白色起泡状后，加入1/2细砂糖b，持续打发。（注：细砂糖分两到三次下完）

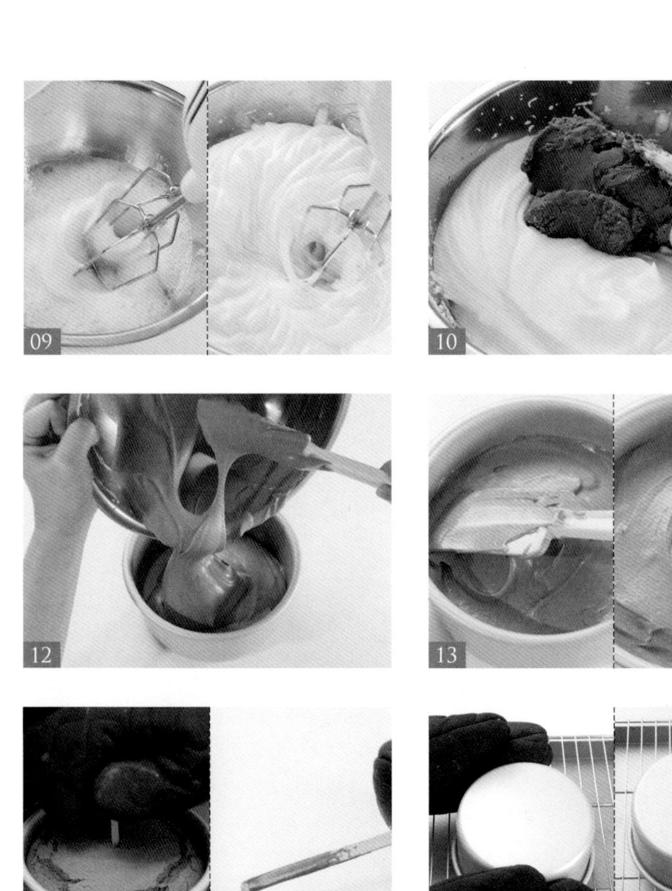

09 重复步骤8，加入剩余1/2细砂糖b，打发至接近硬性发泡。

10 加入步骤6的材料。

11 用电动搅拌机搅拌均匀。

12 将搅拌好的面糊倒入已放烘焙纸的蛋糕模中。

13 承步骤12，用刮刀将面糊刮平。

14 将面糊放进预热的烤箱中烘烤。（注：烤箱上下火180℃，烤35~40分钟）

TIP 若竹签上沾附蛋糕糊，则需继续烘烤约5分钟。

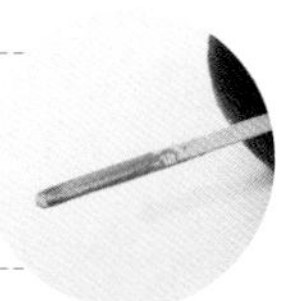

15 取出蛋糕模，并用竹签插入蛋糕体中后拔出，若竹签上未沾附蛋糕糊，即完成蛋糕体制作。

16 烘烤完成后，将蛋糕模取出，并倒扣放凉。

17 用抹刀顺着蛋糕模周围切开蛋糕体。

18 将蛋糕体倒扣取出。

19 将蛋糕体底部烘焙纸剥除。

20 如图，伯爵茶米蛋糕完成。

TIP

- 茶口味类的蛋糕，若放置一天，香气会更浓郁。
- 冷藏可保存五天，冷冻可保存十四天。
- 若无马上装饰，用保鲜膜包覆保存。

蛋糕表面装饰

CAKE DECORATION

4

Section 01 杯子蛋糕抹面技巧

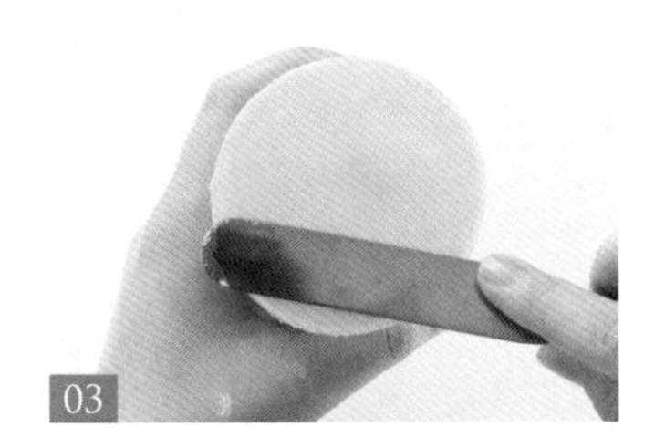

01 用抹刀前端蘸取奶油霜或豆沙霜。

02 承步骤1，涂抹在蛋糕表面上。

03 重复步骤1~2，将奶油均匀抹在蛋糕表面上。

04 如图，杯子蛋糕抹面完成。

Section 02 蛋糕抹面技巧

01 将挤花袋放在蛋糕体底部，并用手边转蛋糕转台边挤出奶油霜或豆沙霜。

02 如图，第一圈完成。

03 重复步骤1~2，将蛋糕体侧边绕圈挤满。

04 用抹刀将侧边抹平。（注：抹刀垂直于转盘，保持角度，右手不动，左手旋转转盘）

05 将抹刀上的奶油霜或豆沙霜刮到任一容器上，清理抹刀。

06 重复步骤4~5，持续抹平侧边。（注：若抹面时侧边不平整有孔洞，可使用挤花袋在侧边填补后再抹平）

07 如图，侧边奶油抹平完成。

08 将挤花袋在蛋糕体顶部，挤上较厚的奶油霜或豆沙霜。

09 承步骤8，用抹刀将顶部推至边缘。

10 重复步骤9，须推超过顶部边缘。

11 将抹刀刮干净，用抹刀将侧边抹平后，使用抹刀将上方平面，由外至内平移的方式抹平。

12 重复步骤11，持续抹平奶油即可。

13 如图，蛋糕抹面完成。

Section 03 竹篮编织挤法

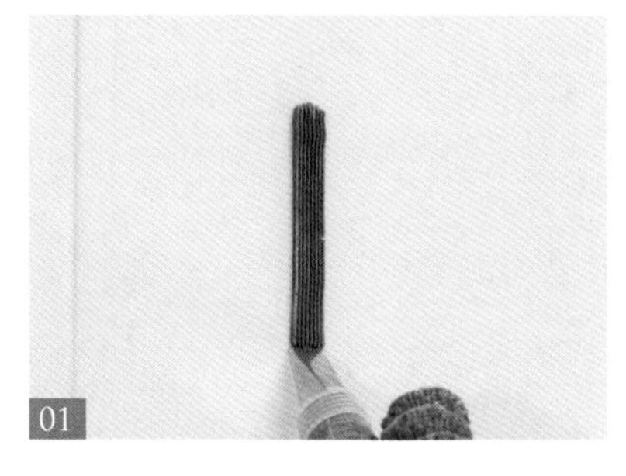

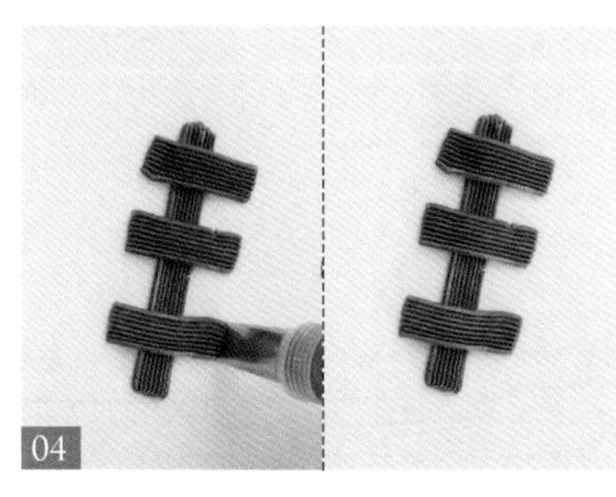

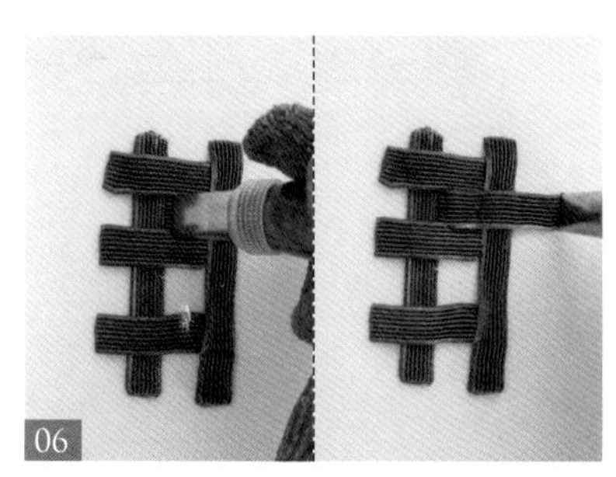

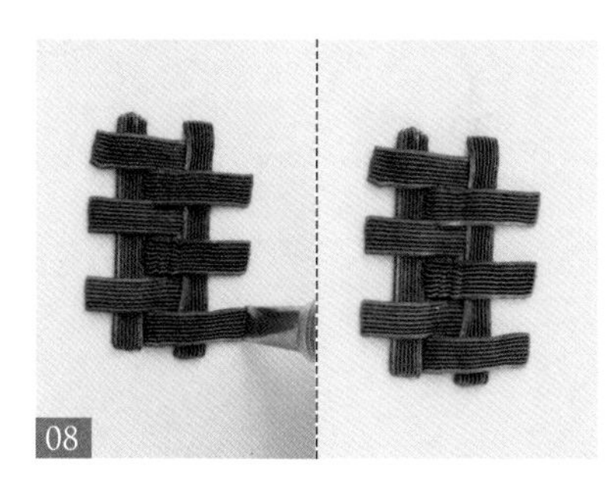

01 挤出长条奶油霜。

02 承步骤1，挤出与直线垂直的横线奶油霜。

03 如图，线条挤出完成。

04 重复步骤2，挤出另外两条横线奶油霜。

05 在第一条直线的右侧，挤出与第一条相同长度的直线奶油霜。

06 在第一个正方形内挤出横线奶油霜。（注：须覆盖并超过第二条横线）

07 如图，线条挤出完成。

08 重复步骤6，挤出另外两条横线奶油霜。

09 重复步骤5~8，挤出一条直线与三条横线奶油霜。

10 如图，竹篮编织挤法完成。

韩式奶油霜裱花

BUTTER CREAM of Korean Flower Piping

CHAPTER 02

Butter Cream
韩式奶油霜裱花

韩式奶油霜做法

MAKING BUTTER CREAM

Tool & Ingredients 工具材料

蛋白霜
1 奶油 454g
2 砂糖 a 110g
3 蛋白 160g

糖浆
4 砂糖 b 60g
5 水 50g

6 隔热手套
7 温度计
8 切面刀
9 刮刀
10 保鲜膜
11 单柄锅
12 球状搅拌器
13 桨状搅拌器

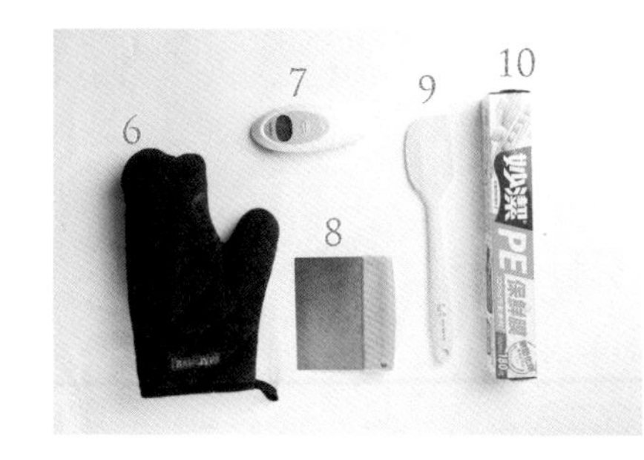

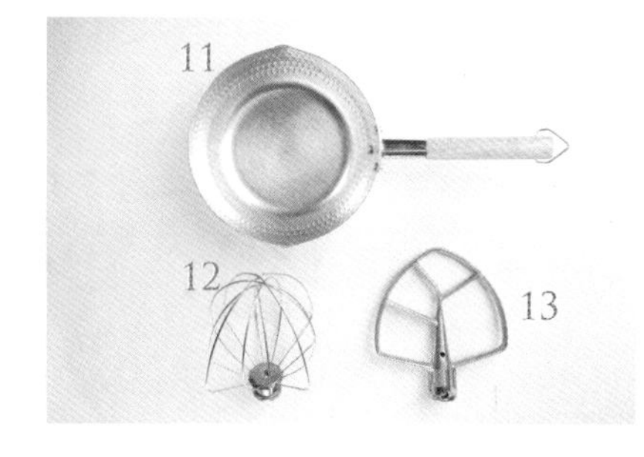

Step Description 步骤说明

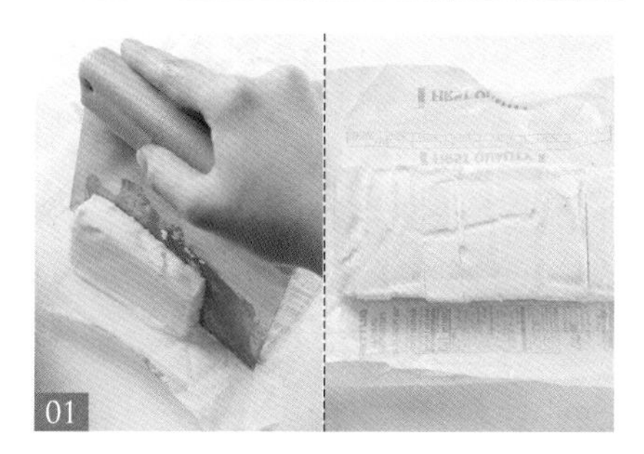

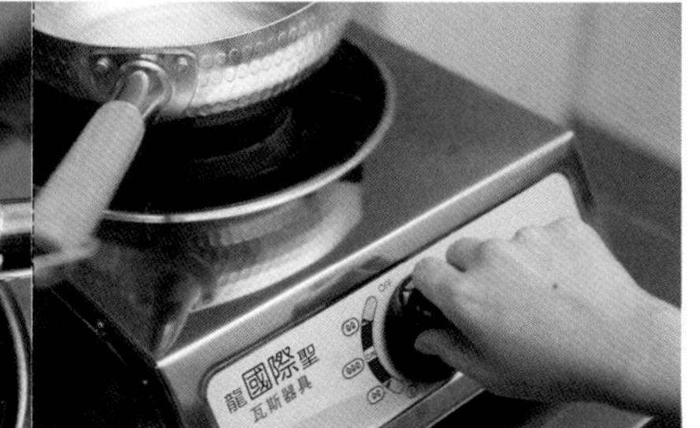

01 用切面刀将奶油切成小块后，放入冷藏备用。

TIP 将奶油切成小块，可在后续拌打时，不易伤到搅拌头。

02 取单柄锅，将水倒入锅中。

03 加入砂糖b后，开中大火加热至100℃。

04 将钢盆中的蛋白倒入电动搅拌机中。

05 装上球状搅拌器。

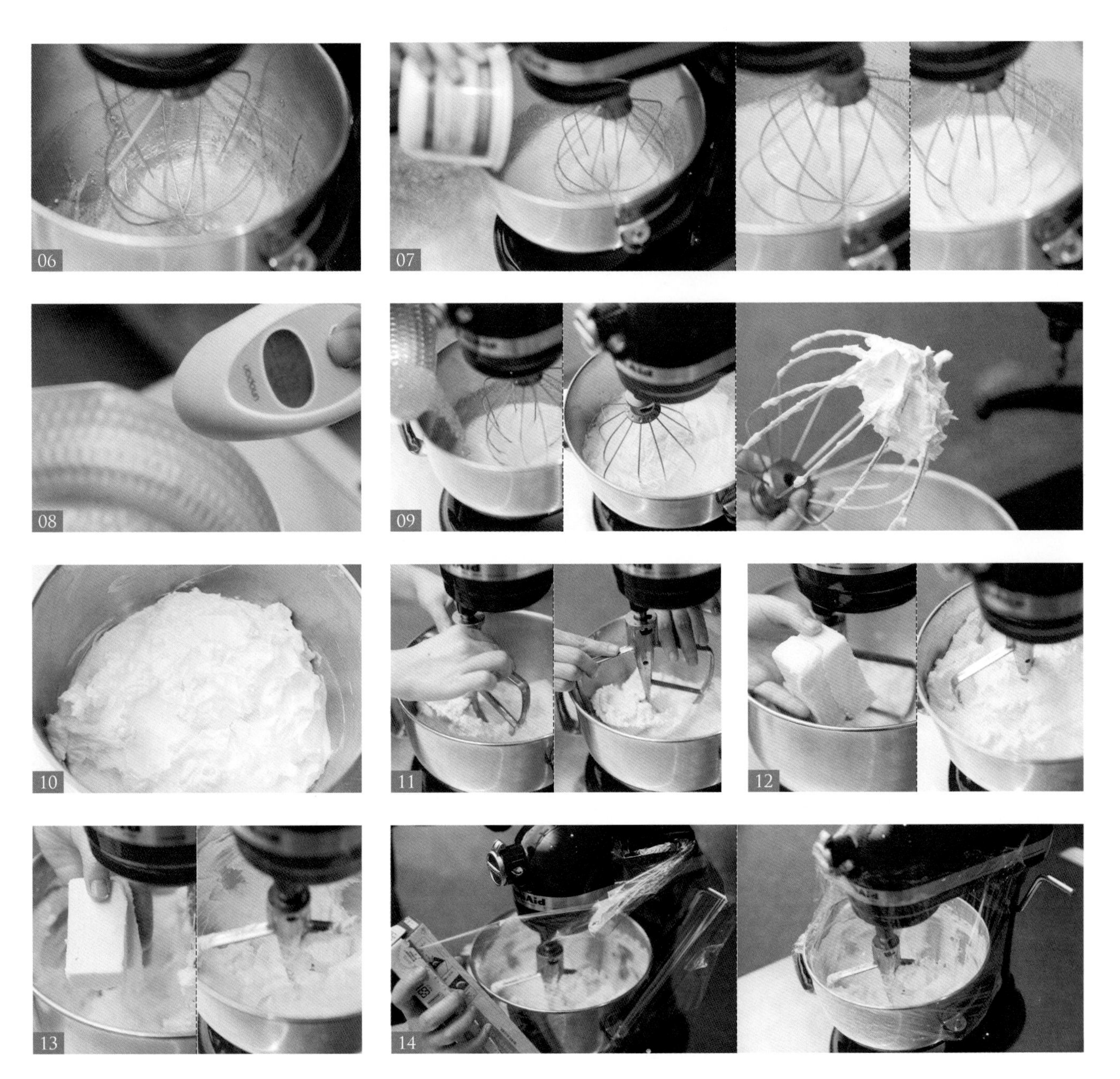

06 开启电动搅拌机以中高速开始打发蛋白。

07 分次加入砂糖a，加完后持续打发。

TIP 分2~3次加入并打发。

08 此时用温度计测量糖水温度，糖浆的温度须至120℃。

09 将搅拌机调至最低速后，将糖水倒入搅拌盆中拌匀，接着转中高速打发蛋白至固态棉花糖状。

TIP 注意！一定要转至最低速后才倒入糖浆，否则易喷溅烫伤。

10 放入冰箱冷却15分钟。

TIP 若此时钢盆温度没有过高到会融化奶油，则可以省略此动作。

11 将球状搅拌器取下，替换桨状搅拌器。

12 将奶油分次加入搅拌盆中，以低速持续搅打。

TIP 此时材料易喷溅，先以低速搅打，再转高速打发奶油霜。并注意：奶油在此之前须冷藏，维持冰冷状态。

13 重复步骤12，将奶油全部加入搅拌盆中，并搅打均匀。

14 将保鲜膜包住搅拌机侧边，可避免材料在搅打时到处喷溅。

15 用中高速持续搅打奶油霜至底部为不含水分的奶油霜（奶油霜开始呈现贴缸壁的绒毛状）即可。

TIP 若一开始奶油霜呈现豆渣状，属于正常现象，可持续搅打。

16 取下保鲜膜后，用搅拌棒将搅拌盆两侧的奶油霜集中。

17 如图，韩式奶油霜完成。

关键点

KEY POINT

奶油霜的保冷方法

将保冷剂放入钢盆中。

承步骤 1，将抹布对折，覆盖在保冷剂上方。

将盛装奶油霜的搅拌盆放在钢盆上方。

TIP 奶油霜须维持既不过热，也不过冷的状态，过冷易出水，过热易融化。

Butter Cream
韩式奶油霜裱花

小玫瑰

MINI ROSE

小玫瑰

MINI ROSE

DECORATING TIP 花嘴

底座 | #102

花瓣 | #102（花嘴上窄下宽）

花心 | #102

COLOR 颜色

花瓣色 | ●粉色 ●红色 ●黑色 ●酒红色

步骤说明 Step Description

· 底座制作

01 以#102花嘴在花钉上挤出长约2厘米长条形的奶油霜后，将花嘴轻靠花钉，以切断奶油霜。

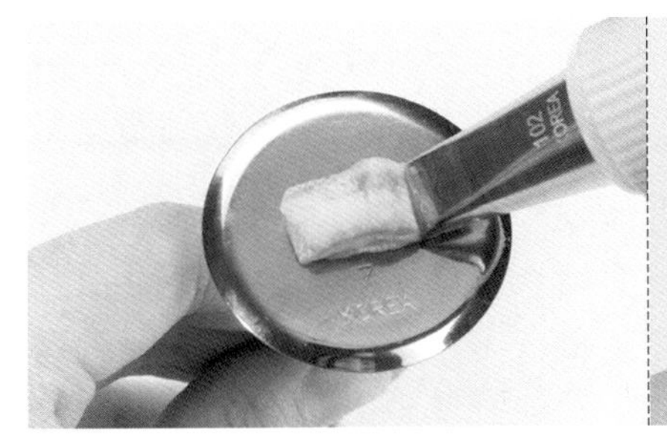

02 承步骤1，将奶油霜在同一位置继续向上叠加，在花钉上挤出长约2厘米 × 高1厘米的奶油霜，作为底座。

03 先在底座侧边挤上奶油霜，稳固底座后，再将花嘴轻靠花钉，以切断奶油霜。

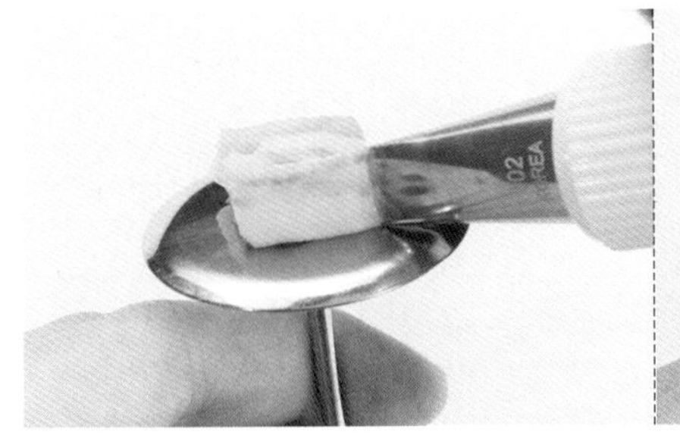

04 重复步骤3，将花钉转向，将底座另一侧挤上奶油霜，来稳固底座。

· 花心制作

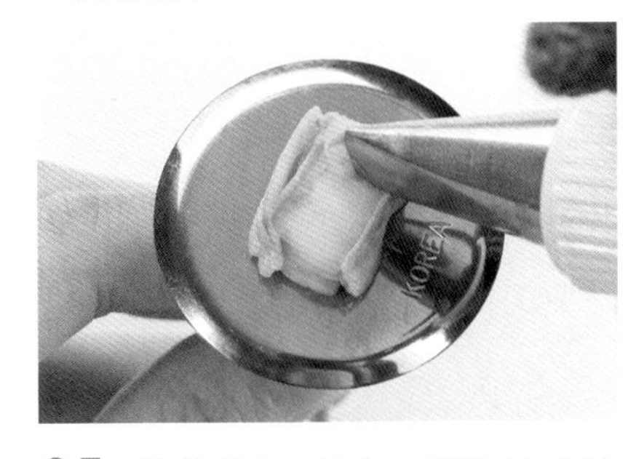

05 将花嘴窄口朝上，并以12点钟方向，插入底座内1/3处。

在挤的同时，须将花嘴微抬起，才不致碰伤花心，且在制作花心时挤出的奶油霜量要少，以及转花钉动作要快，花心的孔洞才不会过大。

06 承步骤5，将花钉逆时针转、花嘴顺时针挤出奶油霜，以制作玫瑰花心。

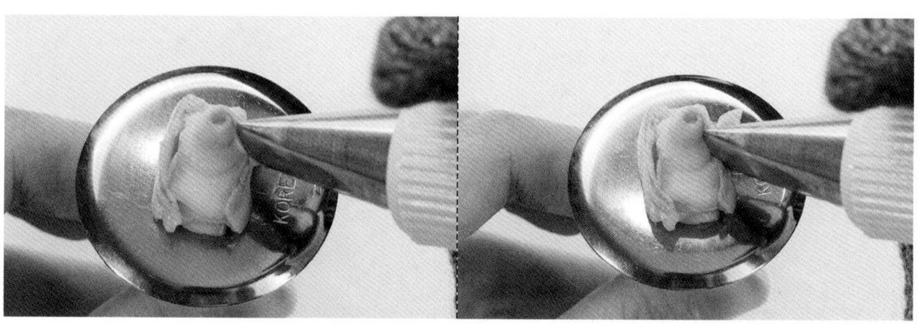

07 承步骤 6，挤至奶油霜完全卷起呈现圆柱状后，将花嘴顺势轻靠上花心后离开，即完成花心。

08 如图，花心完成。

· 花瓣制作

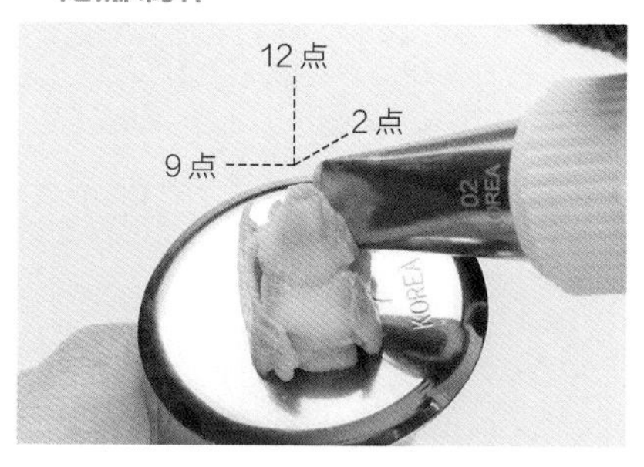

09 将花嘴以 2 点钟方向放在花心侧边后，插入底座。

10 承步骤 9，将花钉逆时针转、花嘴顺时针挤出一个倒 U 拱形。

11 如图，第一片花瓣完成。

12 将花嘴放在任一片花瓣侧边后，插入底座。

13 承步骤 12，将花钉逆时针转、花嘴顺时针挤出一个倒 U 拱形。

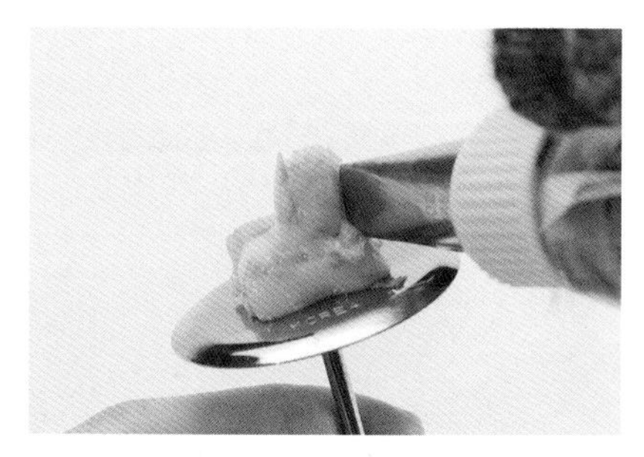

14 重复步骤 12~13，挤出第三片花瓣，形成三角形结构。

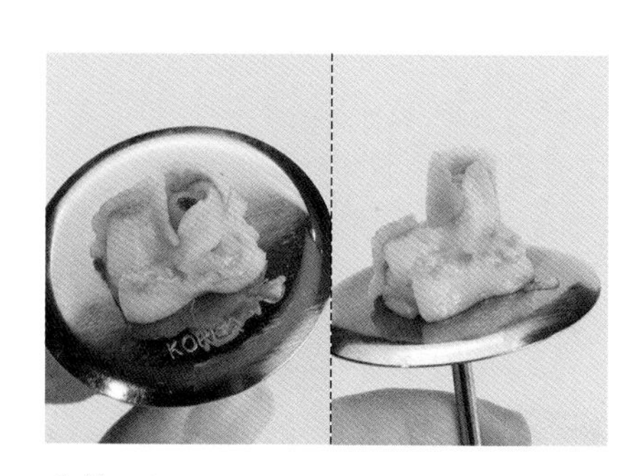

15 如图，完成第一层花瓣。

16 将花嘴放在前层花瓣交界处前方后，插入底座。

17 将花钉逆时针转、花嘴顺时针挤出一个倒 U 拱形。

18 如图，第二层的第一片花瓣完成。

19 重复步骤 17~18，完成第二层剩下的两片花瓣，三片花瓣连接为一个三角形。

20 如图，完成第二层花瓣。

21 制作第三层花瓣，将花嘴放在前一层花瓣交界处之前，插入底座。

22 承步骤 21，将花钉逆时针转、花嘴顺时针挤出一个倒 U 拱形，此花瓣的位置在上一层花瓣交界处的中间。

23 重复步骤 21~22，完成第三层五片花瓣。

24 如图，小玫瑰完成。

花瓣开合角度

小玫瑰制作视频

小玫瑰

MINI ROSE

小玫瑰　满天星

制作说明

毋庸置疑，将小玫瑰放在杯子蛋糕上摆放，马上会呈现出浪漫又可爱的氛围，成为派对上的主角。在蛋糕视觉上，使用了捧花造型的技法，中心点放置一朵主花，四周呈现放射状的方式，须注意摆放的次序为由外往内堆叠，最后才在中心放下最后一朵小玫瑰，过程中须依照不同花朵的大小去挤上底座，让整个杯子蛋糕呈现半圆形的捧花造型。

最后加上叶子时记得也向呈现放射状的方向生长，使用星星花嘴点缀一些满天星上去，则起到画龙点睛的效果。

配色

Butter Cream
韩式奶油霜裱花

小苍兰

FREESIA

小苍兰
FREESIA

DECORATING TIP 花嘴

底座 | #120
花瓣 | #120（花嘴上窄下宽）
花蕊 | 平口花嘴

COLOR 颜色

花瓣色 | 橘黄色　金黄色
花蕊色 | 橄榄绿

步骤说明 Step Description

• 底座制作

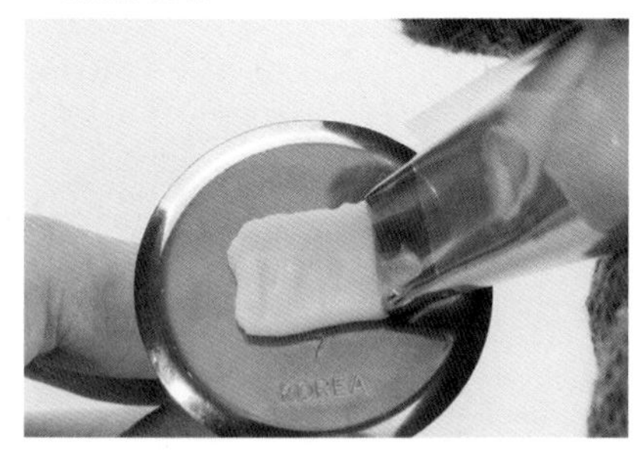

01 以 #120 花嘴在花钉上挤出长约 2 厘米长条形的奶油霜后，将花嘴轻靠花钉，以切断奶油霜。

02 承步骤 1，将奶油霜在同一位置继续向上叠加，在花钉上挤出宽约 1.5 厘米 × 高 0.5 厘米的奶油霜，作为底座。

03 先在底座侧边挤上奶油霜，稳固底座后，再将花嘴轻靠花钉，以切断奶油霜。

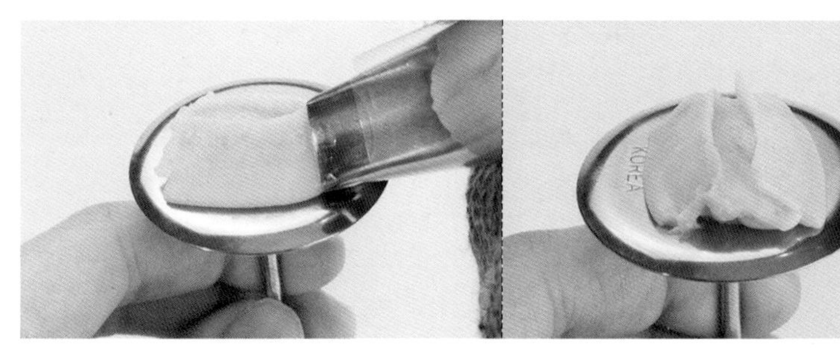

04 重复步骤 3，将花钉转向，将底座另一侧挤上奶油霜，来稳固底座。

• 花瓣制作

05 将花嘴窄口朝上，垂直插入底座中心。

在挤的同时，花嘴根部要靠在底座上移动，花瓣才会立起。

06 承步骤 5，将花嘴挤出一片奶油霜，并将花嘴稍微向底座下压后提起离开，即完成第一片花瓣。

07 将花钉转向（与第一片花瓣呈现V字形的角度），将花嘴垂直插入底座。

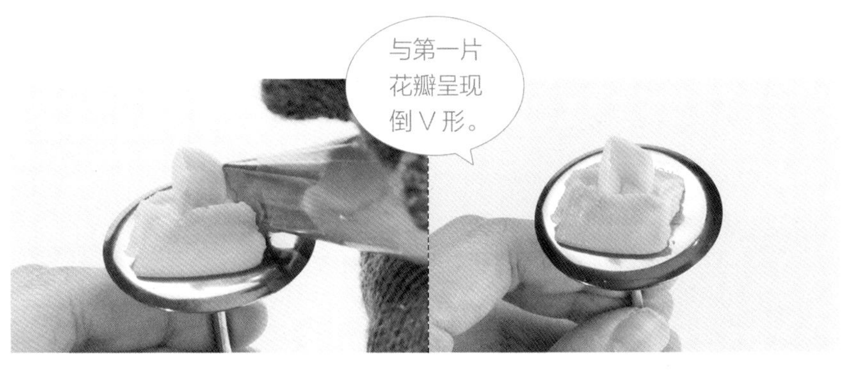

08 承步骤7，将花嘴平移挤出奶油霜，并将花嘴稍微向底座下压后提起离开，即完成第二片花瓣。

09 将花钉转向（两片花瓣的空隙处），将花嘴垂直插入两片花瓣侧边。

10 承步骤9，将花嘴平行挤出奶油霜，并将花嘴稍微向底座下压后提起离开，即完成第三片花瓣。

11 如图，第一层花瓣完成，呈现三角形结构。

12 将花嘴放在任一花瓣侧边后，插入底座。

13 承步骤12，将花钉逆时针转、花嘴顺时针挤出奶油霜。

14 承步骤13，将花嘴稍微垂直向下切断奶油霜后，即完成花瓣。

15 重复步骤12~14，依序挤出三片花瓣，花瓣彼此间保留空隙。

16 如图，第二层花瓣完成。

17 将花嘴放在上一层花瓣的交界处之前。

18 承步骤 17，将花钉逆时针转、花嘴顺时针挤出奶油霜，覆盖上一层空隙。

19 承步骤 18，将花嘴轻靠底座后下压提起离开，即完成第三层的第一片花瓣。

20 重复步骤 17~19，依序挤出三片花瓣，即完成第三层花瓣。

· 花蕊制作

21 以平口花嘴在花朵中心挤出长条花蕊。

22 重复步骤 21，在中心挤出条状花蕊。

23 如图，小苍兰完成。

KEY POINT

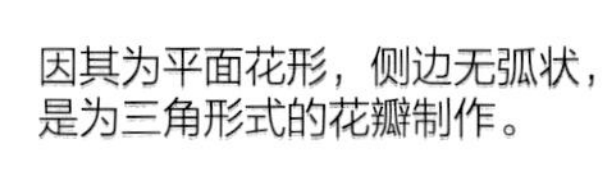

因其为平面花形，侧边无弧状，是为三角形式的花瓣制作。

花瓣由上往下看角度

小苍兰制作视频

小苍兰

FREESIA

制作说明

六角形的蛋糕大约在六吋与八吋圆蛋糕之间的大小，摆放的花量比一般常见的六吋蛋糕增加许多，可以大胆的尝试多种花形，其中，摆放的花朵尺寸是重要的关键，同样类型的花朵必须制作不同的大小，例如：花苞、半开、全开等穿插摆放，这样才能让蛋糕的层次感丰富而不死板。

颜色上选用暖色系的搭配，呈现早秋的气息，蛋糕中间随意飘落的花瓣点缀画面，使得蛋糕更有灵动感。

配色

Butter Cream
韩式奶油霜裱花

—

洋甘菊

CHAMOMILE

洋甘菊
CHAMOMILE

DECORATING TIP 花嘴

底座 | 平口花嘴
花蕊 | #13
花瓣 | #59S（花嘴凹面朝内）

COLOR 颜色

花蕊色 | 橘黄色
花瓣色 | 白色

步骤说明 Step Description

· 底座制作

01 以平口花嘴在花钉上以绕圈方式挤出半圆隆起的底座。

· 花蕊制作

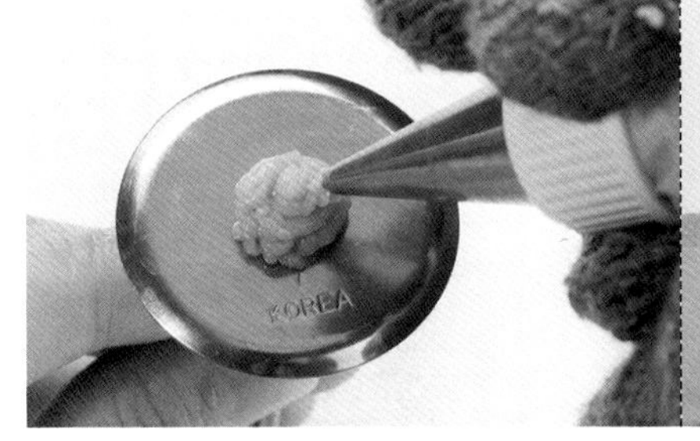

须顺着山丘上方挤出小球状。

02 以 #13 花嘴在底座上挤出花蕊。

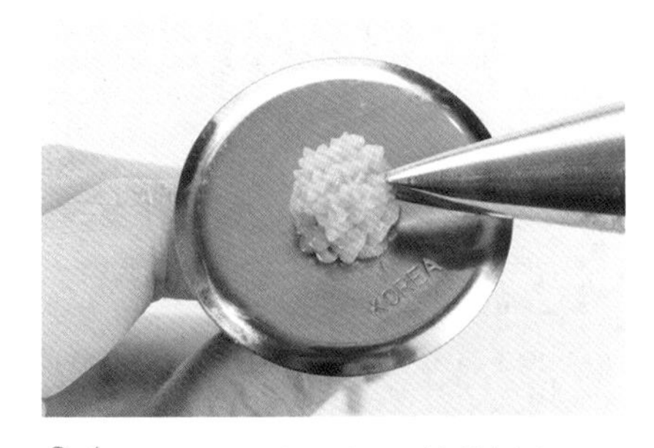

03 重复步骤 2，依序挤上小球，填满成立体圆形，即完成花蕊。

· 花瓣制作

04 以#59S 花嘴插入花蕊侧边。

05 承步骤 4，边挤奶油霜边往外拉至花瓣的长度后，停止挤奶油霜，并顺势将奶油霜脱离花嘴。

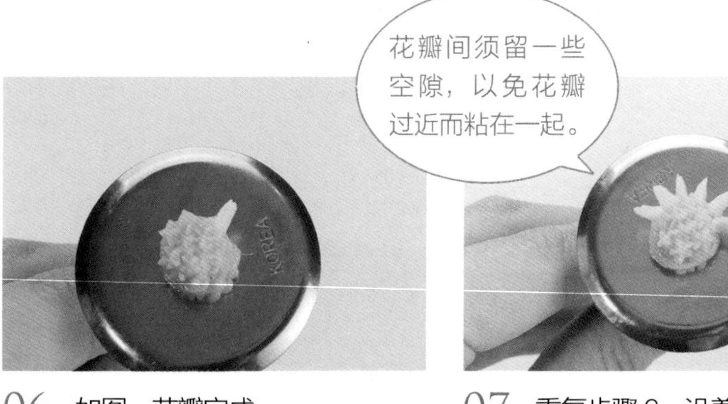

06 如图，花瓣完成。

07 重复步骤 6，沿着花蕊依序挤出花瓣。

08 重复步骤 7，沿着花蕊依序挤出花瓣。

09 如图，洋甘菊完成。

花瓣开合角度

洋甘菊制作视频

洋甘菊

CHAMOMILE

山茶花　小苍兰

洋甘菊　水仙花

制作说明

在蛋糕装饰中，可爱的洋甘菊是最方便且用途很广的小花，为了衬托山茶花作为主花的清新感，洋甘菊可以进行多朵数的推送小花丛摆放，或是分散式的环绕着蛋糕摆放，让整颗蛋糕的空间感延伸出去，蛋糕的层次感会更活泼一些。

花朵颜色上选用淡粉嫩的蜜桃色系搭配，呈现早春的气息，底部使用淡黄色能够将整颗蛋糕呈现出明亮的感觉，衬托洋甘菊轻飘飘的灵动感，有沐浴在春天阳光之中的感觉。

配色

Butter Cream
韩式奶油霜裱花

—

小菊花

MINI CHRYSANTHEMUM

小菊花

MINI CHRYSANTHEMUM

DECORATING TIP 花嘴

底座 | #81

花瓣 | #81（花嘴凹面朝内）

COLOR 颜色

花瓣色 | ●深紫色 ●藕色 ●红色

步骤说明 Step Description

· 底座制作

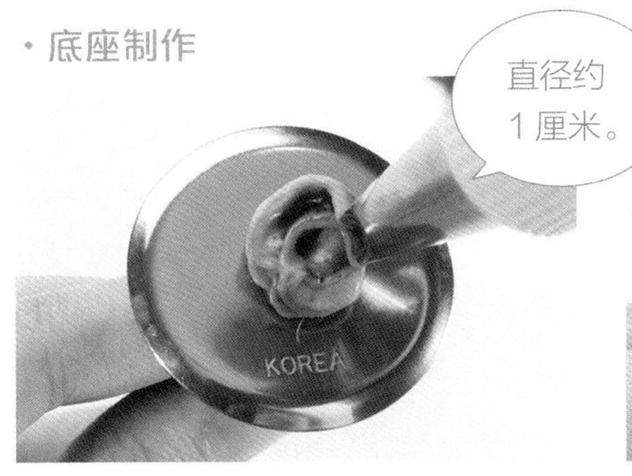

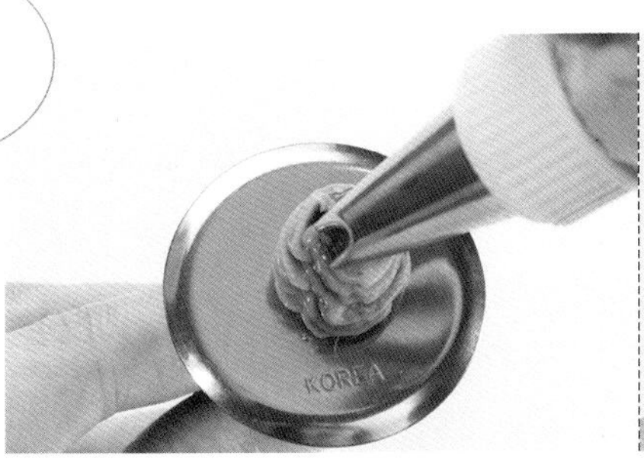

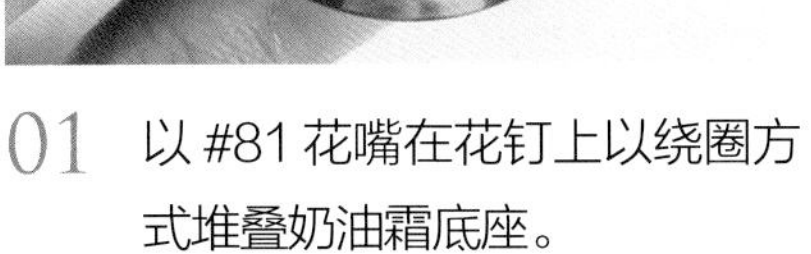

01 以#81花嘴在花钉上以绕圈方式堆叠奶油霜底座。

02 重复步骤1，将奶油霜在同一位置继续向上叠加，呈现高1.5~2厘米蛋头形后，将花嘴提起顺势离开，即完成底座。

· 花瓣制作

03 以#81花嘴垂直插入底座顶端的上方。

04 承步骤3，边挤奶油霜边将花嘴垂直往上拉至花瓣的长度后，停止挤奶油霜，并顺势将奶油霜脱离花嘴。

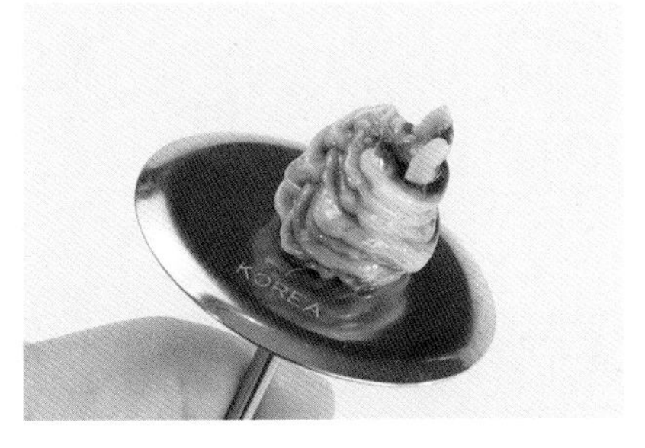

05 如图，第一片花瓣完成。

06 重复步骤3~4，在同一高度挤出第二、三片花瓣，第一层花瓣彼此聚拢成圆。

07 如图，第一层花瓣完成。

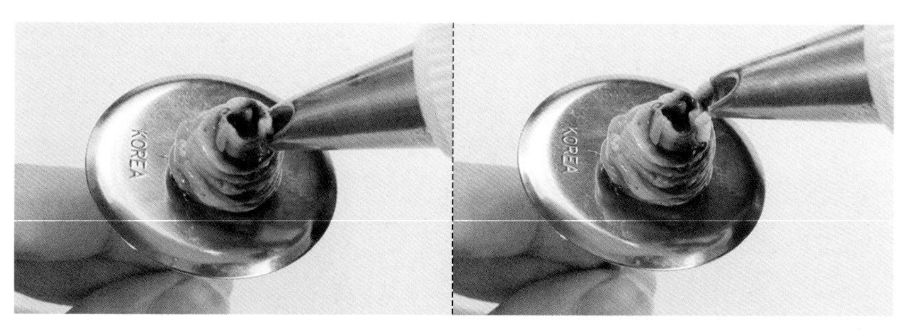

08 重复步骤 3~4，在距离第一片花瓣后方挤出第二层的第一片花瓣。

09 如图，第二层的第一片花瓣完成。

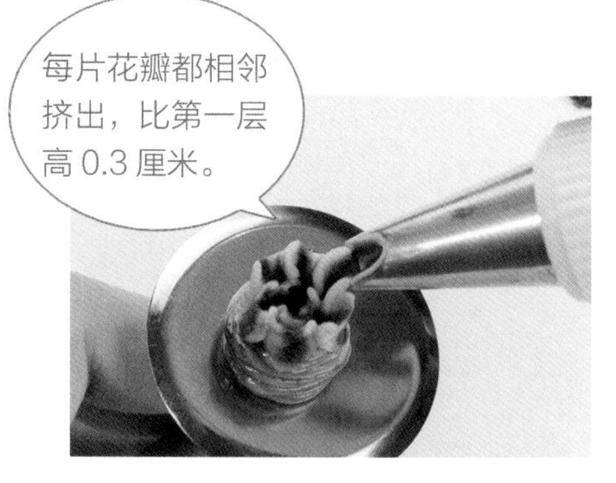

10 重复步骤 3~4，依序在第二层花瓣侧边挤出花瓣。

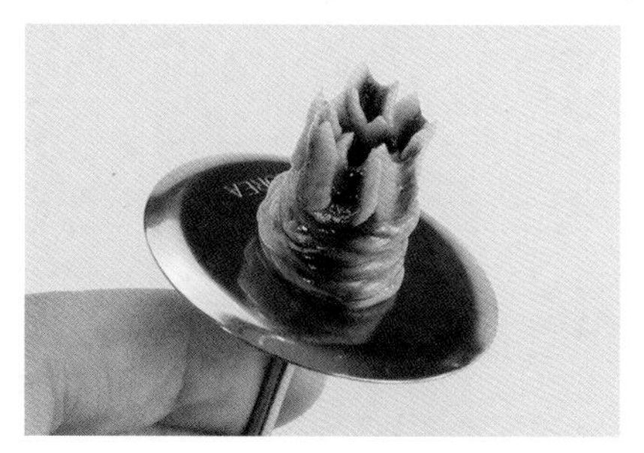

11 如图，第二层花瓣完成。

12 在 3 点钟方向，插入第二层花瓣后方的底座处。

13 承步骤 12，将花嘴贴着底座，由下往上制作第三层花瓣，并在收尾处向外延伸开展花瓣。

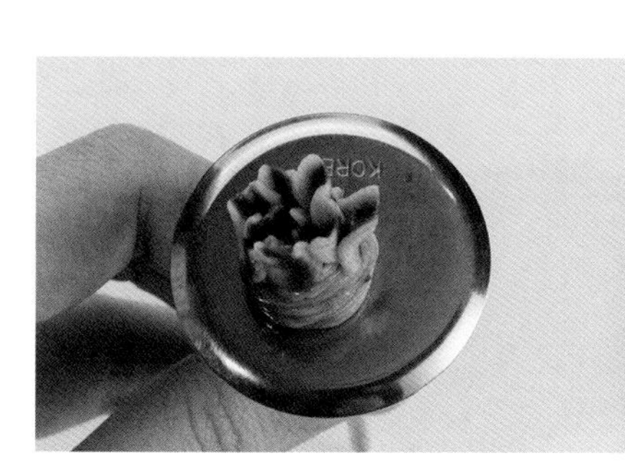

14 如图，第三层第一片花瓣完成。

15 重复步骤 12~14，依序在第三层花瓣侧边挤出向外开展的花瓣。

16 如图，第三层花瓣完成。

17 重复步骤 12~14，依序在第三层花瓣侧边挤出向外开展的花瓣，即完成第四层花瓣。

18 如图，小菊花完成。

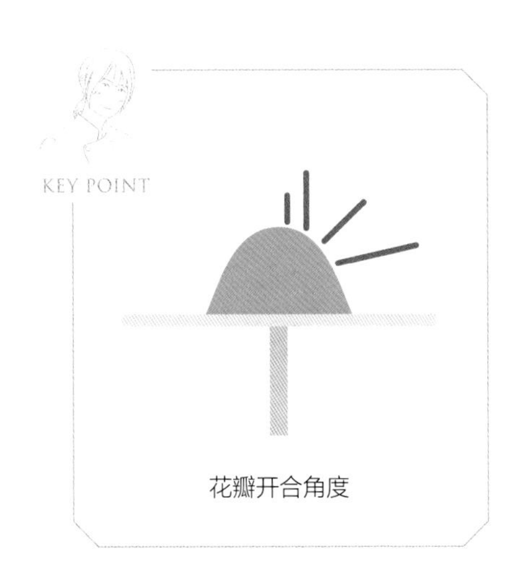

小菊花制作视频

小菊花

MINI
CHRYSANTHEMUM

牡丹花

牡丹花苞

小菊花

千日红

制作说明

小菊花的花瓣本身层次丰富，不管是做成小花放置蛋糕空隙的填补，还是单朵主花的呈现，都是非常好的蛋糕组装素材，惟须注意在调色时须有不同颜色的搭配混色，才不会让整体视觉显得厚重。

在此尝试了复古的深色配置，空隙间点缀一些亮色的小菊花混搭，能够让小菊花的绽放感更美丽，也让大菊花的华丽感提升。在叶子的选色上配上饱和度比较高的绿才能够衬托着花，最后底色抹面配上浅色系的拿铁色衬托，非常适合深秋这种低调沉稳的风格。

配色

Butter Cream
韩式奶油霜裱花

—

秋菊

CHRYSANTHEMUM

秋菊
CHRYSANTHEMUM

DECORATING TIP 花嘴

花蕊 | #13
花瓣 | #81（花嘴凹面朝内）

COLOR 颜色

花蕊色 | 咖啡色 金黄色
花瓣色 | 红色 红褐色 咖啡色

步骤说明 Step Description

· 花蕊制作

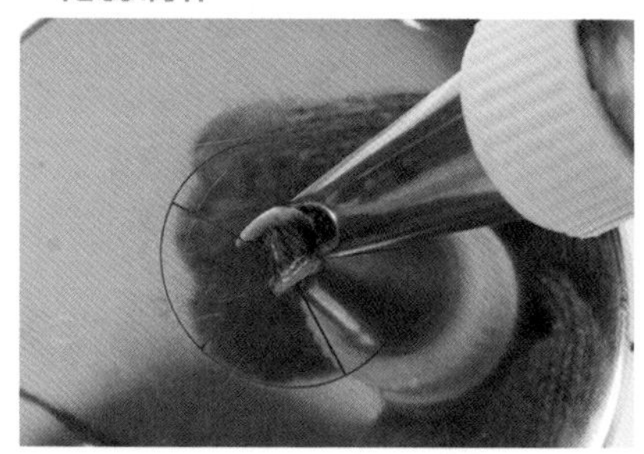

01 在花钉中心挤一点奶油霜。

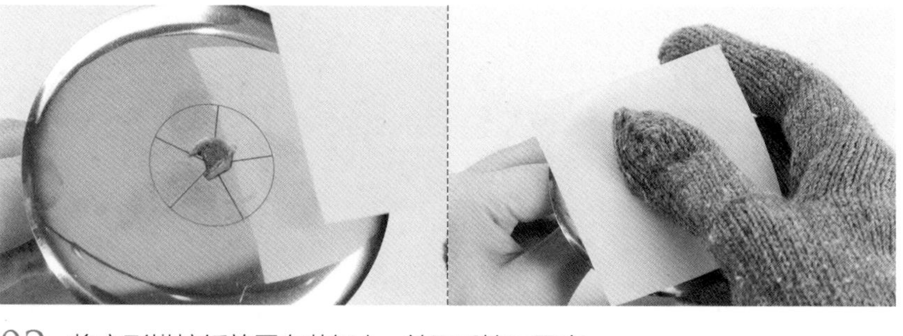

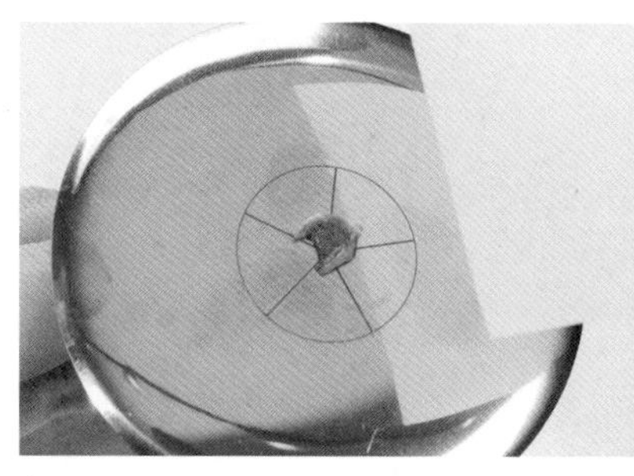

02 将方形烘焙纸放置在花钉上，并用手按压固定。

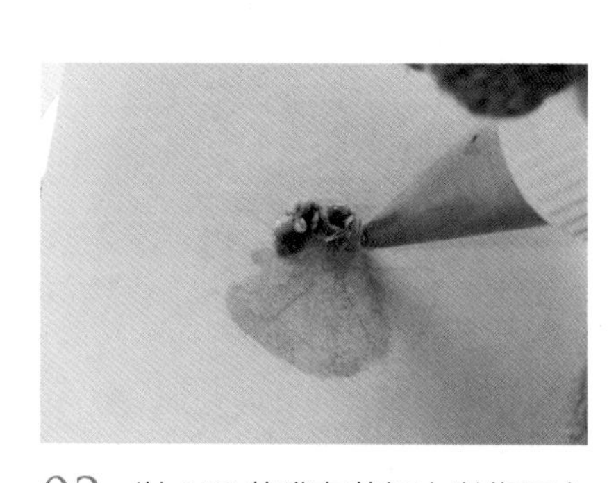

03 以#13花嘴在花钉上以绕圈方式挤出奶油霜。

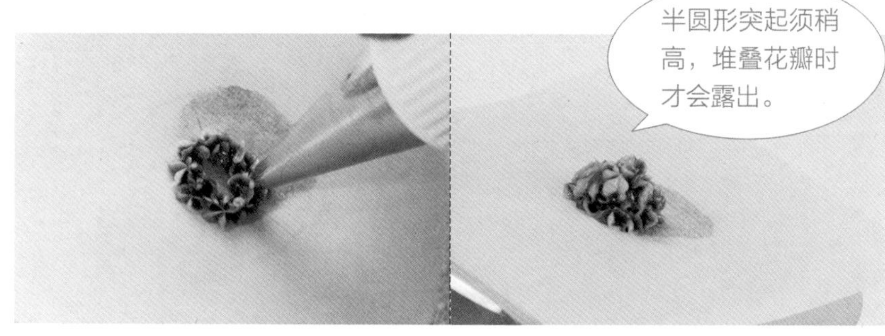

04 重复步骤3，持续挤出奶油霜，呈现高约1厘米的半圆形突起后，为花蕊。

· 花瓣制作

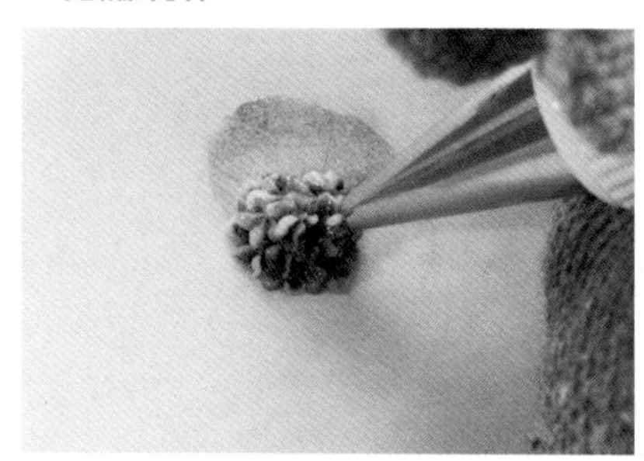

05 以#81花嘴垂直插入底座侧边。

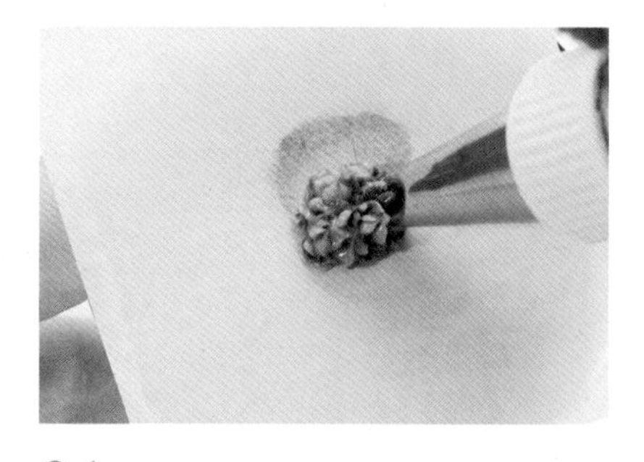

06 承步骤5，边挤奶油霜边将花嘴垂直往上拉至花瓣的长度后，停止挤奶油霜，顺势将奶油霜脱离花嘴。

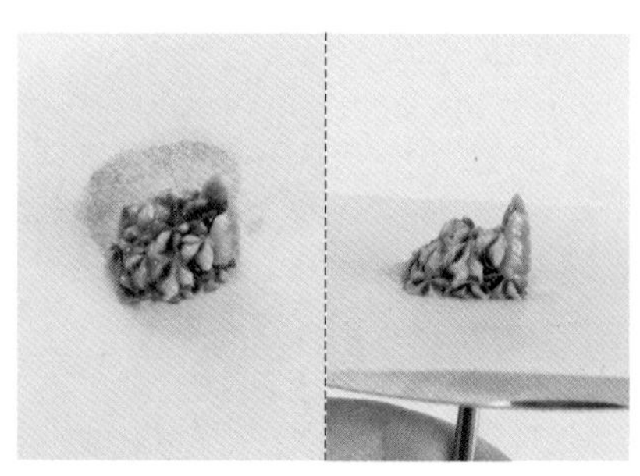

07 如图，第一片花瓣完成。

秋菊

CHRYSANTHEMUM

秋菊

制作说明

秋菊的裱花技巧不管在杯子蛋糕上或是单颗6吋蛋糕上都是一大亮点，原因除了花瓣层次丰富之外，还可以在挤花袋中填入由深色到浅色，或是由浅色到深色的奶油霜做变化，抑或是直接将不同颜色随机混装入袋，以上三种奶油霜装袋方式可以让整朵秋菊有更加多变的表现。

由于秋菊偏向扁平又大的花朵，若是直接以花剪取下容易破坏整体花形。建议在花钉上铺一块烘焙纸，并在烘焙纸上裱花，裱完花之后加以冷冻，变硬后取下装饰，才不会剪坏花朵。

配色

Butter Cream
韩式奶油霜裱花

水仙花

DAFFODIL

水仙花
DAFFODIL

DECORATING TIP 花嘴

底座 | 平口花嘴
白色花瓣（外） | #102（花嘴上窄下宽）或 #104（大朵）
黄色花瓣（内） | #102（花嘴上窄下宽）
花蕊 | 平口花嘴

COLOR 颜色

花瓣色（外） | 白色
花瓣色（内） | 金黄色
花蕊色 | 橄榄绿

步骤说明 Step Description

· 底座制作

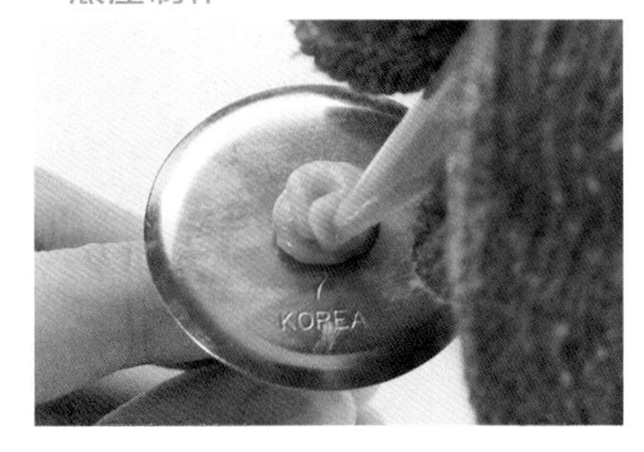

01 用平口花嘴在花钉上以绕圈方式挤出奶油霜。

02 承步骤 1，将奶油霜在同一位置继续向上叠加，在花钉上挤出直径约 1 厘米 × 高 0.5 厘米的奶油霜，作为底座。

· 白色花瓣制作

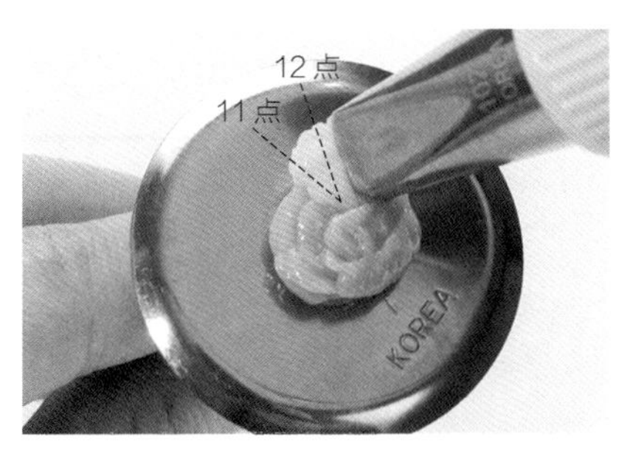

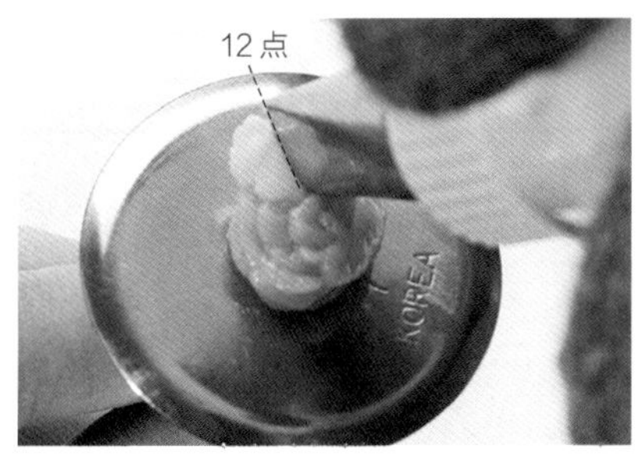

03 将 #102 花嘴以 11 点钟方向放在底座外围 1/3 处。

04 承步骤 3，将花钉逆时针转、花嘴顺时针挤出一点点三角形片状花瓣至 12 点钟方向。

05 承步骤 4，将花嘴在 12 点钟方向稍微停顿，此时不挤奶油霜。

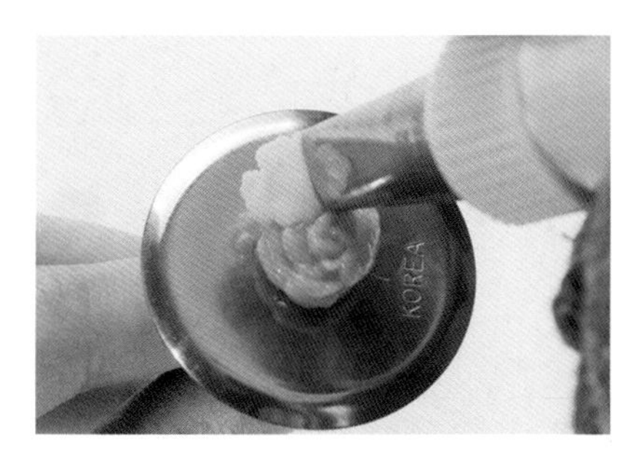

06 承步骤 5，将花嘴上半部翘起后，花嘴由 12 点钟方向移至 1 点钟方向挤奶油霜。

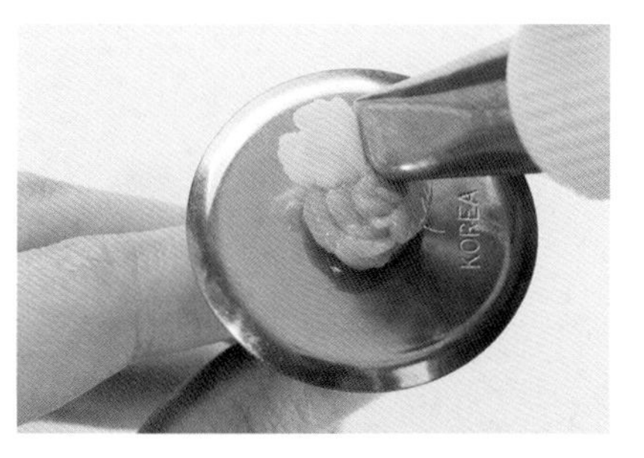

07 承步骤 6，将花嘴向下靠上底座后离开。

08 如图，第一片花瓣完成。

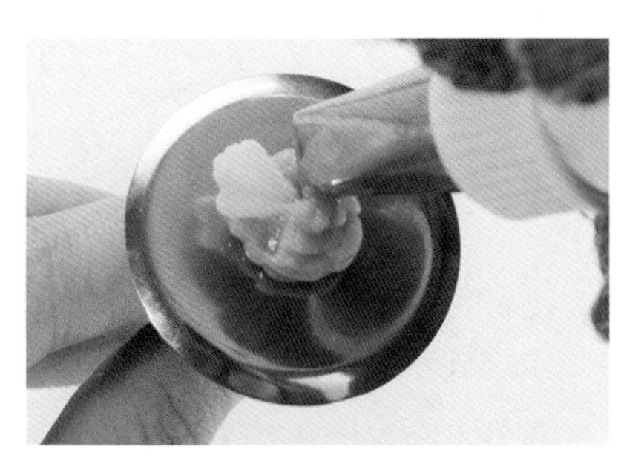

09 重复步骤 3，在第一片花瓣侧边底座插入花嘴。

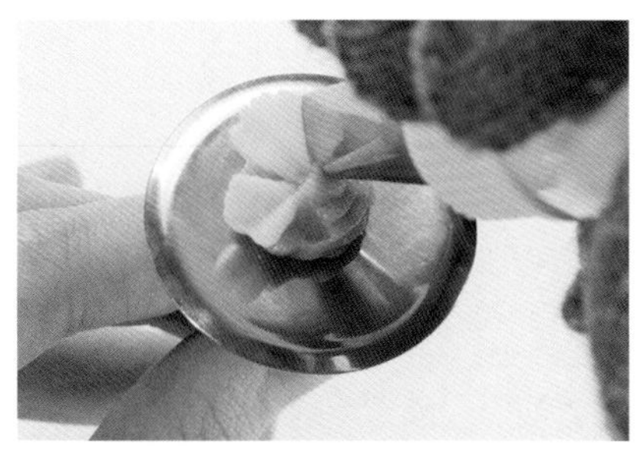

10 重复步骤 4~7，完成第二片花瓣。

11 重复步骤 3~10，完成共六片花瓣。

· 黄色花瓣制作

12 如图，白色花瓣完成。

13 将 #102 花嘴以直立方向插入花瓣中心。

14 承步骤 13，一边微微抖动，一边将花钉逆时针转、花嘴顺时针挤出奶油霜。

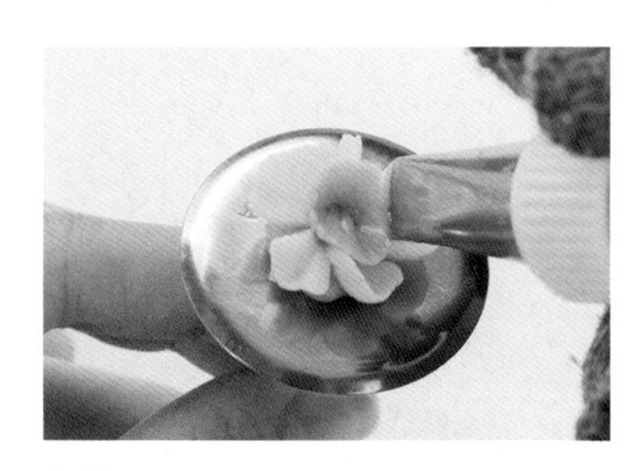

15 承步骤 14，将奶油霜挤至呈现漏斗状后，将花嘴顺势靠上奶油霜后提起，即完成黄色花瓣定型。

16 如图，黄色花瓣完成。

· 花蕊制作

17 用平口花嘴在黄色花瓣中心挤出条状。

18 重复步骤 17，挤出 2~3 个条状，即完成花蕊。

19 如图，水仙花完成。

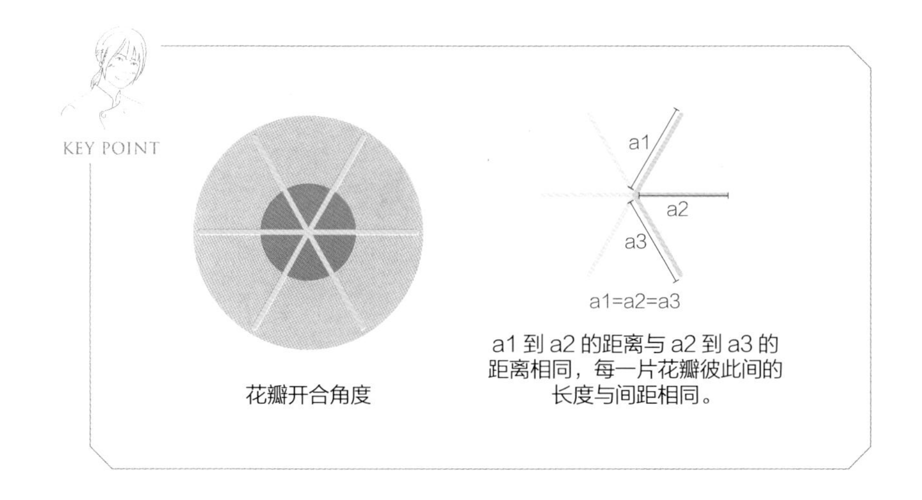

花瓣开合角度

a1 到 a2 的距离与 a2 到 a3 的距离相同，每一片花瓣彼此间的长度与间距相同。

水仙花制作视频

水仙花

DAFFODIL

水仙花　绣球花　牡丹花

制作说明

心形蛋糕代表浓情蜜意，永恒的亲情、爱情之意，尺寸可依照想要的大小使用蛋糕刀裁切，用心形的形状会建议裁切至少七吋到八吋左右的大小来摆放花朵为最适当。

在花形的选择上挑选两到三种左右的大花为主角，使用绣球花当作配花，最后在花与花之间摆上一些果实类来妆点蛋糕，完整度会更高而且丰盛，非常适合心形这种大蛋糕的配置。

美丽的Tiffany蓝抹面可以使用淡蓝色混加淡绿色以一比一的量进行调制，最后在蛋糕中间写上爱的短语，收到的人满满感动。

配色

Butter Cream
韩式奶油霜裱花

山茶花

CAMELLIA

山茶花
CAMELLIA

DECORATING TIP 花嘴

底座 | #120
花瓣 | #120（花嘴上窄下宽）

COLOR 颜色

花瓣色 | 浅粉色

步骤说明 Step Description

· 底座制作

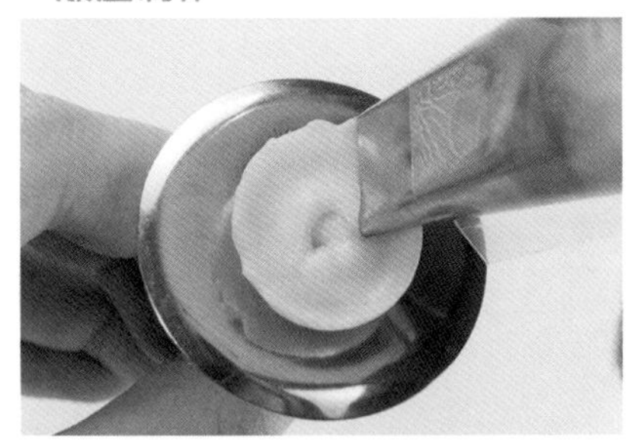

01 以 #120 花嘴在花钉上以逆时针转、花嘴顺时针挤出直径约 2.5 厘米的圆形。

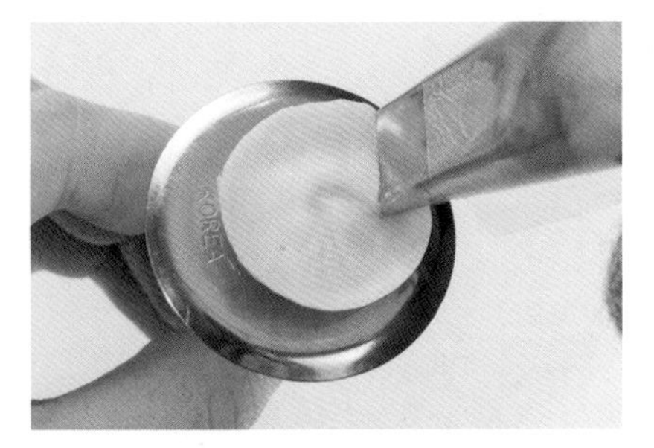

02 承步骤 1，将奶油霜在同一位置继续向上叠加，在花钉上挤出高约 1.5 厘米的奶油霜。

03 承步骤 2，将花嘴稍微向下切断奶油霜，即完成底座。

· 花瓣制作

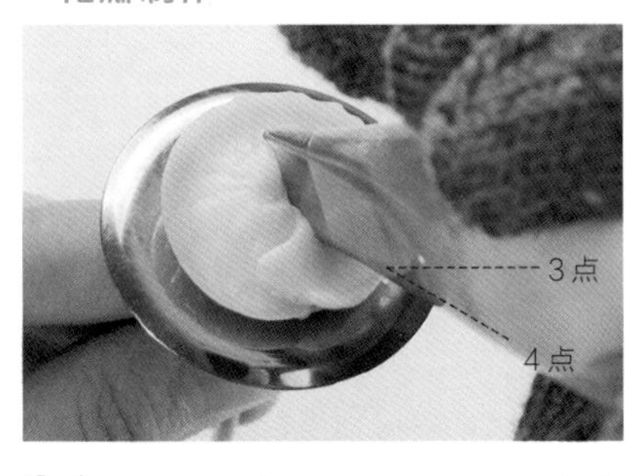

04 将花嘴以 4 点钟方向插入底座中心。

05 承步骤 4，将花钉逆时针转、花嘴顺时针挤出一小瓣内弯花瓣。

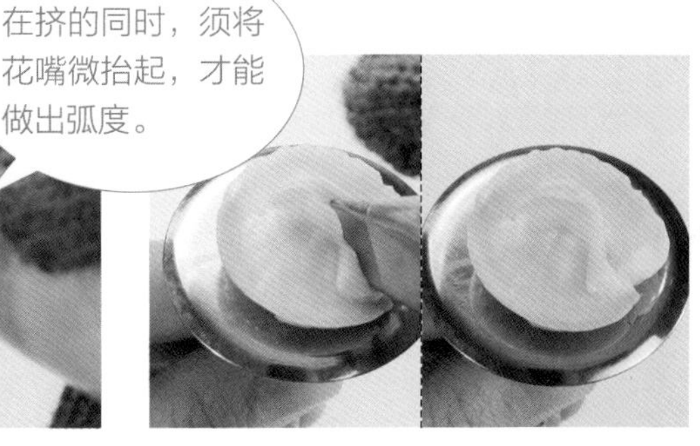

06 承步骤 5，将花嘴顺势靠上底座后离开，即完成第一片花瓣。

07 重复步骤 4~6，挤出第二个内弯花瓣。

08 重复步骤 4~6，挤出第三个内弯花瓣。

09 如图，第一层花瓣完成。

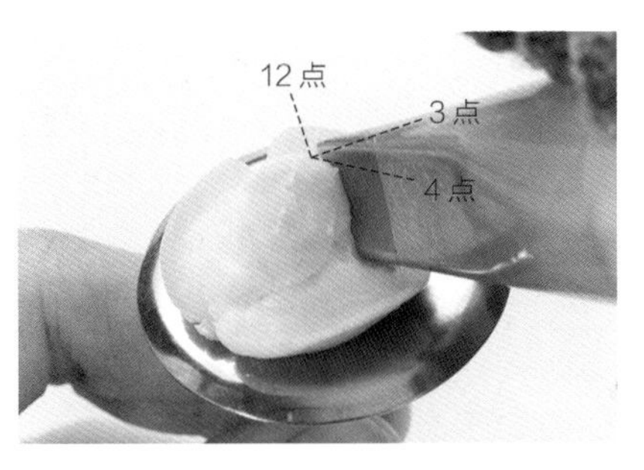

10 将花嘴以4点钟方向放在花心侧边后，插入底座。

11 将花钉逆时针转、花嘴顺时针接续挤出两个倒U拱形，形成爱心状。

12 如图，第二层的第一片花瓣完成。

13 重复步骤9~11，完成共三片花瓣。

14 如图，第二层花瓣完成。

15 将花嘴放在第一层花瓣之后，插入底座。

16 承步骤15，将花钉逆时针转、花嘴顺时针挤出一个倒U拱形。

17 如图，第三层第一片花瓣完成。

18 重复步骤 15~16，完成共五片花瓣。

19 如图，第三层花瓣完成。

20 将花嘴放在第三层花瓣之后，插入底座。

21 承步骤 20，将花钉逆时针转、花嘴顺时针平行挤出一个倒 U 拱形。

22 如图，第四层第一片花瓣完成。

23 重复步骤 20~21，完成共五片花瓣。

24 如图，花瓣完成。

25 如图，山茶花完成。

KEY POINT

花瓣开合角度

山茶花制作视频

山茶花

CAMELLIA

山茶花

制作说明

山茶花在蛋糕装饰中属于多层次的花朵，一开始挤花时花朵的层次尽量往内包覆，这样到后面开展的时候才能够制作更多层花瓣，每一层须注意维持花瓣的圆形弧面，制作出拟真的山茶花形。摆放的时候惟须注意在大花的数量上不要摆得过多，尽量平均分布在蛋糕上，否则容易感到头重脚轻，而失去山茶花的唯美感。

在颜色上山茶花大多是以白色、杏色或是蜜桃粉色系呈现，当然偶尔来点重色系的话，桃红或是珊瑚红都很动人。

配色

Butter Cream
韩式奶油霜裱花

—

苹果花

APPLE BLOSSOM

苹果花
APPLE BLOSSOM

DECORATING TIP 花嘴

底座 | #102
花瓣 | #102（花嘴上窄下宽）
花蕊 | 平口花嘴

COLOR 颜色

花瓣色 | 粉色
花蕊色 | 金黄色

步骤说明 Step Description

· 底座制作

01 以 #102 将花钉逆时针转、花嘴顺时针挤出直径约 1 厘米的圆形奶油霜。

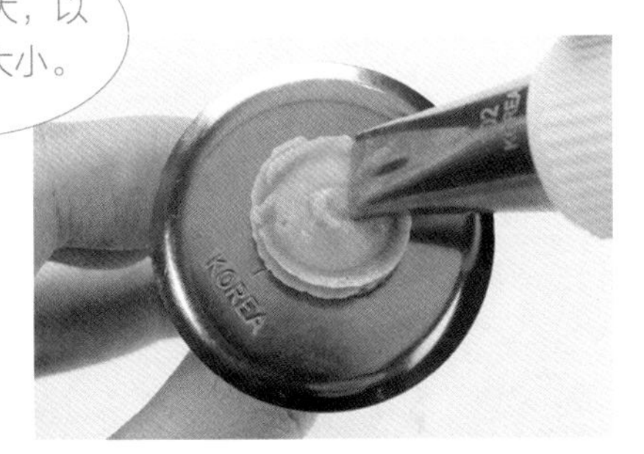

02 承步骤 1，将奶油霜在同一位置继续向上叠加至少三层，作为底座。

· 花瓣制作

03 将 #102 花嘴以 12 点钟方向插入底座中心。

04 承步骤 3，将花钉逆时针转、花嘴顺时针挤出水滴状造型，即完成第一片花瓣。

05 重复步骤 3，将花嘴插入第一片花瓣侧边。

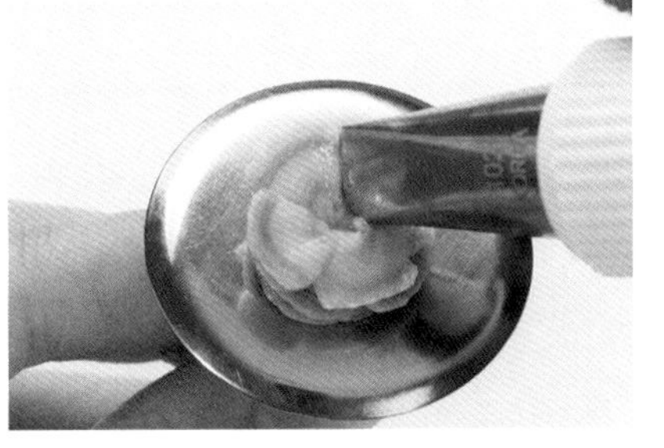

06 重复步骤 4，挤出第二片花瓣。

07 重复步骤 5~6，完成第三片花瓣。

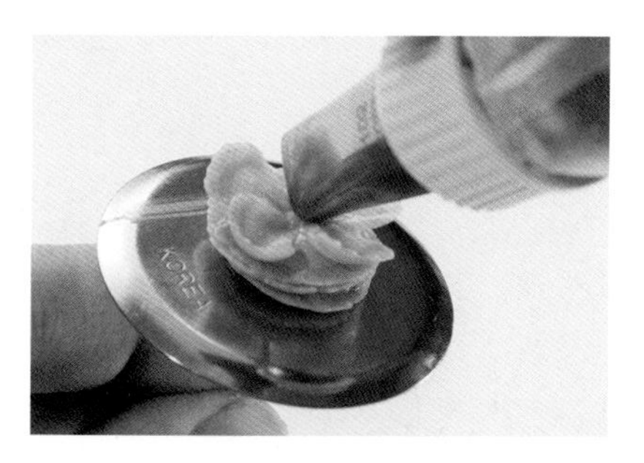

08 完成第四片花瓣后，再将花嘴根部垂直插入花瓣中心，以免伤到其他花瓣。

09 重复步骤6，完成第五片花瓣。

10 如图，花瓣完成。

・花蕊制作

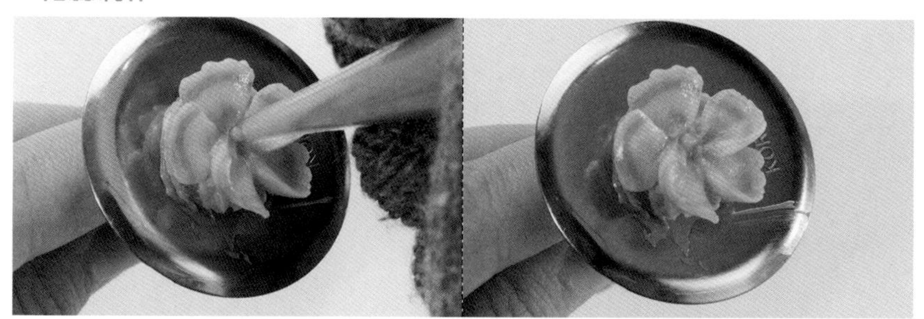

11 以平口花嘴在花瓣中心挤出小球状。

12 重复步骤 11，挤出三个小球状，即完成花蕊。

13 如图，苹果花完成。

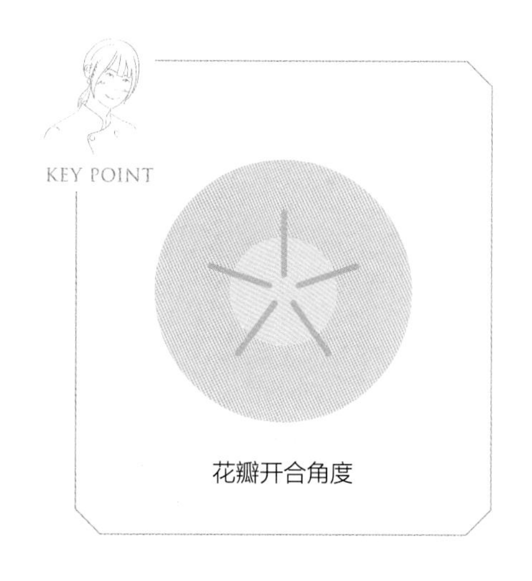

花瓣开合角度

苹果花制作视频

苹果花

APPLE BLOSSOM

苹果花　洋甘菊

制作说明

苹果花算是我认为入门款必练习的第一个花形，因为它简单易上手，可以让新手了解花瓣的裱花方式，也能够在色彩上做不同的渐层变化，最后在摆放方面也可以让同学练习正确的花剪使用方式，所以对裱花还一窍不通的你，可以先试试从这一个花形开始。

一开始装饰时可以尝试从杯子蛋糕开始练习，如主图中捧花杯子蛋糕的摆法，在过程中尽量将整体造型维持半圆形的状态叠加，熟练之后开始装饰大蛋糕也能有初步概念了。

配色

香槟玫瑰

CHAMPAGNE ROSE

香槟玫瑰

CHAMPAGNE ROSE

DECORATING TIP 花嘴

底座 | #104

花瓣 | #104（花嘴上窄下宽）

COLOR 颜色

花瓣色 | ●红色 ●咖啡色

步骤说明 Step Description

· 底座制作

01 用 #104 花嘴在花钉上挤出长约 2 厘米长条形的奶油霜后，将花嘴轻靠花钉，以切断奶油霜。

02 承步骤 1，将奶油霜在同一位置继续向上叠加，在花钉上挤出长约 2 厘米 × 高 1.5 厘米的奶油霜，作为底座。

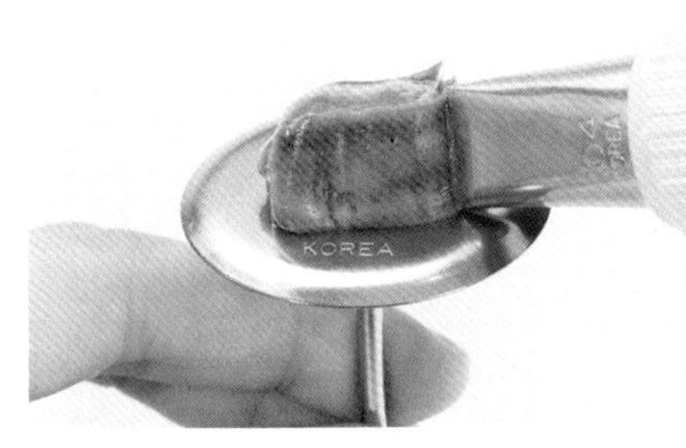

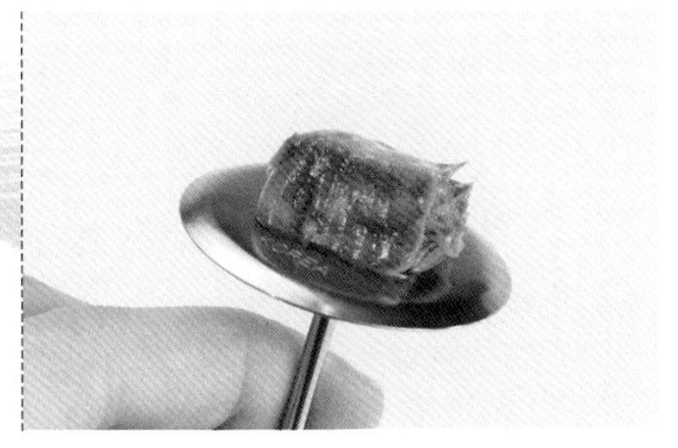

03 先在底座侧边挤上奶油霜，稳固底座后，再将花嘴轻靠花钉，以切断奶油霜。

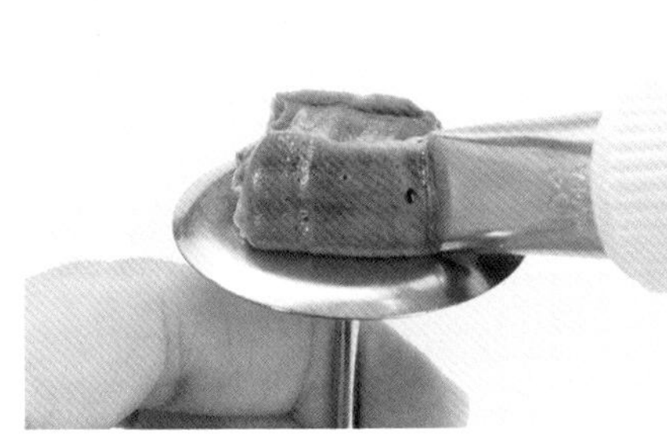

04 重复步骤 3，将花钉转向，将底座另一侧挤上奶油霜，来稳固底座。

· 花瓣制作

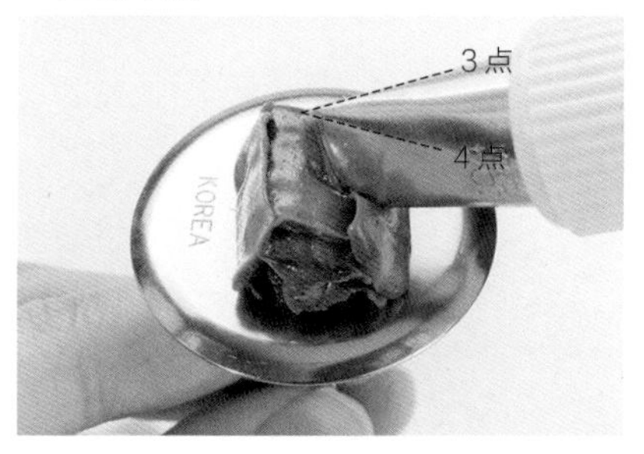

05 将花嘴窄口朝上，并以 4 点钟方向，插入底座深 1/3 处。

06 承步骤 5，将花钉逆时针转、花嘴顺时针挤出奶油霜，以制作圆柱状玫瑰花心。

在挤的同时，须将花嘴微抬起，且在制作花心时挤出的奶油霜量要少，以及转花钉动作要快，花心的孔洞才不会过大。

07 承步骤 6，挤至奶油霜完全卷起呈现圆柱状，再将花嘴顺势靠上后离开。

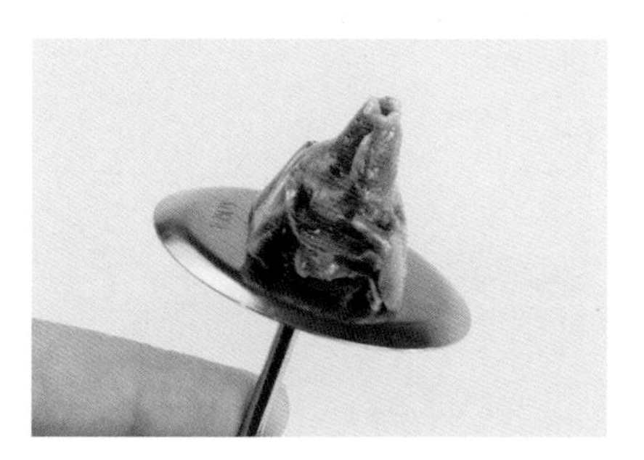

08 如图，第一层花瓣完成。

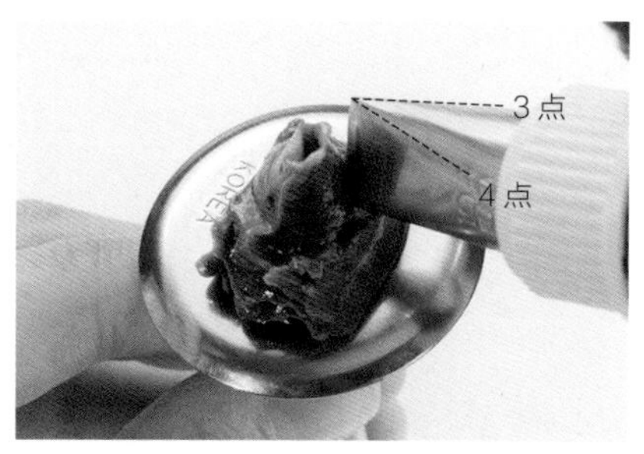

09 将花嘴以 4 点钟方向放在花心侧边后，插入底座。

10 承步骤 9，将花钉逆时针转、花嘴顺时针挤出一个倒 U 拱形。

11 如图，第一片花瓣完成。

12 将花嘴以 4 点钟方向放在任一片花瓣侧边后，插入底座。

13 承步骤 12，将花钉逆时针转、花嘴顺时针挤出一个倒 U 拱形。

14 重复步骤 12~13，挤出第三片花瓣，呈现三角形结构。

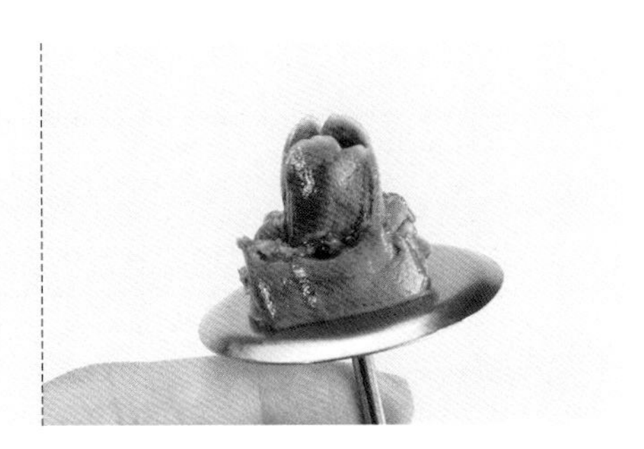

15 如图，完成第二层花瓣。

16 将花嘴放在前一层花瓣交界处后，插入底座。

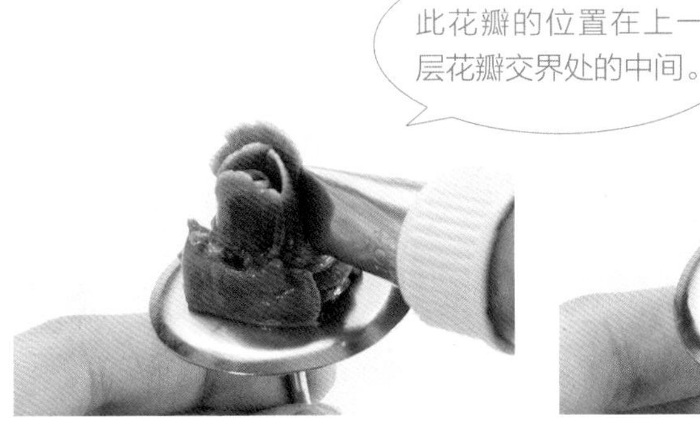

17 将花钉逆时针转、花嘴顺时针挤出一个倒U拱形。

18 重复步骤16~17，完成共三片花瓣，呈现三角形结构。

19 如图，第三层花瓣完成。

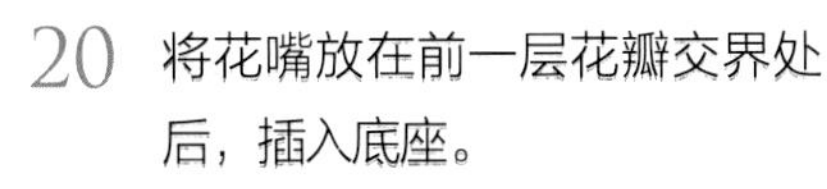

20 将花嘴放在前一层花瓣交界处后，插入底座。

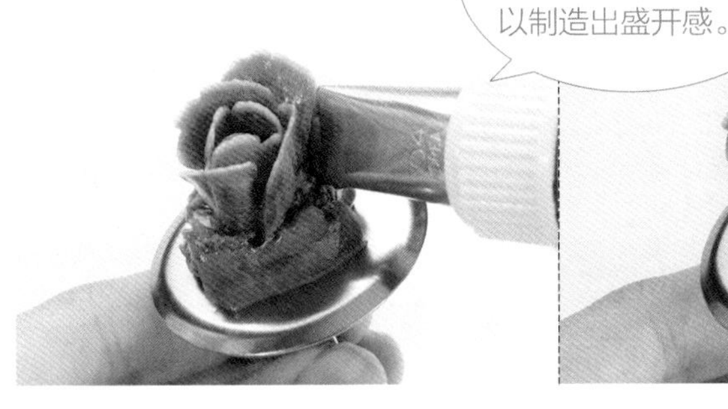

21 承步骤20，将花钉逆时针转、花嘴顺时针挤出一个倒U拱形，此花瓣的位置在上一层花瓣交界处的中间。

22 重复步骤20，将花嘴插入底座后，将花钉逆时针转、花嘴顺时针挤出一个短倒U拱形。

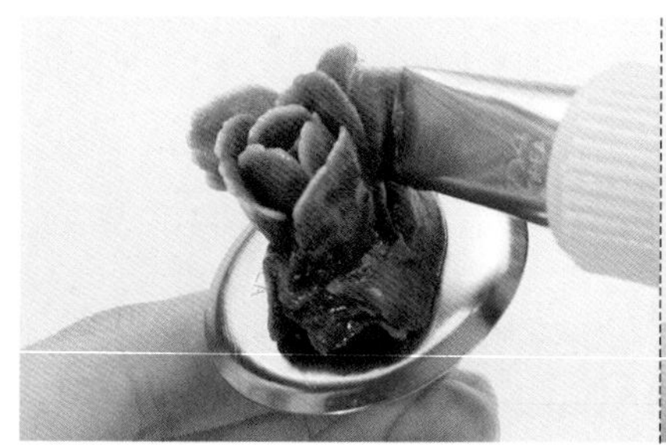

23 承步骤22，将花瓣挤出一点皱褶之后，顺势往下挤出另一个短倒U拱形，接着轻靠底座以切断奶油霜。

皱褶花瓣须以两片或三片短花瓣，搭配一片皱褶花瓣为主，会较有层次感。

24 如图，皱褶玫瑰花瓣完成。

25 重复步骤20~24，完成所有花瓣。

26 如图，香槟玫瑰完成。

香槟玫瑰制作视频

香槟玫瑰

CHAMPAGNE ROSE

香槟玫瑰　半开牡丹　蓝星花　追风草　五瓣花

制作说明

相信玫瑰是众多初学者第一个想征服的花形，因为她是如此广泛为人知，且适合所有的场合，不管是庆祝、悲伤、缅怀、感恩，总有玫瑰出现的镜头。然而玫瑰对于初学者也许不是那么的容易，因为在每一层花瓣制作时，须因为花瓣渐渐外开而将手腕进行外倒画倒U形的动作。

香槟玫瑰与一般玫瑰不同的地方在于须保持圆润的形态，且尽量减少花瓣边缘因花嘴拉扯而破碎的机会，一旦上手之后其他进阶花形也能各个击破。

配色

Butter Cream
韩式奶油霜裱花

—

蓝盆花

SCABIOSA

蓝盆花
SCABIOSA

DECORATING TIP 花嘴

底座 | #124K
花瓣 | #124K（花嘴上窄下宽）
花蕊 | 平口花嘴
小花 | #13

COLOR 颜色

花瓣色 | 深紫色　浅紫色　粉色
花蕊色 | 橄榄绿
小花色 | 白色

步骤说明 Step Description

· 底座制作

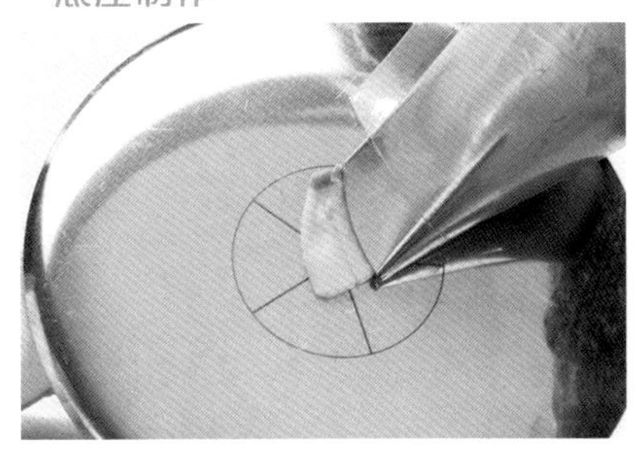

01 在花钉中心挤一点奶油霜。

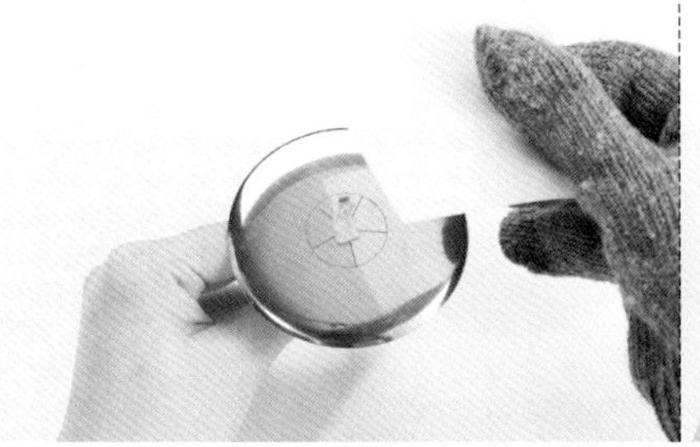

02 将方形烘焙纸放置在花钉上，并用手按压固定。

03 用 #124K 花嘴将花钉逆时针转、花嘴顺时针挤出直径约 1.5 厘米的圆形片状奶油霜。

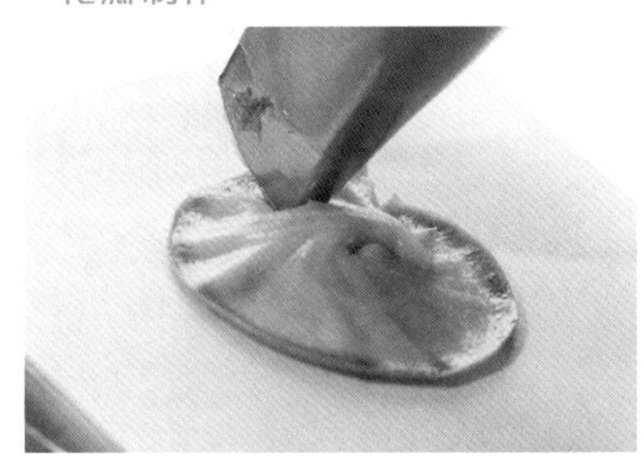

04 如图，底座完成。

· 花瓣制作

05 用 #124K 花嘴根部靠上底座，上方抬起。

06 承步骤 5，边挤奶油霜边摆动花嘴，以制造出花瓣皱褶。

07 承步骤 6，挤至需要的长度时，再将花嘴轻靠花钉，以切断奶油霜。

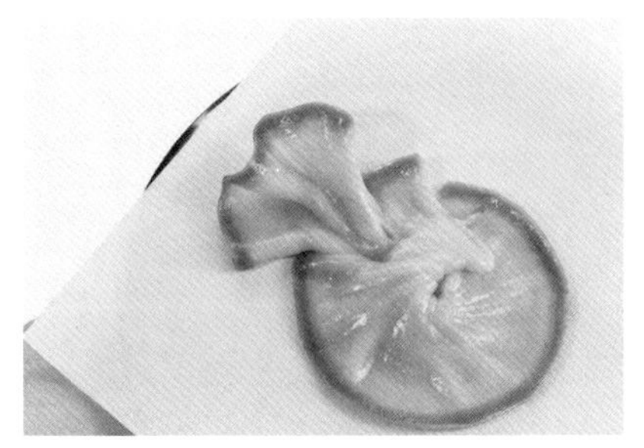

08 如图，第一片大花瓣完成。

09 重复步骤 5~7，在第一片花瓣侧边挤出较小的第二片花瓣。

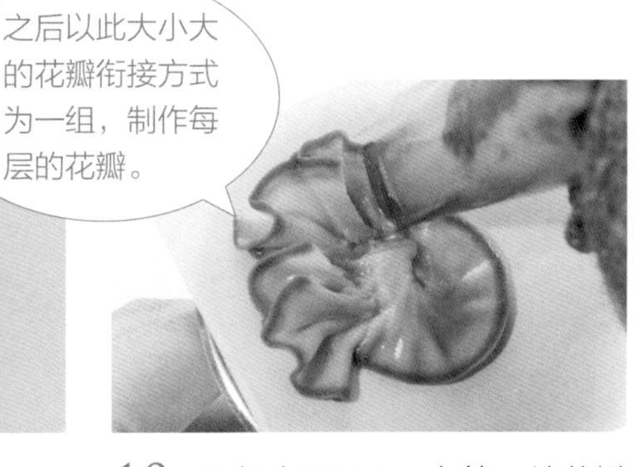

10 重复步骤 5~7，在第二片花瓣后侧挤出较大的第三片花瓣。

11 重复步骤 5~10，完成第一层花瓣。

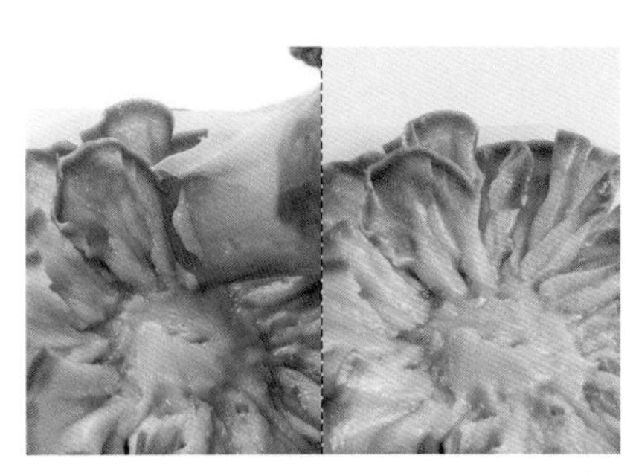

12 将花嘴稍微移至第一层之内，重复步骤 5~10，制作大小大衔接顺序的花瓣。

13 重复步骤 12，完成第二层花瓣。

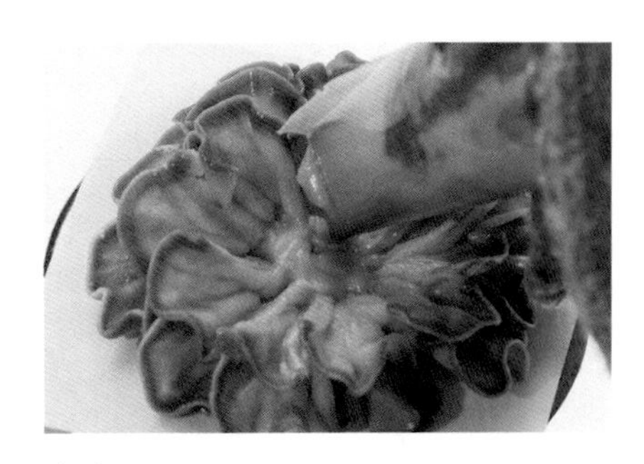

14 将花嘴稍微移至第二层之内，重复步骤 5~10，制作大小大衔接顺序的花瓣。

15 重复步骤 14，完成第三层花瓣。

· 花蕊制作

16 用平口花嘴在花瓣中心挤出小球状。

17 重复步骤16，沿着花瓣中心挤出小球状，形成一圆圈。

18 重复步骤16，在圆圈上堆叠小球成半圆突起状，即完成花蕊。

· 白色小花制作

19 用#13花嘴在花蕊侧边挤出小花。

20 重复步骤19，沿着花蕊侧边依序挤出小球状，即完成白色小花。

21 如图，蓝盆花完成。

花瓣开合角度

蓝盆花制作视频

蓝盆花

SCABIOSA

蓝盆花　小菊花

木莲花　小苍兰

制作说明

蓝盆花算是我认为入门款必练习的花形之一，因其可以让新手学习如何直接在杯子蛋糕上裱花的方式，将左手握住杯子蛋糕，而右手在裱花的同时，拿蛋糕的左手也须跟着裱花旋转角度，大部分学生往往会忘了左手也须慢慢地配合移动，单纯使用右手移动裱出来的花形会有点僵硬，所以初学时可以先挑战看看这一个花形。

一开始装饰时可以尝试从杯子蛋糕开始掌握适当的大小，熟练之后可以开始裱在烘焙纸上冰硬后，取下放在大蛋糕上练习装饰。

配色

Butter Cream
韩式奶油霜裱花

—

牡丹花苞

PEONY BUD

牡丹 ㊋㊉

PEONY BUD

DECORATING TIP 花嘴

底座 | #120
花瓣 | #120（花嘴上窄下宽）
花萼 | #120

COLOR 颜色

花瓣色 | ●黑色 ●粉色 ●浅紫色 ●酒红色
花萼色 | ●橄榄绿 ●绿色

步骤说明 Step Description

· 底座制作

01 用#120花嘴在花钉上挤出长约1.5厘米长条形的奶油霜后，将花嘴轻靠花钉，以切断奶油霜。

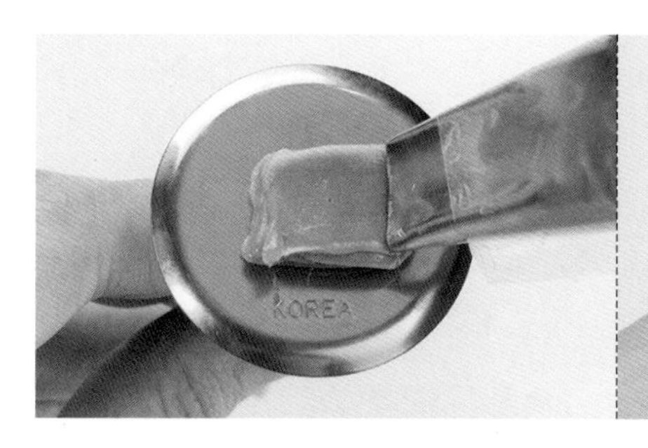

02 承步骤1，将奶油霜在同一位置继续向上叠加，在花钉上挤出宽约1.5厘米 × 高1厘米的奶油霜，作为底座。

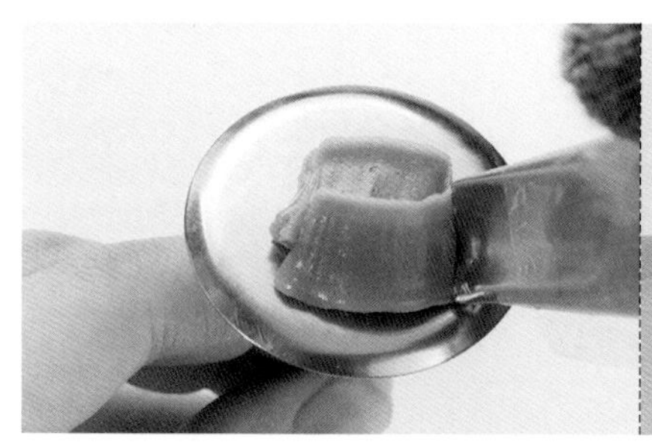

03 先在底座侧边挤上奶油霜，稳固底座后，再将花嘴轻靠花钉，以切断奶油霜。

04 重复步骤3，将花钉转向，将底座另一侧挤上奶油霜，来稳固底座。

· 花瓣制作

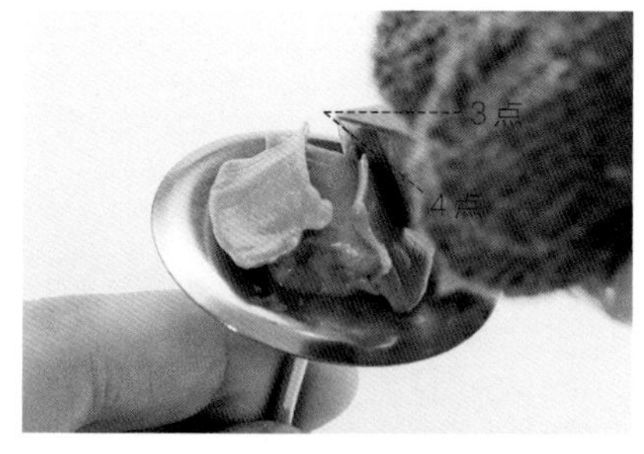

05 将花嘴以4点钟方向，插入底座后，再将花嘴上半部往内倒。

06 承步骤5，将花嘴平移挤出奶油霜，并将花嘴轻靠底座后提起离开，即完成第一片花瓣。

07 将花嘴以4点钟方向，插入前一片花瓣的1/2处后，重复步骤5~6，完成第二片花瓣。

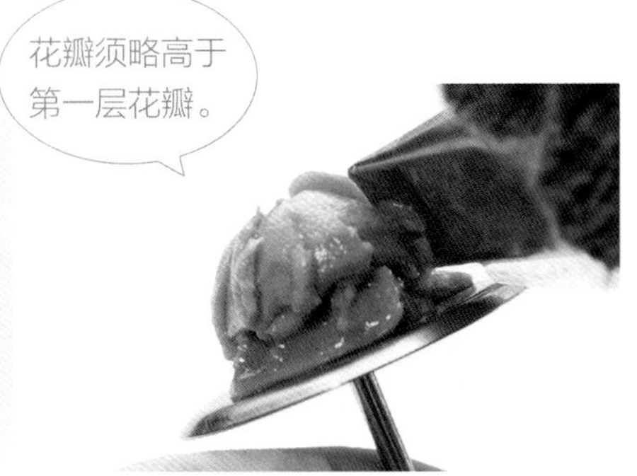

08 重复步骤7，完成第一层花瓣。

09 重复步骤5~8，完成第二层第一片花瓣。

10 重复步骤5~8，完成第二层花瓣。

11 重复步骤5~8，完成四层花瓣。

12 如图，花苞完成。

· 花萼制作

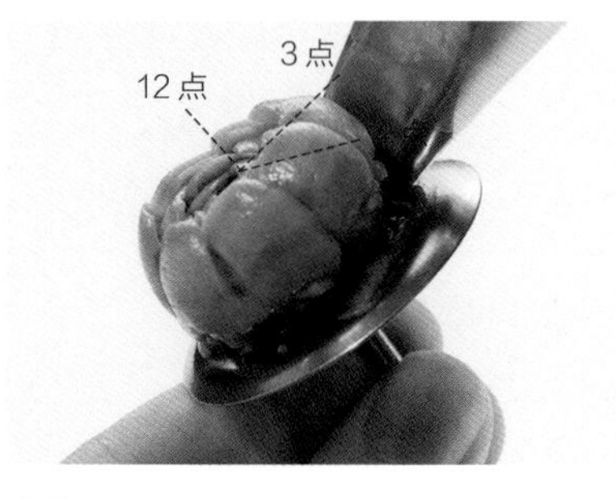

13 将 #120 花嘴以 3 点钟方向，放在花苞任一侧。

14 承步骤 13，将花嘴凹面朝内由下往上挤出奶油霜，即完成花萼。

15 重复步骤 13~14，完成共三片花萼，形成三角形结构，即完成花萼制作。

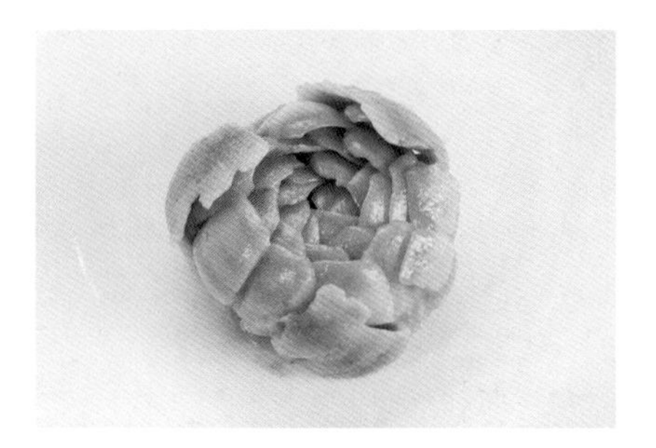

16 如图，牡丹（花苞）完成。

花瓣开合角度

牡丹（花苞）制作视频

Butter Cream
韩式奶油霜裱花

—

牡丹 半 开

HALF-OPEN PEONY

牡丹 ㊥开

HALF-OPEN PEONY

DECORATING TIP 花嘴

底座 | #120
花瓣 | #120（花嘴上窄下宽）

COLOR 颜色

花瓣色 | ●黑色 ●浅紫色 ●粉色 ●酒红色

步骤说明 Step Description

· 底座制作

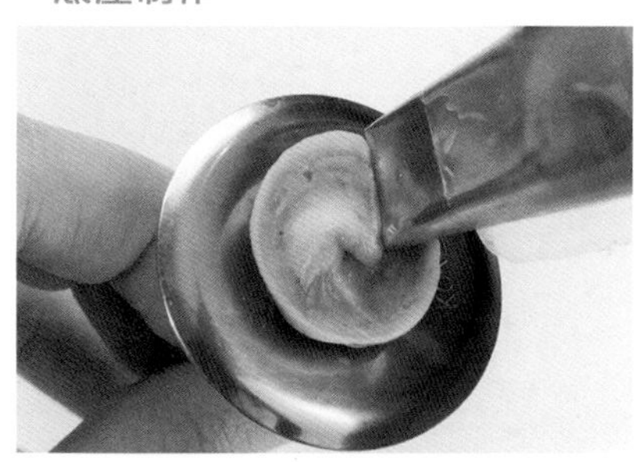

01 用#120花嘴在花钉上以逆时针转、花嘴顺时针挤出直径约2.5厘米圆形。

02 承步骤1，将奶油霜在同一位置继续向上叠加，在花钉上挤出高约1厘米的奶油霜。

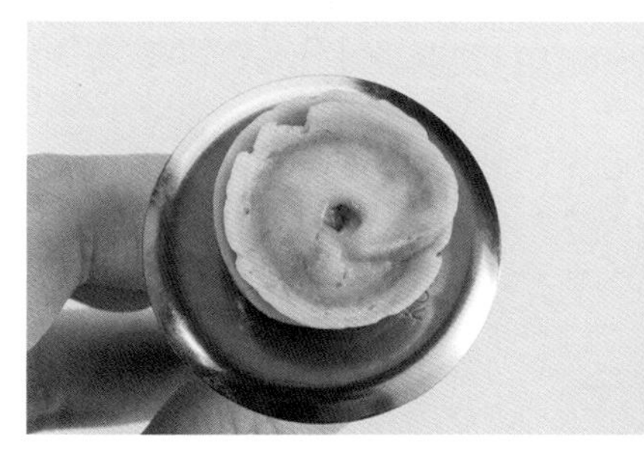

03 承步骤2，将花嘴提起顺势离开，即完成底座。

· 花瓣制作

04 将花嘴以4点钟方向，直立花嘴插入底座。

05 承步骤4，边挤奶油霜边将花嘴抬起后，立即往底座压，形成微弯贝壳状，并顺势将奶油霜切断。

06 如图，第一片花瓣完成。

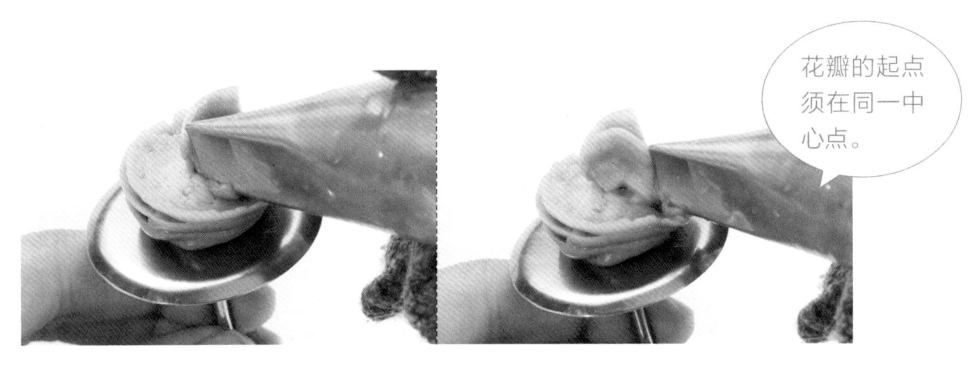

07 重复步骤4~5，完成第二片花瓣。

08 重复步骤4~5，完成共五片花瓣。

09 将花嘴放入两片花瓣的中间，并由上往下在空隙间挤出1~2片弧形花瓣。

10 如图，制造出重瓣的效果。

11 重复步骤 9~10，依序在花瓣空隙间挤出弧形花瓣。

12 如图，内层花瓣完成。

· 外层花瓣制作

13 将花嘴以 4 点钟方向，并将根部插入花瓣的 1/2 处，顺时针挤出一倒 U 拱形后，顺势切断奶油霜。

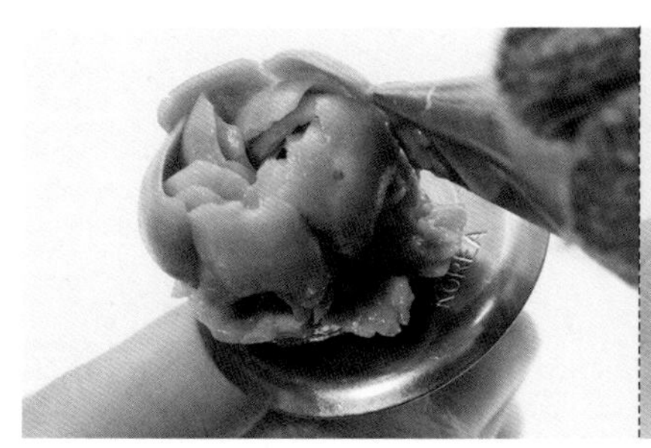

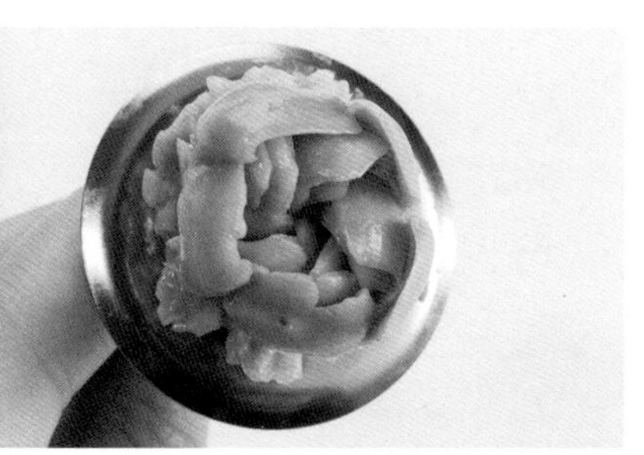

14 重复步骤 13，共挤出五片花瓣。

15 将花嘴直立插入前层花瓣的 1/2 处。

16 承步骤 15，以花嘴根部轻点抖动的方式制造出皱褶花瓣后，顺势切断奶油霜。

17 重复步骤 15~16，可随机挤出较短的花瓣。

18 重复步骤 15~17，开始随机制作长短不一的皱褶花瓣。

19 重复步骤 15~18，完成第一层皱褶花瓣。

20 重复步骤 15~18，完成共三层皱褶花瓣。

21 如图，牡丹（半开）完成。

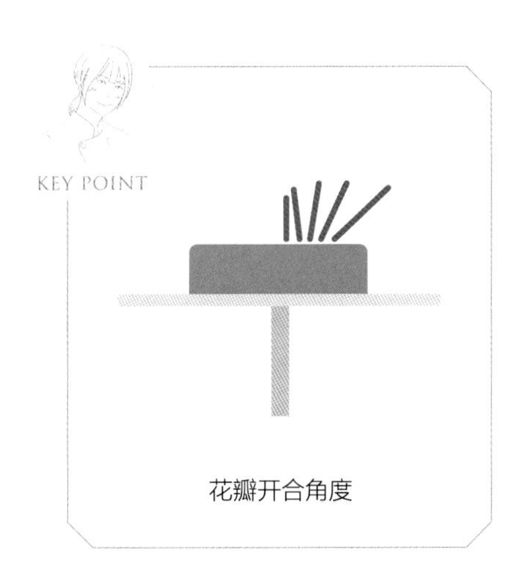

牡丹（半开）制作视频

牡丹半开 +
花苞（奶油霜）

HALF-OPEN PEONY & BUD

牡丹半开　牡丹花苞

制作说明

粉嫩的牡丹有时也可以选择复古一点的配色，这种暗色调对初学者来说一开始虽然有一点障碍，但克服了之后就能熟能生巧，以后再有复古配色也难不倒你，初学可以尝试将黑色或咖啡色系叠加上去，将花朵的明亮度降低，并且注重加入的量，一开始拿捏不准时可以一点点的加，才不至于过暗。

而调色最好的练习可以从浅色到深色，慢慢调配出同色系的渐层，从中可以练习手感而知道大概要加多少的量才能达到想要的效果，调色是需要不懈努力练习的，少有人是天生的艺术家。

配色

Butter Cream
韩式奶油霜裱花

—

牡丹 ㊣开

PEONY

牡丹 全开

PEONY

DECORATING TIP 花嘴

底座 | #120
雌蕊 | 平口花嘴
雄蕊 | 平口花嘴
花瓣 | #120（花嘴上窄下宽）

COLOR 颜色

雌蕊色 | 橄榄绿 绿色
雄蕊色 | 金黄色
花瓣色 | 黑色 浅紫色 粉色 酒红色

步骤说明 Step Description

· 底座制作

01 用 #120 花嘴在花钉上以逆时针转、花嘴顺时针挤出直径约 2.5 厘米的圆形。

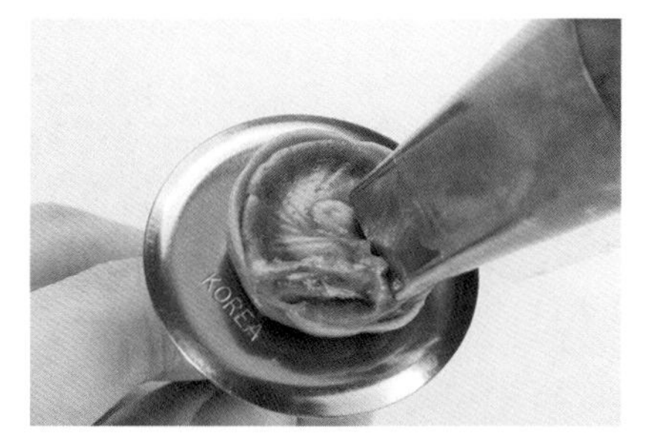

02 承步骤 1，将奶油霜在同一位置继续向上叠加，在花钉上挤出高约 1 厘米的奶油霜。

03 承步骤 2，将花嘴轻靠花钉，以切断奶油霜，即完成底座。

· 雌蕊制作

04 用平口花嘴先在底座侧边挤出球状后，顺势往上拉，形成胖水滴状。

05 重复步骤 4，绕着底座，依序挤出胖水滴状。

06 如图，雌蕊完成。

· 雄蕊制作

07 用平口花嘴在雌蕊侧边向上拉、挤出细丝状。

08 重复步骤 7，绕着雌蕊，依序挤出细丝状。

• 花瓣制作

09 重复步骤 7，在底座依序挤出细丝状。

10 如图，雄蕊完成。

11 将花嘴窄口朝上，并以 4 点钟方向，花嘴垂直插入底座侧边。

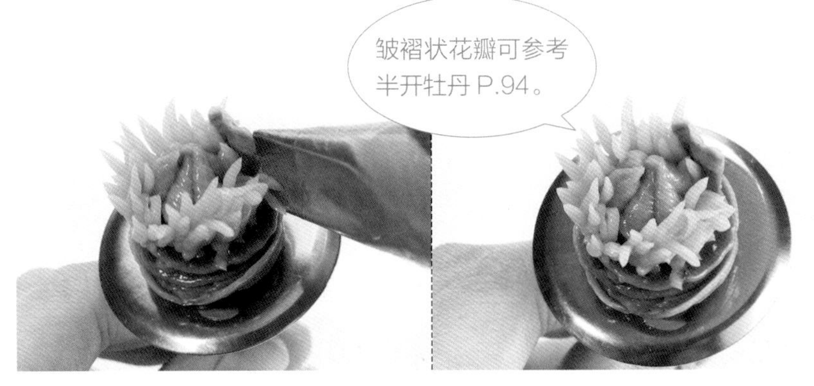

12 承步骤 11，以花嘴根部轻点抖动的方式制造出皱褶花瓣后，顺势切断奶油霜。

13 重复步骤 11~12，依序挤出皱褶状花瓣。

14 如图，第一层花瓣完成。

15 将花嘴放在前一层花瓣交界处后，以 4 点钟方向，插入底座。

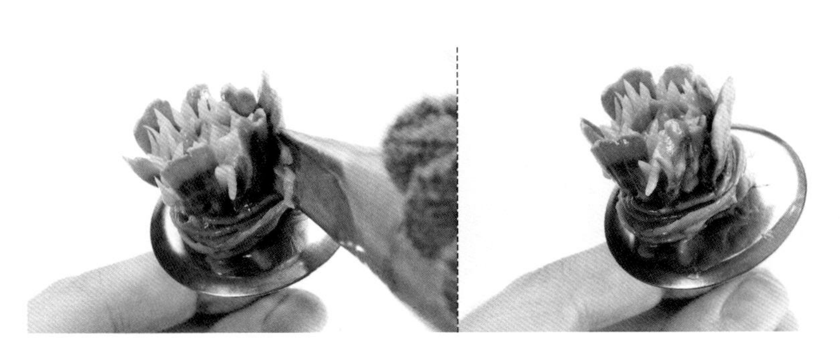

16 重复步骤 12，挤出皱褶状花瓣。

17 重复步骤 15~16，依序挤出皱褶状花瓣。

18 如图，第二层花瓣完成。

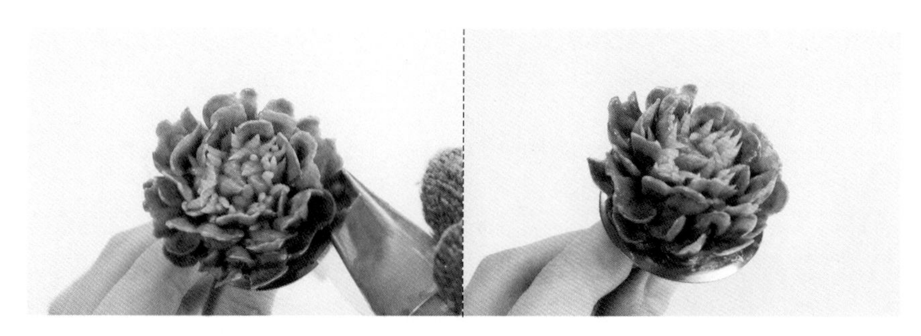

19 重复步骤 15~16，花嘴逐渐向外倾倒，依序挤出皱褶状花瓣，即完成第三层花瓣。

20 如图，牡丹（全开）完成。

花瓣开合角度

牡丹（全开）制作视频

牡丹全开
（奶油霜）

PEONY

制作说明

全开的牡丹带着华贵的气质，所以为了能够和牡丹匹配，挑选了小菊花这种多层次的花朵一起装饰，能够在大蛋糕上更加的相互衬托。摆放蛋糕时是否厌倦了满版的花蛋糕造型？可以试试这种小清新的装饰技巧，以分组的方式将蛋糕分成不同的区域自成一个个小花丛，若是初学还对区域划分不熟悉的话，可以在摆放的地方先挤上叶子做定位，这样在放花时就不会不知道从何下手了。并且这样的摆法在切蛋糕的时候就不会切到太多花，可以放心地从缝隙间下刀了。

配色

基础陆莲花

RANUNCULUS

基础陆莲花
RANUNCULUS

DECORATING TIP 花嘴

底座｜ #120
花瓣（内）｜ #120（花嘴上窄下宽）
花瓣（外）｜ #125或#124（花嘴上窄下宽）

COLOR 颜色

花瓣色（内）｜ 绿色 橄榄绿 咖啡色 土黄色
花瓣色（外）｜ 金黄色 鹅黄色

步骤说明 Step Description

• 底座制作

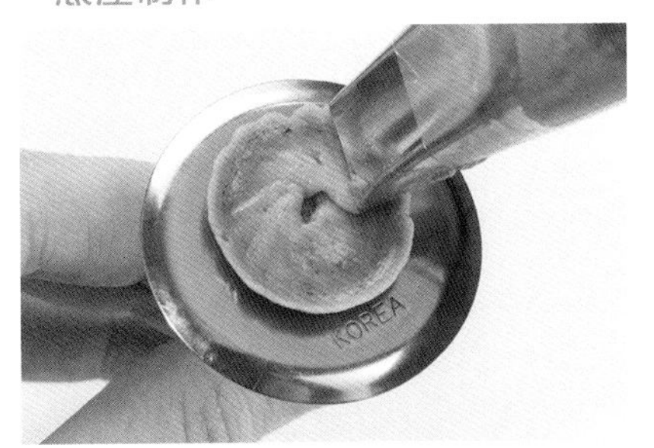

01 用 #120 花嘴在花钉上以逆时针转、花嘴顺时针挤出直径约 2.5 厘米的圆形。

02 承步骤 1，将奶油霜在同一位置继续向上叠加，在花钉上挤出高约 1 厘米的奶油霜。

03 承步骤 2，将花嘴轻靠花钉，以切断奶油霜，即完成底座。

• 内层花瓣制作

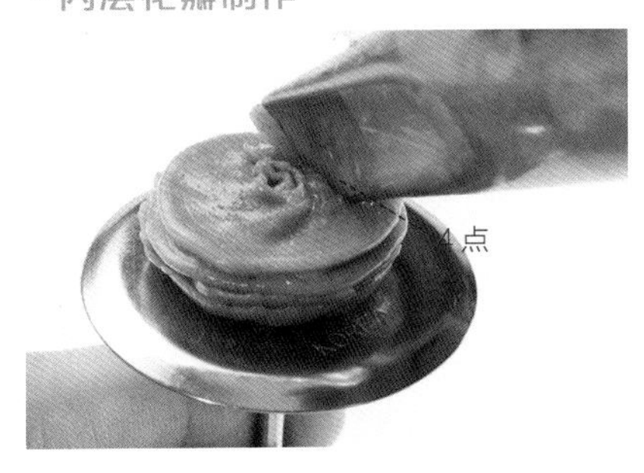

04 将花嘴窄口朝上，并以 4 点钟方向，插入底座侧边 1/3 处。

05 承步骤 4，将花嘴凹面处往内倒，由上往下挤出弧形后，靠上底座离开，即完成第一片向内包覆的花瓣。

06 重复步骤 4~5，插入前瓣的 1/2 处，挤出第二片花瓣。

07 重复步骤 4~6，依序挤出约三层花瓣。

08 如图，内层花瓣制作完成。

· 外层花瓣制作

09 将 #125 花嘴放在内层花瓣侧边后，插入底座。

10 承步骤 9，将花钉逆时针转、花嘴顺时针，并由上往下挤出倒 U 弧形，即完成第一片花瓣。

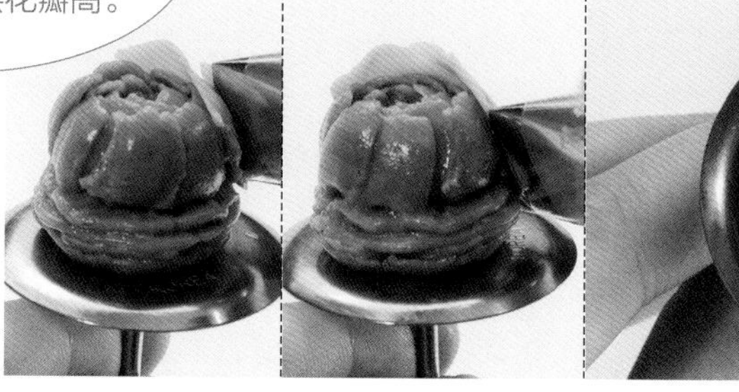

11 重复步骤 9~10，在前瓣的 1/2 处，重叠式的挤出第二片花瓣。

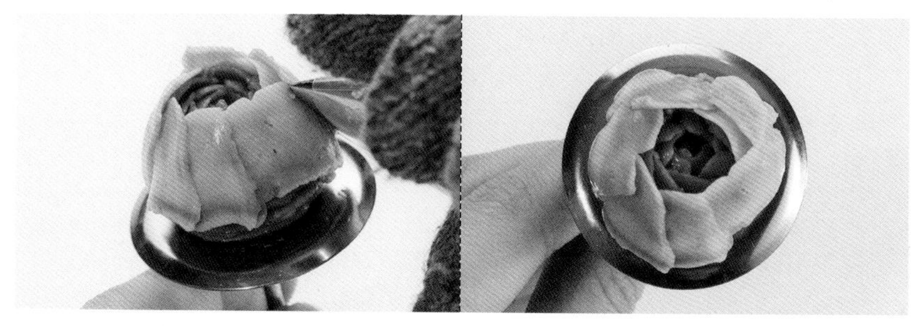

12 重复步骤 9~11，完成外层第一圈花瓣。

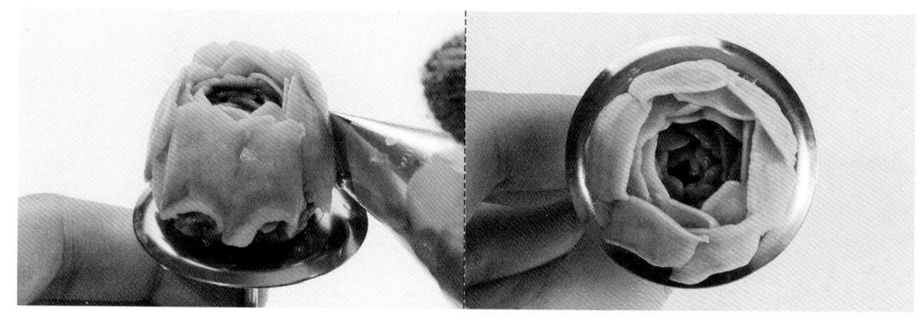

13 重复步骤 9~11，完成外层第二圈花瓣。

14 重复步骤 9~11，依序完成第三圈外层花瓣。

15 重复步骤 9~11，花嘴逐渐倾斜并挤出花瓣，才能产生绽放效果，并开始制作大小不一的圆弧花瓣。

16 重复步骤 15，依序填补花朵空隙处，须有大小不一随机感，但大致呈圆形。

17 如图，基础陆莲花完成。

花瓣开合角度

基础陆莲花制作视频

基础陆莲花

RANUNCULUS

陆莲　山茶花　绣球花

水仙花　洋甘菊

制作说明

陆莲的花瓣层次丰富，是作为主花的很好素材，有时可以尝试将奶油霜由深至浅或是由浅至深的方式放入挤花袋，裱出颜色渐层式的花瓣，或是如主图中使用清新的淡黄色裱花，也能凸显陆莲的美。在蛋糕的摆放上，陆莲的花面不一定只能朝着一个方向，有时往右倾，有时往左倒，甚至可以不露出花芯直接以侧躺的方式摆放，因为整朵陆莲的层次很丰富，所以就算是如主图下方中侧躺式的摆放，也能够展现花朵本身的美。

配色

—

绣球花

HYDRANGEA

绣球花
HYDRANGEA

DECORATING TIP 花嘴

底座 | #104
花瓣 | #104（花嘴上窄下宽）
花蕊 | 平口花嘴

COLOR 颜色

花瓣色 | 草绿色 蓝绿色
花蕊色 | 金黄色

步骤说明 Step Description

· 单朵绣球花制作

01 用#104 花嘴在花钉上挤出长约 1.5 厘米长条形的奶油霜后，将花嘴轻靠花钉，以切断奶油霜。

02 承步骤 1，将奶油霜在同一位置继续向上叠加，在花钉上挤出宽约 1.5 厘米 × 高 0.5 厘米的奶油霜，作为底座。

03 如图，底座完成。

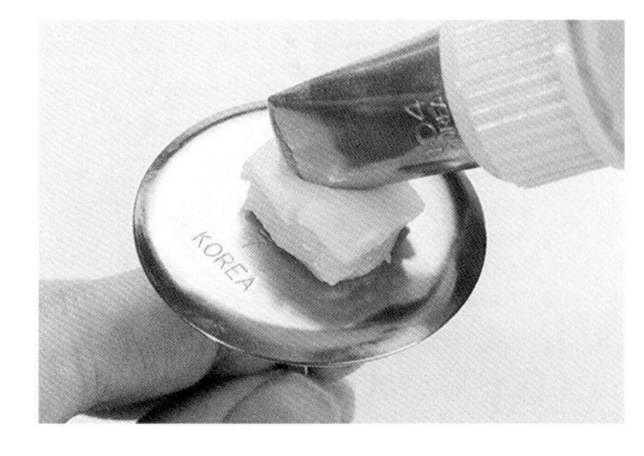

04 将花嘴根部垂直插入底座中心。

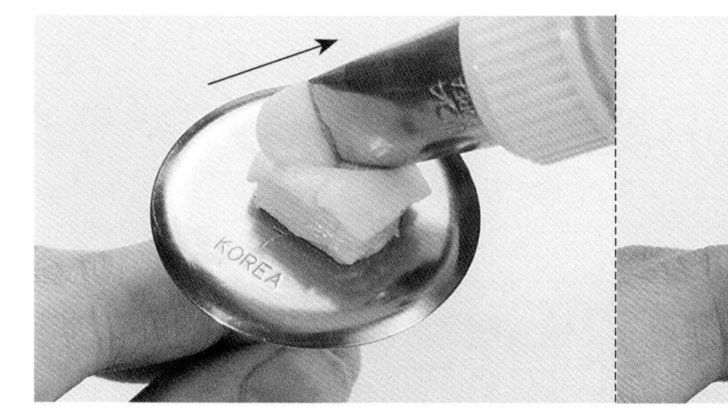

05 承步骤4，将花嘴由左至右平移挤出奶油霜，即完成第一片花瓣。

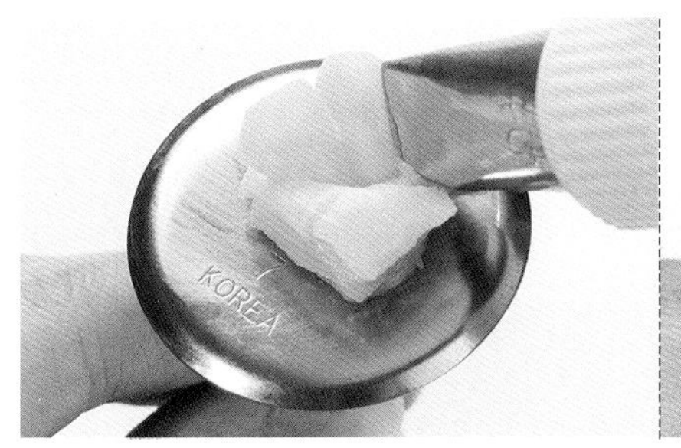

06 重复步骤4~5，在第一片花瓣右边挤出第二片花瓣。

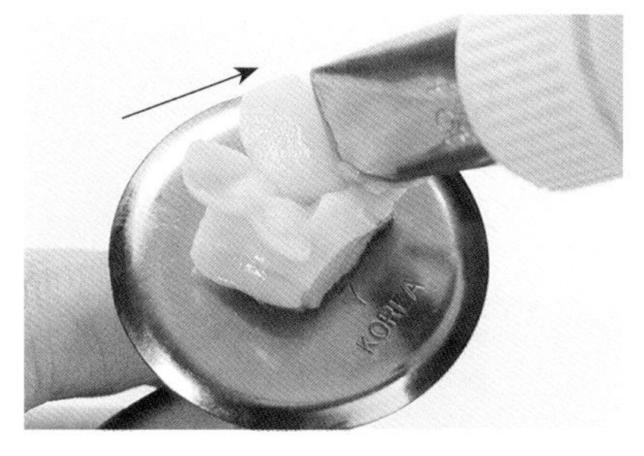

07 重复步骤 4~5，将花钉逆时针旋转，在第二片花瓣侧边挤出第三片花瓣。

08 重复步骤 4~5，将花钉继续逆时针旋转，在第三片花瓣侧边挤出第四片花瓣。

09 如图，花瓣制作完成。

10 以平口花嘴在花朵中心挤出小球状，为花蕊。

· 一组三朵绣球花制作

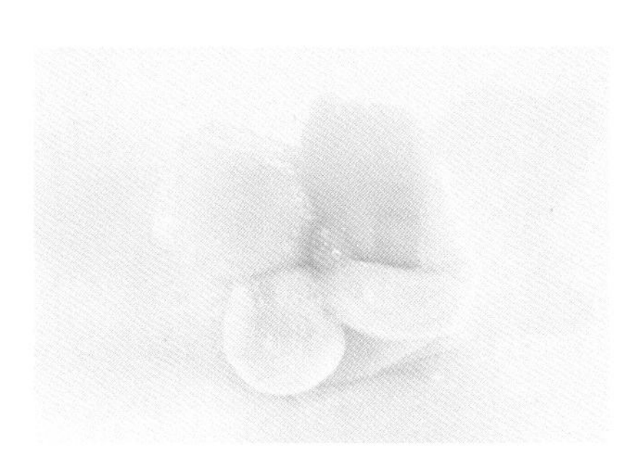

11 如图，单朵绣球花完成。

12 用 #104 花嘴在花钉挤出长约 3 厘米长条形的奶油霜后，将花嘴轻靠花钉，以切断奶油霜。

13 承步骤 12，将奶油霜在同一位置继续向上叠加，在花钉上挤出长约 3 厘米 × 高 0.5 厘米的奶油霜，作为底座。

14 先在底座侧边挤上奶油霜，稳固底座后，再将花嘴向下压，以切断奶油霜。

15 重复步骤 14，将花钉转向，将底座另一侧挤上奶油霜，来稳固底座。

16 如图，底座完成。

17 将花嘴垂直插入底座前端。

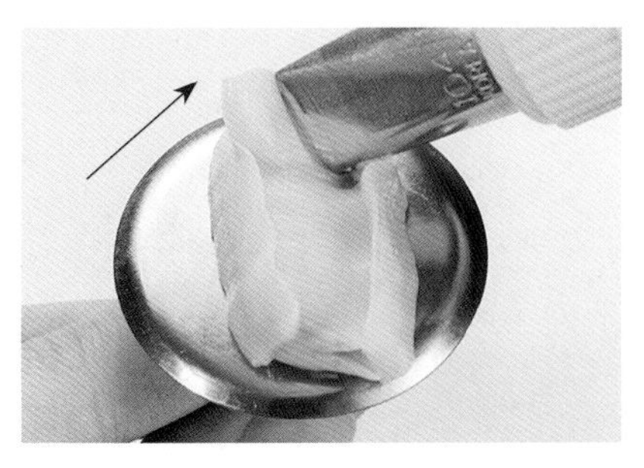

18 承步骤 17，将花嘴平移挤出奶油霜，并将花嘴轻靠底座后提起离开，即完成第一片花瓣。

19 重复步骤 17~18，在第一片花瓣侧边挤出第二片花瓣。

20 重复步骤 17~18，先将花钉逆时针转向，在第二片花瓣侧边挤出第三片花瓣。

21 重复步骤 17~18，再将花钉逆时针转向，在第三片花瓣侧挤出第四片花瓣。

22 如图，第一朵绣球花完成。

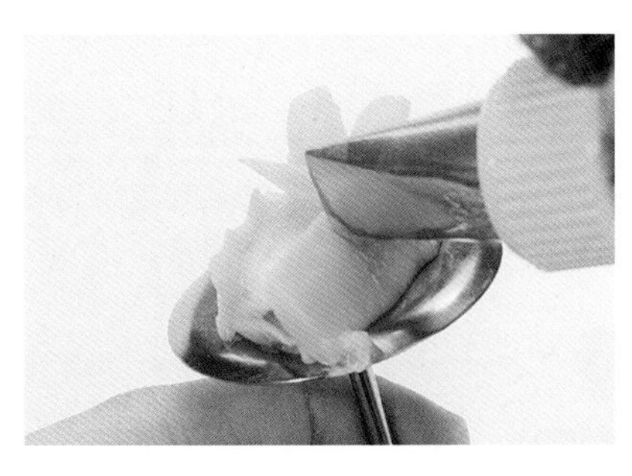

23 第二朵花位于上一朵绣球右后方，将花嘴垂直插入底座侧边，准备制作第二朵的第一片花瓣。

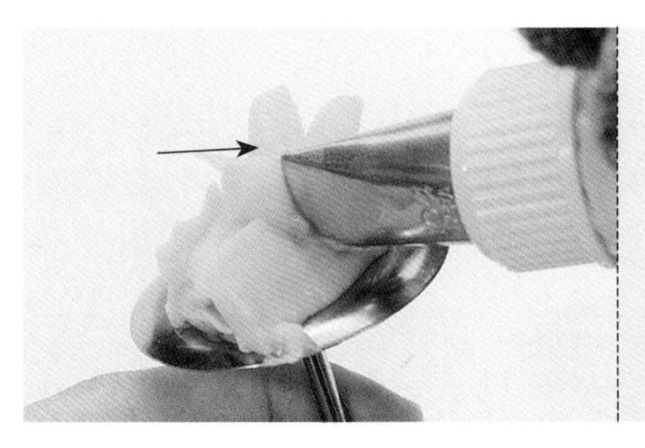

24 重复步骤 18，将花嘴平移挤出奶油霜，并将花嘴轻靠底座后提起离开，即完成第一片花瓣。

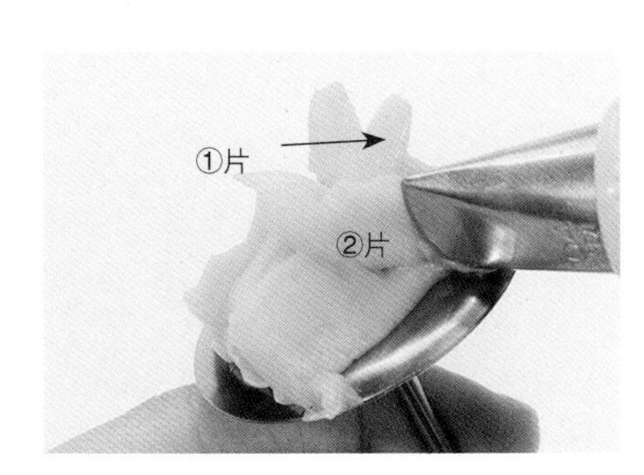

25 重复步骤 19，在第一片花瓣侧边平移挤出第二片花瓣。

26 将花钉逆时针转向后，花嘴根部靠近花心，由左至右挤花瓣，并将花嘴轻靠底座后提起离开，即完成第三片花瓣。

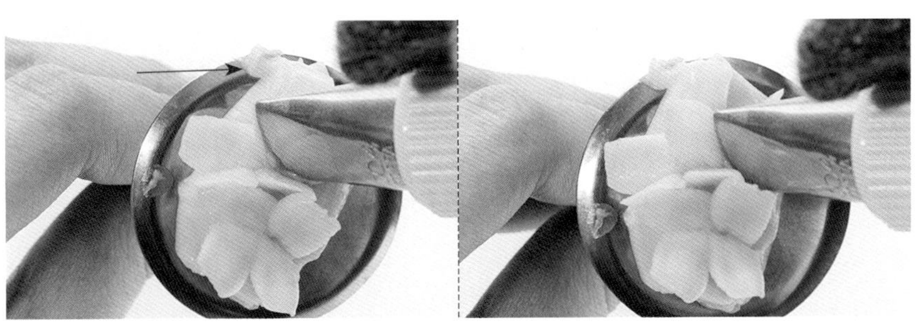

27 将花钉逆时针转向后，花嘴根部插入第三片花瓣侧边，由左至右挤花瓣，并将花嘴轻靠底座后提起离开，即完成第四片花瓣。

28 如图，第二朵绣球花完成。

29 第三朵花位于第一朵的左后方，将花嘴垂直插入底座侧边，准备制作第三朵的第一片花瓣。

30 承步骤 29，将花嘴平移挤出奶油霜，并将花嘴轻靠底座后提起离开，即完成第一片花瓣。

31 承步骤 30，于第一片花瓣的右侧，将花嘴垂直插入底座中，由左至右平移制作第二片花瓣。

32 重复步骤 26，完成第三片花瓣。

33 重复步骤27，完成第四片花瓣。

34 如图，第三朵绣球花完成。

35 用平口花嘴在花朵中心挤出小球状。

36 重复步骤 35，依序在花心挤出小球，为花蕊。

37 如图，三朵绣球花完成。

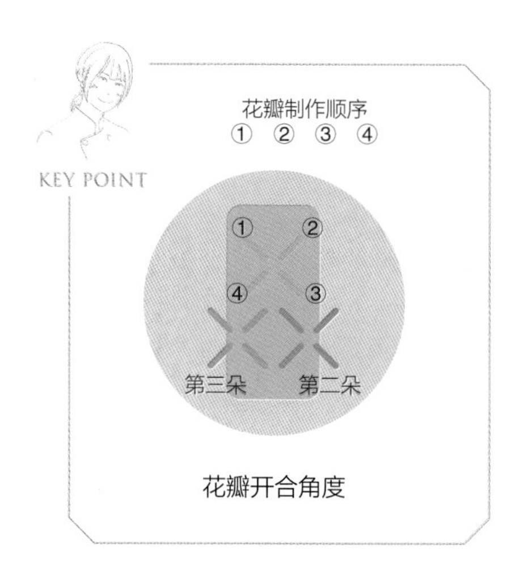

绣球花制作视频

绣球花

HYDRANGEA

制作说明

绣球花传统的挤花方式是制作一颗圆形的底座，并在底座上面往不同方向的花面制作花瓣，但这样的缺点可能为在需要制作非圆形的花丛受到局限，如前面步骤所示，我在此使用三朵为一组或是单朵为一组的方式制作，这样在蛋糕组装的时候，可以随意依照花丛想要走的路线去叠加，会使得整体更加自然，最后在花丛间挤上叶子就完成了绣球花丛了。

若是想在蛋糕上放上更多的绣球花，也可以如主图所示，制作两种不同的绣球花颜色，相互映衬也很美。

Butter Cream
韩式奶油霜裱花

—

康乃馨

CARNATION

康乃馨
CARNATION

DECORATING TIP 花嘴

底座 | #124K
花瓣 | #124K（花嘴上窄下宽）

COLOR 颜色

花瓣色 | 浅粉色 咖啡色

步骤说明 Step Description

· 底座制作

01 用 #124K 花嘴在花钉上以花钉逆时针转、花嘴顺时针的方式挤出直径约 3 厘米的圆形。

02 承步骤 1，将奶油霜在同一位置继续向上叠加，在花钉上挤出高约 1 厘米的奶油霜。

03 承步骤 2，将花嘴轻靠花钉，以切断奶油霜，即完成底座。

· 花瓣制作

04 将 #124K 花嘴垂直直立插入底座中心。

05 承步骤 4，花嘴左右摆动后往后退，并水平挤出波浪形花瓣。

06 如图，第一片花瓣完成。

07 将花嘴以 3 点钟方向插入第一片花瓣右侧。

08　承步骤7，左右摆动花嘴并平移挤出波浪形短花瓣，即完成第二片花瓣。

09　将花嘴以5点钟方向插入第一片花瓣右下侧。

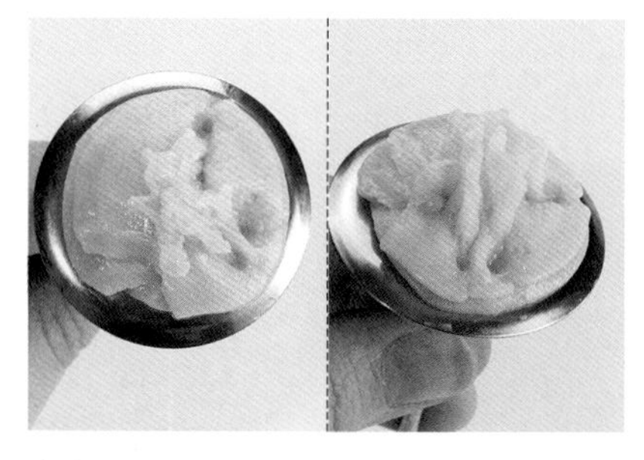

10　承步骤9，前后摆动花嘴并水平挤出波浪形片状短花瓣，即完成第一层花瓣。

11　将花嘴以随机方向放在第一层花瓣外围，并一边逆时针转花钉，一边上下摆动花嘴做出大波浪花瓣，即完成第二层第一片花瓣。

12　重复步骤11，依序在外围挤出2~3片花瓣，以包覆第一层花瓣，形成层迭感。

13　如图，第二层花瓣完成。

14　重复步骤11~12，完成第三层花瓣。

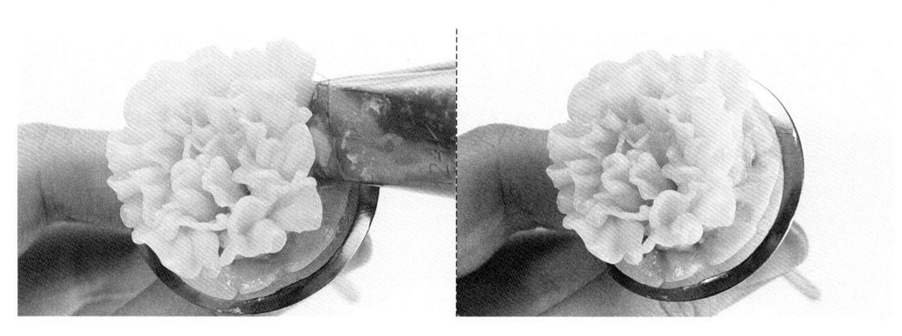

15 重复步骤 11~12，完成第四层花瓣。

16 重复步骤 11，完成第五层花瓣，花瓣越往外，花嘴则越向外倾倒，以做出盛开姿态的花瓣。

17 如图，康乃馨完成。

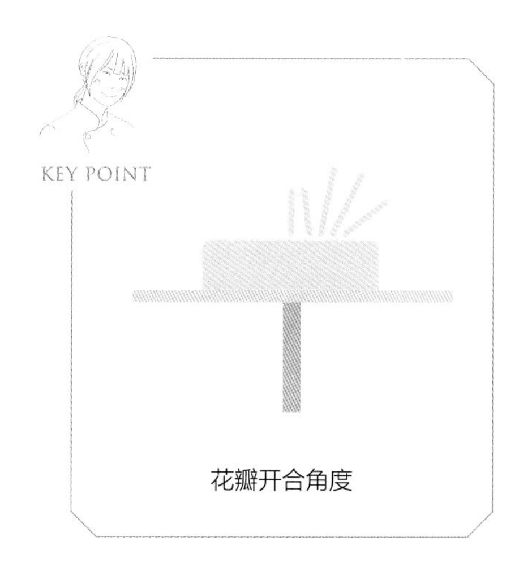

花瓣开合角度

康乃馨制作视频

康乃馨

CARNATION

制作说明

康乃馨给人一种慈爱的感觉，在母亲节已经成为最具代表性的花，赶快将此花形学习起来给妈妈一个惊喜吧！康乃馨若想做出主图中白边的样子可以在奶油霜装袋时，将白色奶油霜放在挤花袋中较窄花嘴的一边，将粉色奶油霜放在挤花袋中较宽花嘴的一边，装袋完后在碗中试挤一下，会发现后面慢慢出现白边，这时候就可以开始裱花了。

花篮的造型可以由外圈往内摆放，制造类似捧花的效果，最后将叶子挤在花篮的边缘制造有点向下生长的效果，美丽的花篮蛋糕就完成了。

Butter Cream
韩式奶油霜裱花

—

千日红

GLOBE AMARANTH

千日红

GLOBE AMARANTH

DECORATING TIP 花嘴

底座 | 平口花嘴

花瓣 | #349

COLOR 颜色

花瓣色 | ●黑色 ●红色

步骤说明 Step Description

• 底座制作

01 用平口花嘴在花钉上挤出直径约 1.5 厘米的圆形。

02 承步骤 1，将奶油霜在同一位置继续向上叠加，在花钉上挤出高约 2.5 厘米的蛋头形奶油霜。

03 承步骤 2，奶油霜叠加完成后，在底部再挤一圈奶油霜，以加强固定底座。

04 如图，底座完成。

• 花瓣制作

05 将 #349 花嘴以 12 点钟方向插入底座后，边挤奶油霜边将花嘴向上抽开，产生小片花瓣。

06 如图，花瓣完成，为千日红中心点。

每层花瓣的花嘴都须随着底座向下并外开，才能制造出花瓣盛开的自然感。

07 将花嘴插入步骤 6 花瓣侧边后，边挤奶油霜边将花嘴向上抽开，即完成第一层第一片花瓣。

08 重复步骤7，完成第一层花瓣。

09 重复步骤7，完成第二层花瓣。

10 重复步骤7，依序向下挤出花瓣。

11 重复步骤 7，依序向下挤出花瓣，直到底座底部。

12 如图，千日红完成。

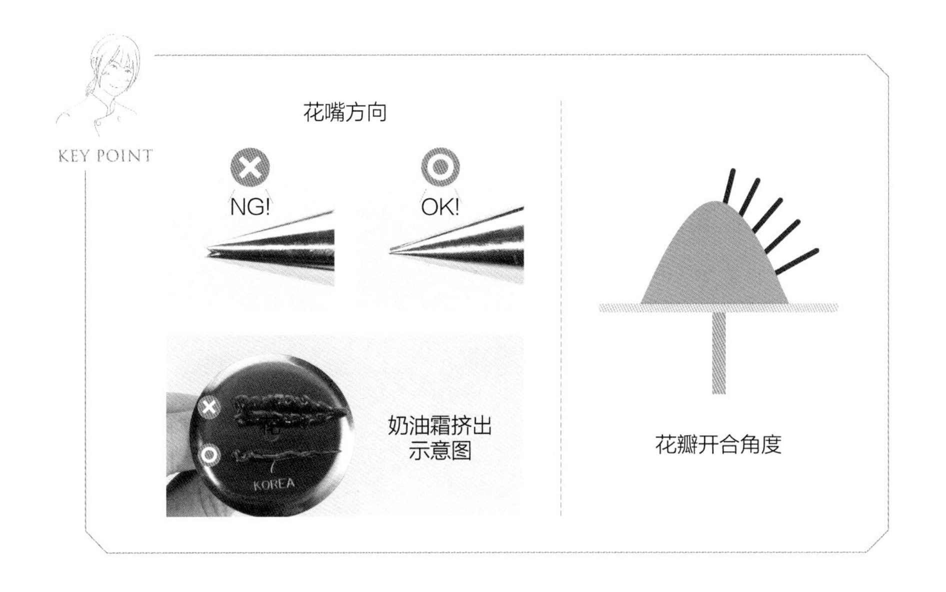

千日红制作视频

千日红

GLOBE AMARANTH

制作说明

花朵使用白与红的配色除了让整颗蛋糕更有圣诞与新年的气氛之外，更增添了典雅的气质，有时候制作节庆蛋糕不一定要追求多彩的配色，简单的三色，例如：红、白、绿，也能让主体花朵的形态更加明确。另一方面，在颜色上让千日红使用较重的红色来凸显它作为视觉的主角，而不会被华丽的白色牡丹抢走风采。

在摆放上于画面右半边呈现月牙造型的配置，并于左半边呈现小花丛感觉的点缀，会让整个花环呈现更活泼的氛围。

配色

Butter Cream
韩式奶油霜裱花

—

寒丁子

BOUVARDIA

寒丁子

BOUVARDIA

DECORATING TIP 花嘴

底座 | #352
花瓣 | #352
花蕊 | 平口花嘴
花苞 | #352

COLOR 颜色

花瓣色 | 橄榄绿 草绿色
花蕊色 | 金黄色
花苞色 | 橄榄绿 草绿色

步骤说明 Step Description

· 底座制作

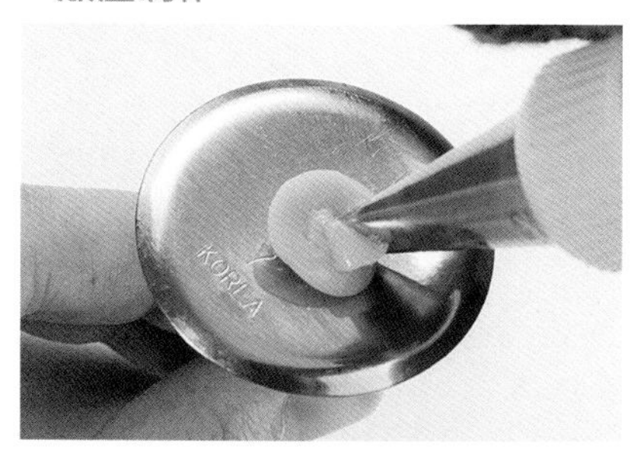

01 用 #352 花嘴在花钉上以逆时针转、花嘴顺时针挤出直径约 1 厘米的圆形。

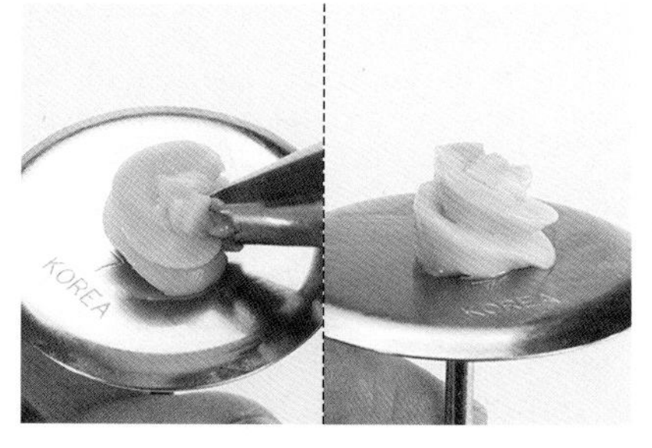

02 承步骤 1，将奶油霜在同一位置继续向上叠加，在花钉上挤出高约 1.5 厘米的奶油霜，即完成底座。

· 花瓣制作

03 将花嘴以 1 点钟方向插入底座。

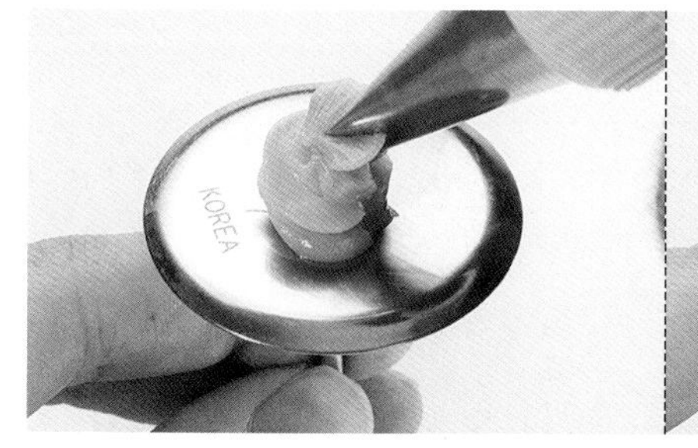

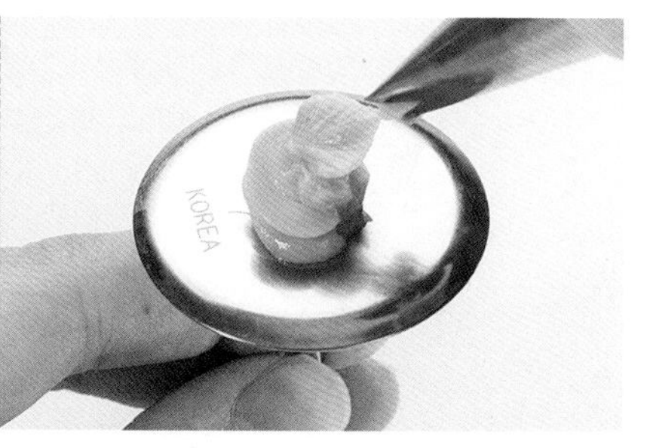

04 承步骤3，边挤奶油霜边将花嘴向外抽开，将花瓣前端拉尖。

05 如图，花瓣完成。

06 重复步骤 3~4，完成共四片花瓣。

07 用平口花嘴在花朵中心挤出小球状，为花蕊。

08 如图，寒丁子花朵完成。

· 花苞制作

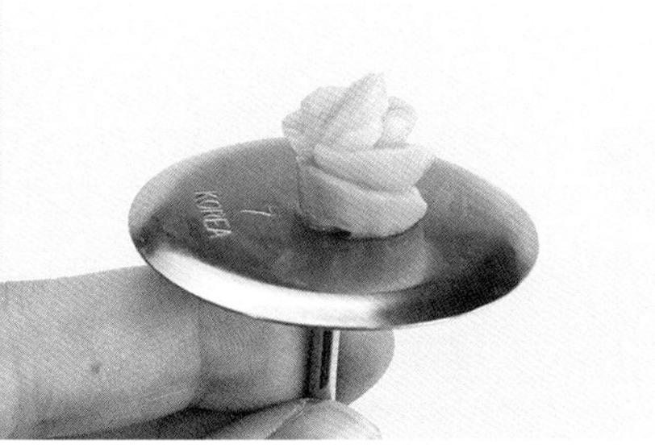

09 将花嘴以向内倒的方式插入底座后，边挤奶油霜边将花嘴向上抽开，将花瓣前端向内拉尖合上。

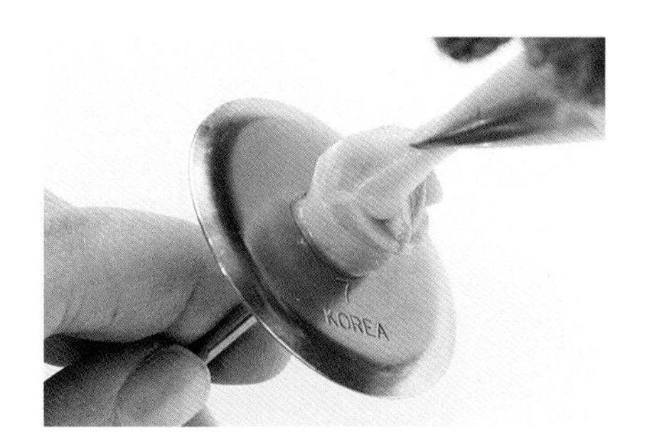

10 重复步骤9，完成共四片花瓣。

11 如图，寒丁子花苞完成。

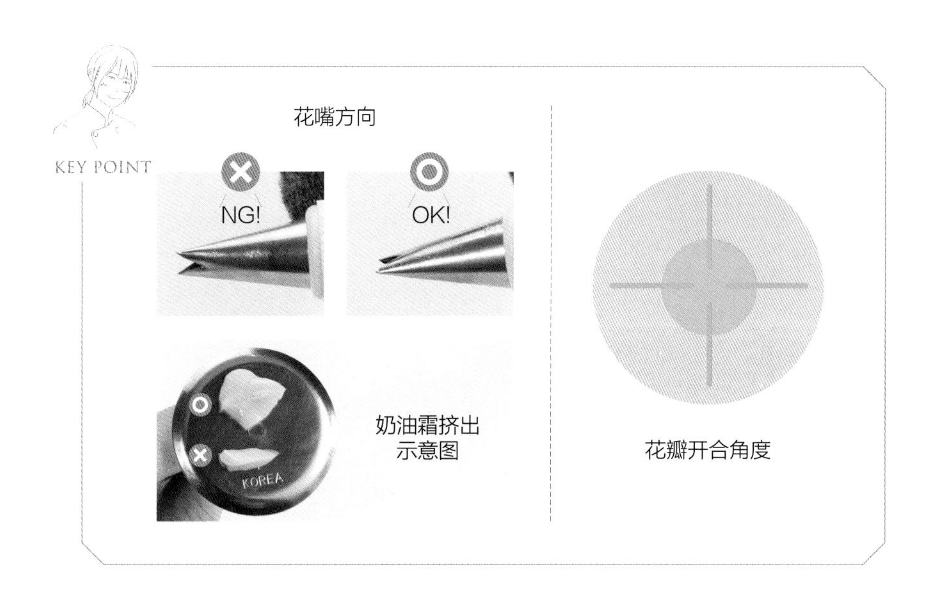

寒丁子制作视频

寒丁子

BOUVARDIA

寒丁子　紫罗兰

陆莲　牡丹花

制作说明

在蛋糕摆放当中，寒丁子的角色犹如绣球花一般，可以单朵或是多朵组装来制造小花丛的效果，举例来说，先在预先摆放的区域挤上圆形底座，并由圆周的外至内将寒丁子贴附在底座上，此时注意寒丁子的花面可以朝着不同方向摆放，使其更有花丛的感觉。除此之外，也可以试着制作长条状的底座，让寒丁子呈藤蔓状的攀附蛋糕上，也是不错的视觉效果。

若是有剩余的单朵寒丁子，也可以装饰在蛋糕的空隙之间填补，使得寒丁子更具可爱的特质。

配色

Butter Cream
韩式奶油霜裱花

—

蓝星花

BLUE DAZE

蓝星花
BLUE DAZE

DECORATING TIP 花嘴

底座 | 平口花嘴
花瓣 | #59S（花嘴凹面朝内）
花蕊 | 平口花嘴

COLOR 颜色

花瓣色 | 天蓝色 黑色 深紫色
花蕊色 | 白色

步骤说明 Step Description

· 底座制作

01 用平口花嘴在花钉上挤出直径约 1 厘米的圆形。

02 承步骤 1，将奶油霜在同一位置继续向上叠加，在花钉上挤出高约 1.5 厘米的奶油霜。

03 如图，底座完成。

· 花瓣制作

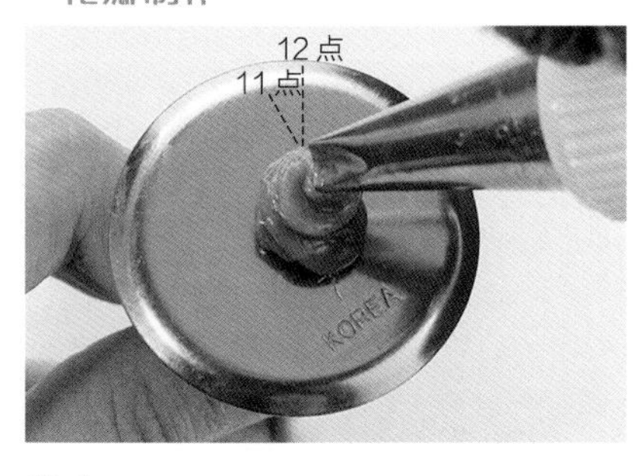

04 将 #59S 花嘴以 11 点钟方向插入底座。

05 承步骤 4，将花钉以逆时针转，花嘴往右上角顺时针挤出奶油霜，并将花嘴轻压底座，以切断奶油霜。

06 如图，花瓣完成。

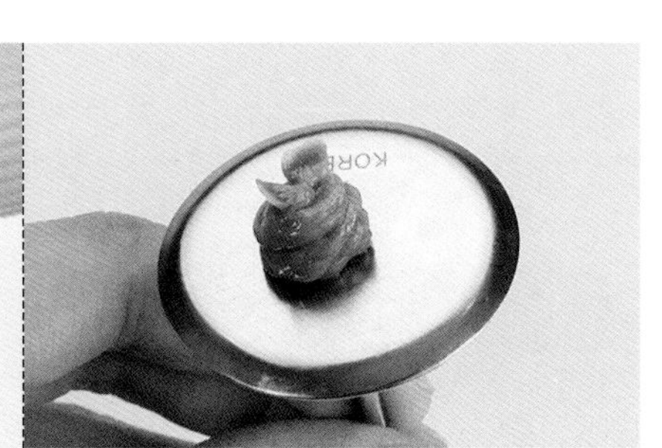

07 重复步骤 4~5，完成第二片花瓣。

08 重复步骤 4~5，完成共五片花瓣。

09 用平口花嘴在花朵中心挤小底座后往上拉出长条状，为花蕊。

10 如图，蓝星花完成。

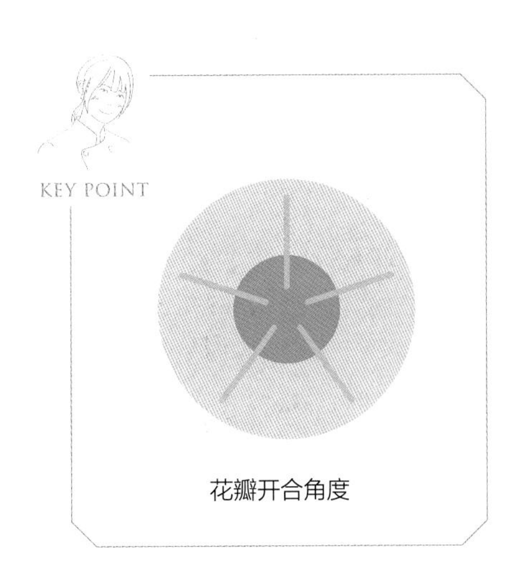

花瓣开合角度

蓝星花制作视频

蓝星花

BLUE DAZE

制作说明

蓝星花是初学时很好用来练习力道掌控的花朵，注意须将花嘴轻轻靠上底座再开始裱花，大部分的同学会在花嘴还未接触底座时，就着急的开始施力，导致花瓣无法停留在底座上正确的位置而歪斜。此外，花钉转动的幅度也是关键，习惯了大花的制作方式，大部分的人会将花钉转的幅度过多，其实只须一点点角度即可制作花瓣。

在蛋糕装饰的部分，可先于底部挤出一块圆形的底座后，将蓝星花如花丛一般的拼凑上去，最后挤上花丛间的叶子就完成蓝星花丛。

配色

韩式豆沙裱花

BEAN PASTE of Korean Flower Piping

CHAPTER 03

Bean Paste
韩式豆沙裱花

韩式豆沙霜做法

MAKING KOREAN BEAN PASTE

Tool & Ingredients　　工具材料

1 白豆沙 700g
2 鲜奶油 140g（可依照豆沙甜度调整，若豆沙甜度较高可将鲜奶油减低至白豆沙的 10%~15% 克数试试）
3 桨状搅拌器
4 刮刀

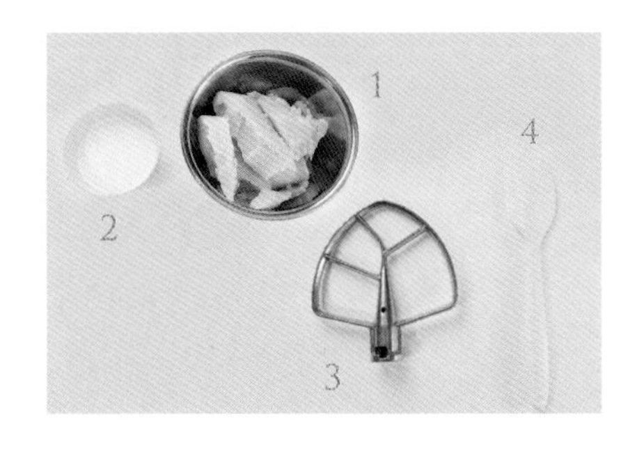

Step Description　　步骤说明

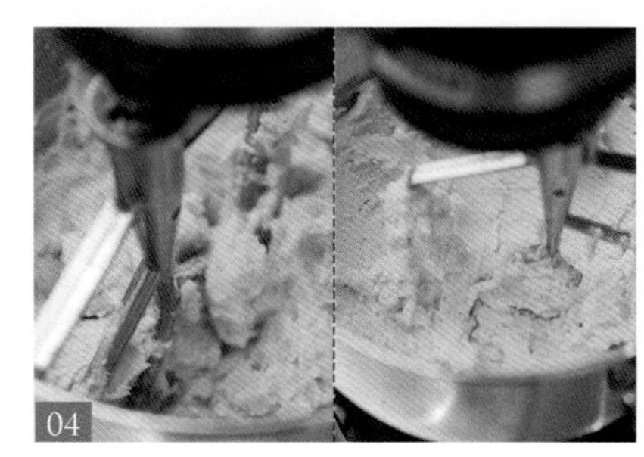

01 将白豆沙放入搅拌盆中。

02 承步骤1，将鲜奶油倒入搅拌盆中。

03 使用桨状搅拌器搅拌。

04 承步骤3，一开始以低速将材料拌匀后转至中高速搅拌，待钢盆侧边豆沙霜呈现冰淇淋霜状后即可。

关键点
KEY POINT

- 挤花过程中，使用饮用水调整软硬度，水分须分次一点点加入，否则容易加过量的水而导致无法塑形挤花。
- 由于豆沙的品牌不同，此处鲜奶油加入的克数为白豆沙的 20%，鲜奶油量的调整取决于豆沙的甜度，若豆沙甜度较高可将鲜奶油减低至 10%~15% 试试。
- 开封后的白豆沙须密封冷藏保存，以免酸败。
- 抹面的白豆沙可添加饮用水使其易于抹面，也可替换为打发的鲜奶油抹面取代。
- 将豆沙霜放入碗中，并用盖子盖住开口隔绝空气，可以减缓豆沙霜干裂的速度。

Bean Paste
韩式豆沙裱花

木莲花

MAGNOLIA

木莲花
MAGNOLIA

DECORATING TIP 花嘴

底座｜ #60
花瓣｜ #60（花嘴上窄下宽）
花蕊｜ #13

COLOR 颜色

花瓣色｜深紫色　白色
花蕊色｜金黄色　咖啡色

步骤说明 Step Description

· 底座制作

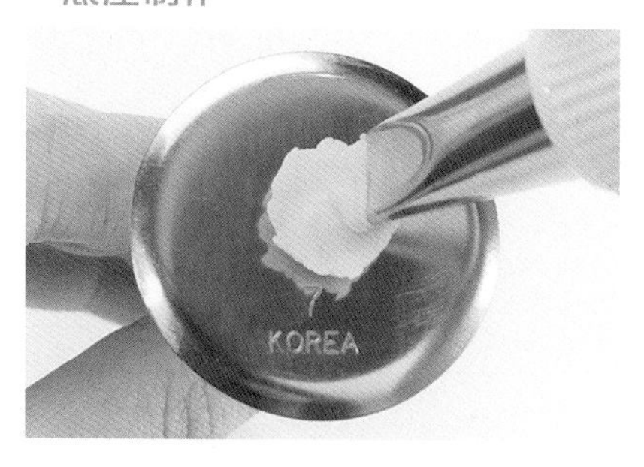

01 用 #60 花嘴在花钉上以逆时针转、花嘴顺时针挤出直径约 1 厘米的圆形豆沙霜。

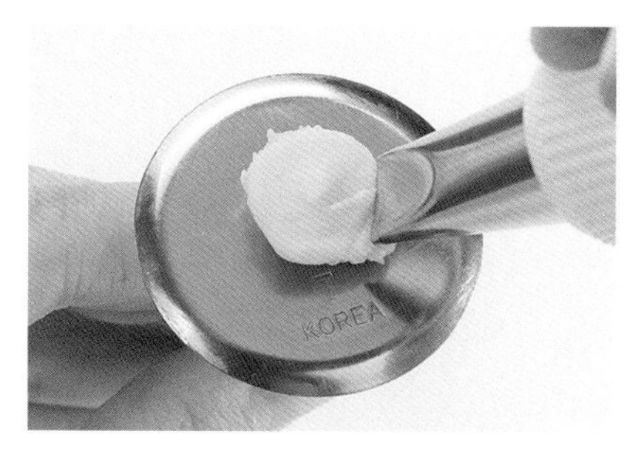

02 承步骤 1，将豆沙霜在同一位置继续向上叠加，在花钉上挤出高约 1 厘米的豆沙霜。

03 承步骤 2，将花嘴向底座轻压，以切断豆沙霜，即完成底座。

· 花瓣制作

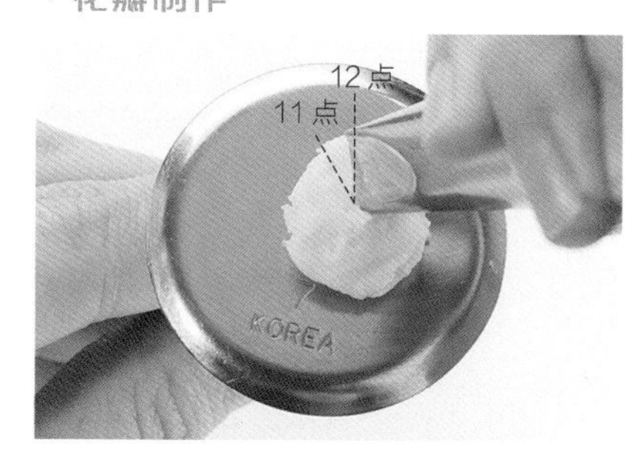

04 将 #60 花嘴根部插入底座，上半部朝向 11 点钟方向。

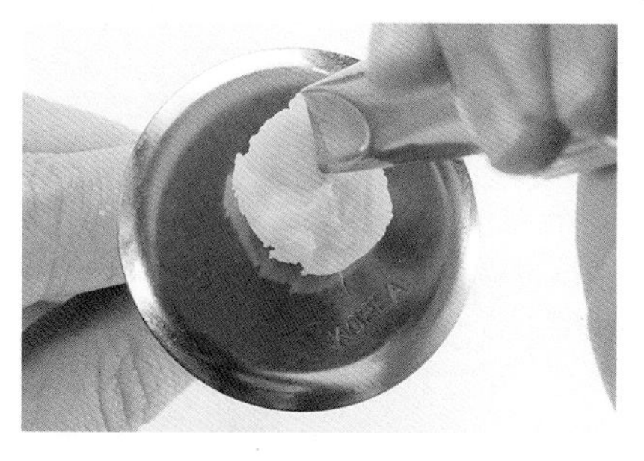

05 承步骤 4，将花钉逆时针转、花嘴顺时针挤出扇形片状后停止移动。

06 承步骤 5，将花嘴向外移动以切断豆沙霜，即完成第一片花瓣。

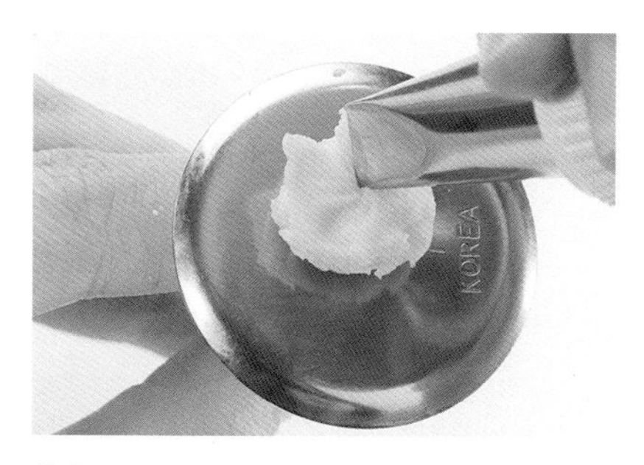

07 重复步骤 4，将花嘴插入第一片花瓣右侧。

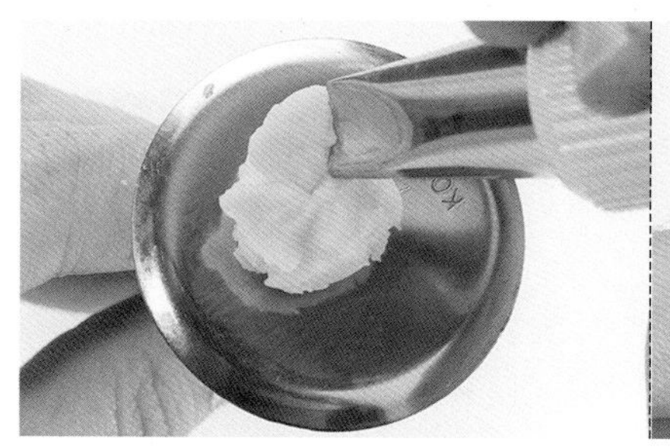

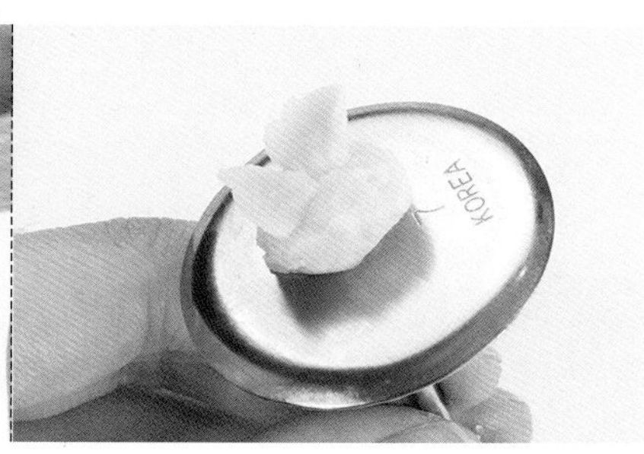

08 重复步骤 5~6，挤出第二片花瓣。

09 重复步骤 4~6，完成共五片花瓣。

10 如图，第一层花瓣完成。

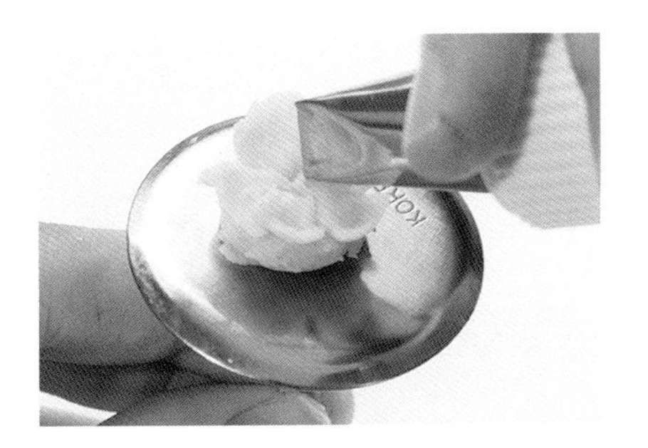

11 将花嘴以垂直方式插入底座中心。

12 承步骤 11，将花钉逆时针转、花嘴顺时针挤出扇形片状。

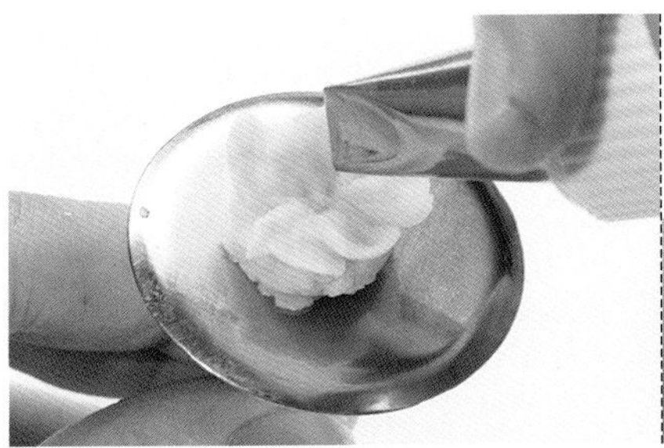

13 承步骤 12，将花嘴向外移动以切断豆沙霜，即完成第二层第一片花瓣。

14 重复步骤 11，将花嘴插入第一片花瓣右侧。

15 重复步骤 12~13，挤出第二片花瓣。

16 重复步骤 11~13，完成共三片花瓣。

17 如图，第二层花瓣完成。

· 花蕊制作

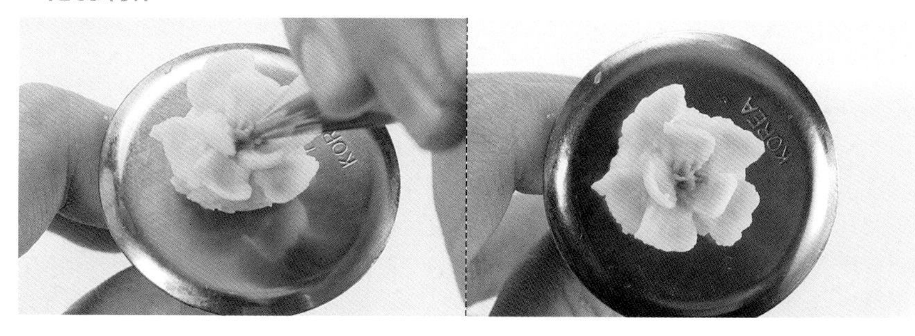

18 以#13花嘴在花朵中心挤出小球状。

19 重复步骤18，在花心堆叠挤出小球，为花蕊。

20 如图，木莲花完成。

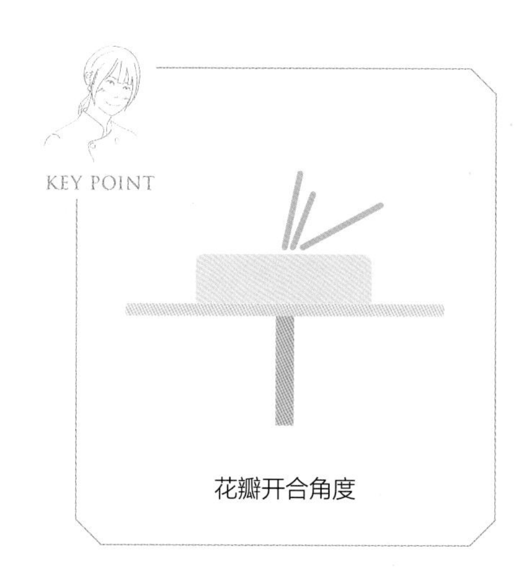

木莲花制作视频

木莲花

MAGNOLIA

木莲花　大理花

康乃馨　小苍兰

制作说明

可爱的木莲花不管是装饰在杯子蛋糕或是单颗蛋糕上都能呈现出可爱的氛围，举例来说，依照主图康乃馨、小苍兰的满版捧花式摆放，以及大理花单朵的华丽感觉，配上木莲花的小花环，更能增添不同层次的美感。且在杯子蛋糕上的色彩应用可以更花俏一些去做搭配，杯子蛋糕彼此之间的色彩不管是颜色多变，或是偏向单一色调，都很耐看！

当然，若是将木莲花摆放成捧花式的造型，也很典雅，所以木莲花算是能够随心所欲应用的造型，对于初学者的蛋糕组装来说很有帮助。

配色

Bean Paste
韩式豆沙裱花

圣诞玫瑰

CHRISTMAS ROSE

圣诞玫瑰

CHRISTMAS ROSE

DECORATING TIP 花嘴

底座 | #102

花瓣 | #102（花嘴上窄下宽，大朵使用 #104）

花蕊 | 平口花嘴

COLOR 颜色

花瓣色 | 深紫色 紫色

花蕊色① | 橄榄绿 金黄色

花蕊色② | 白色

花粉色 | 咖啡色

步骤说明 Step Description

· 底座制作

01 用 #102 花嘴在花钉上以逆时针转、花嘴顺时针挤出直径约 1 厘米的圆形后切断豆沙霜。

02 承步骤 1，将豆沙霜在同一位置继续向上叠加，在花钉上挤出高约 1.5 厘米的豆沙霜。

03 承步骤2，将花嘴向花钉轻压，以切断豆沙霜，即完成底座。

· 花瓣制作

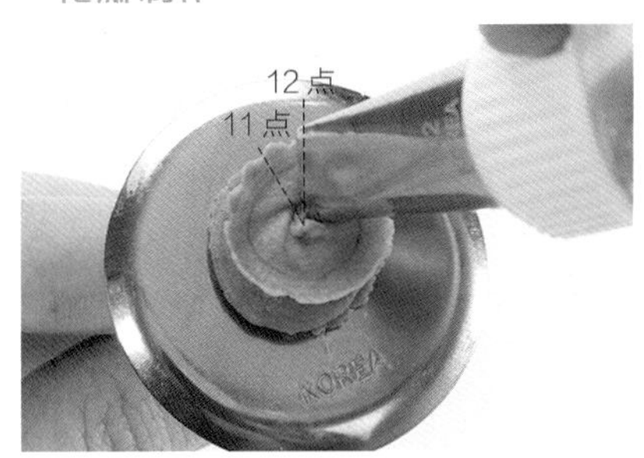

04 将 #102 花嘴根部以 12 点钟方向插入底座中心。

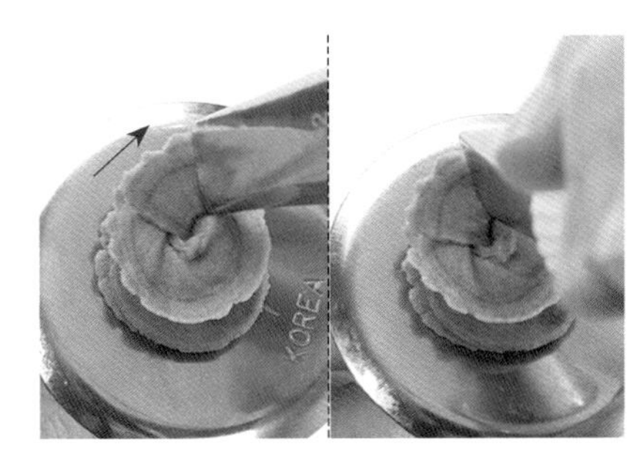

05 承步骤 4，将花钉逆时针转、花嘴顺时针平行往右上角挤出扇形片状后停止，此为花瓣的左半部。

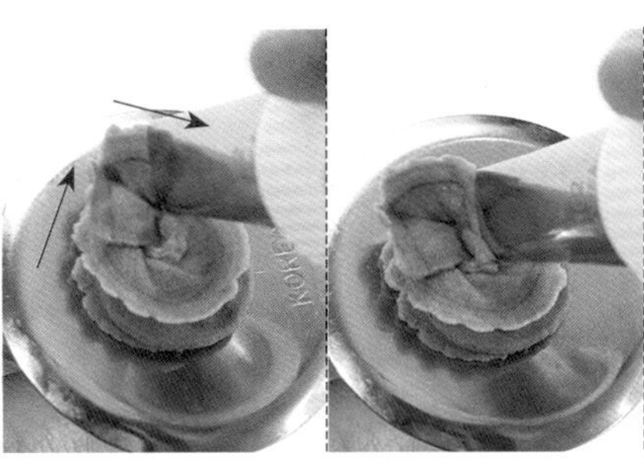

06 承步骤 5，接着将花嘴向右下挤出右半部花瓣，并往底座向底座轻压后提起离开，即完成第一片花瓣。

07 重复步骤 4~6，将花嘴插入第一片花瓣侧边，挤出第二片花瓣。

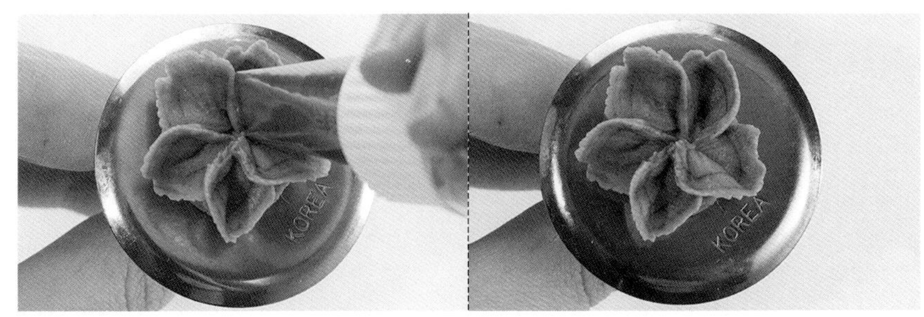

08 重复步骤 4~6，完成共五片花瓣。

09 如图，第一层花瓣完成。

10 将花嘴根部插入底座中心。

11 承步骤 10，将花钉逆时针转、花嘴顺时针挤出扇形片状后停止。

12 承步骤 11，将花嘴根部往中心点直接移动，制造出花瓣翻起效果，即完成第二层第一片花瓣。

13 重复步骤 10~12，挤出第二片花瓣。

14 重复步骤 10~12，随机从剩下的三瓣中挑选一瓣制作，完成共三片花瓣。

15 如图，第二层叠加花瓣完成，只须三瓣即可。

· 花蕊制作

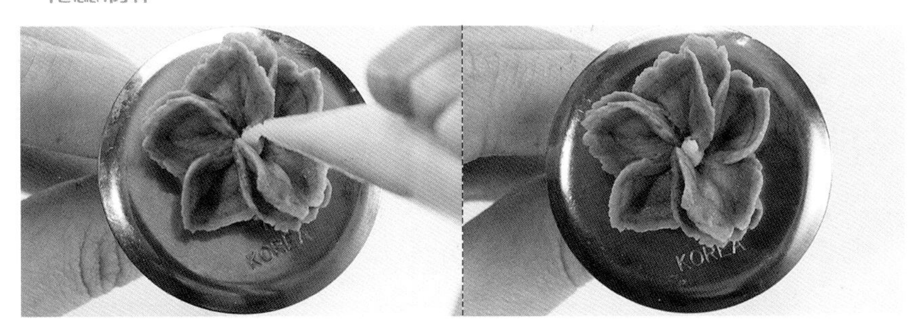

16 用白色平口花嘴在花朵中心挤出长条状花蕊。

17 重复步骤 16，在花心上挤出多条花蕊。

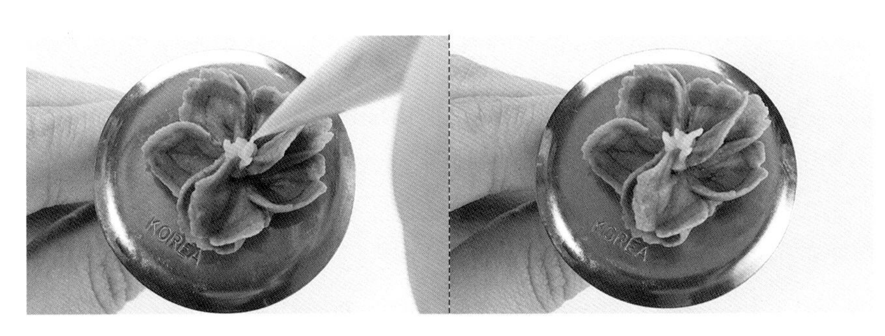

18 用黄色平口花嘴在花蕊侧边挤出长条状花蕊。

19 重复步骤 18，在花蕊上堆叠挤出多条花蕊。

20 先用牙签蘸取咖啡色颜料后，再粘在花蕊上，即完成花粉制作。

21 如图，圣诞玫瑰完成。

圣诞玫瑰制作视频

圣诞玫瑰

CHRISTMAS ROSE

圣诞玫瑰

大理花

朝鲜蓟

玫瑰

制作说明

圣诞玫瑰在裱花的时候须注意五瓣星型的大小要平均，不要有单瓣过大或太小，这样才能维持圣诞玫瑰的形态完整，这与使用裱花袋时的施力有关，大部分的同学容易犯错的点在于太用力导致挤出的花朵过大或是有不该出现的皱褶，因此力度的掌握是关键，如同一般扁平的花形，建议裱在烘焙纸上后，放置冷冻冰硬取出装饰，才不至于在用花剪夹取时破坏花朵。在蛋糕装饰的部分，圣诞玫瑰扁平的形态很适合花环造型的摆放，可以两到三朵互相推迭的方式叠加放置，能够让花环看起来更立体。

配色

Bean Paste
韩式豆沙裱花

海芋

CALLA LILY

海芋
CALLA LILY

DECORATING TIP 花嘴

花瓣｜ #118（花嘴上窄下宽）

花蕊｜ #13

COLOR 颜色

花瓣色｜ 白色

花蕊色｜ 金黄色 白色

步骤说明 Step Description

· 花瓣制作

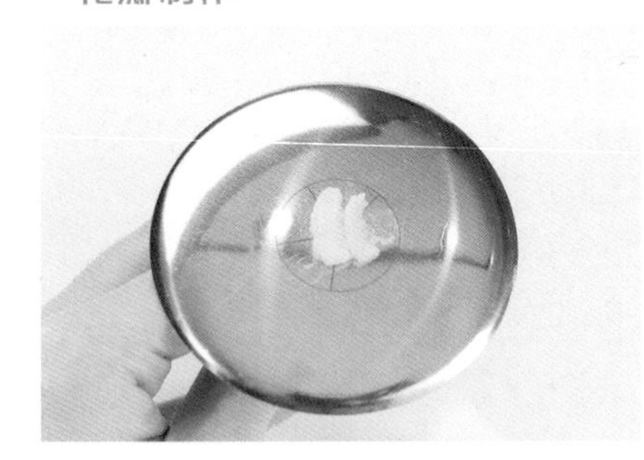

01 在花钉中心挤一点豆沙霜。

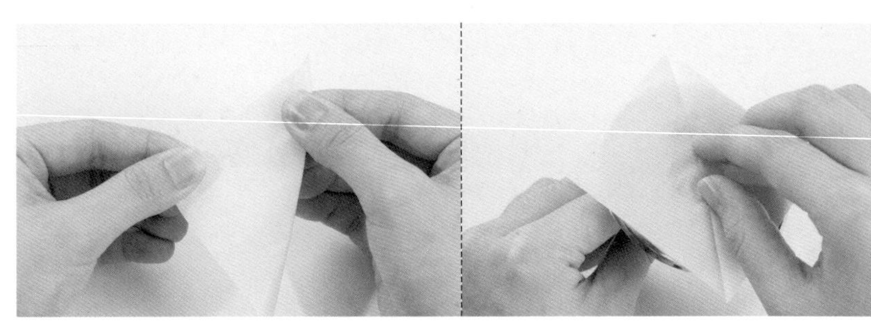

02 先将方形烘焙纸对折后放在花钉上，再用手按压固定。

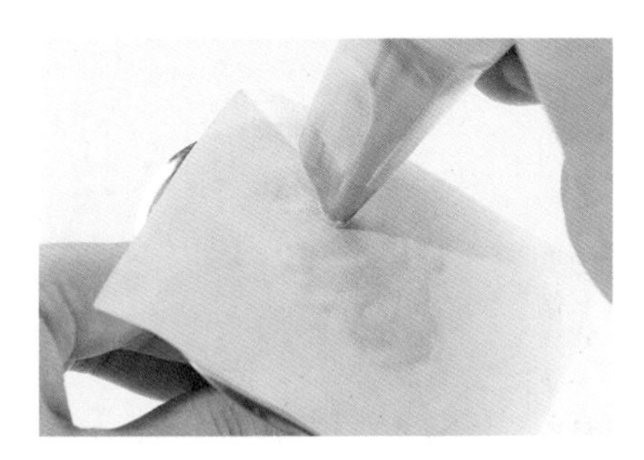

03 将 #118 花嘴以 12 点钟方向放在方形烘焙纸的对折线上，边挤豆沙霜边往下缓慢移动。

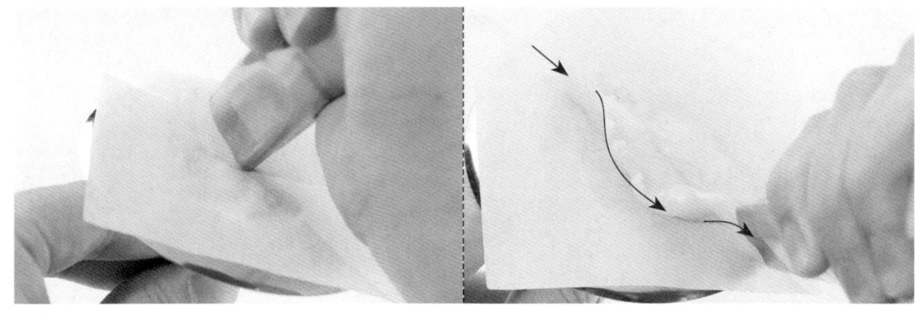

04 接着将花嘴前端立起后缓慢往下，到花朵中间处将花嘴往左边倾倒。

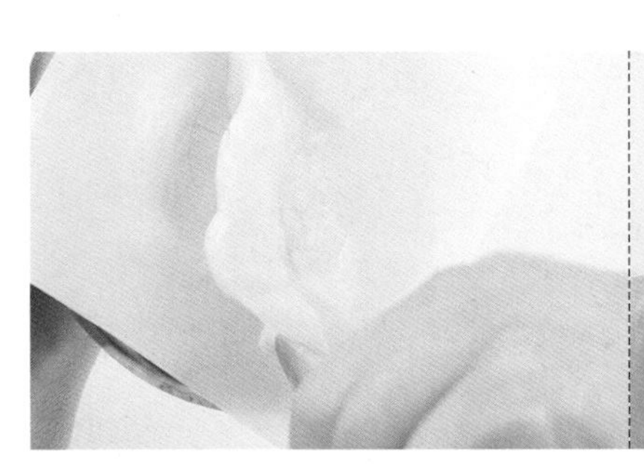

05 承步骤 4，在结尾处将花嘴向下轻压以切断豆沙霜，即完成第一片花瓣。

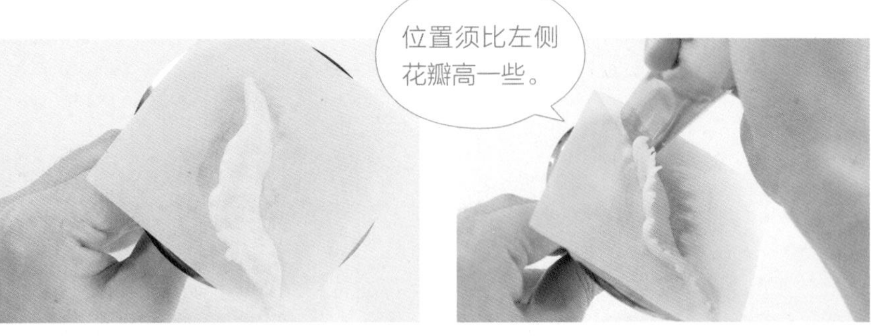

06 重复步骤 3，将花嘴放在第一片花瓣上侧，边挤豆沙霜边往下缓慢移动，并于花朵中间处向右倾倒。

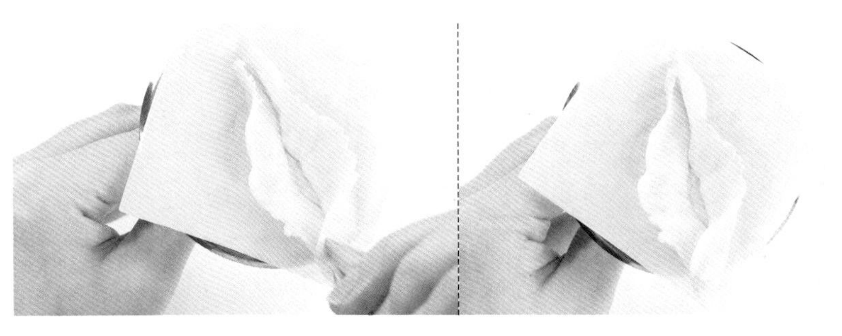

07 承步骤6，于结尾处将花嘴向下轻压以切断豆沙霜，即完成第二片花瓣。

08 用花剪修剪花瓣毛边，使边缘更平整。

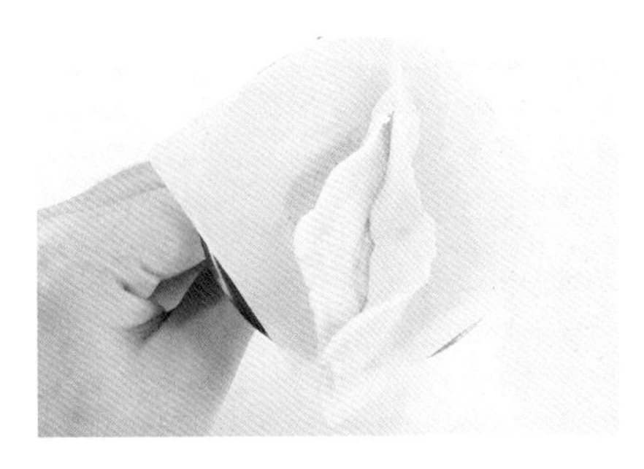

09 如图，花瓣修剪完成。

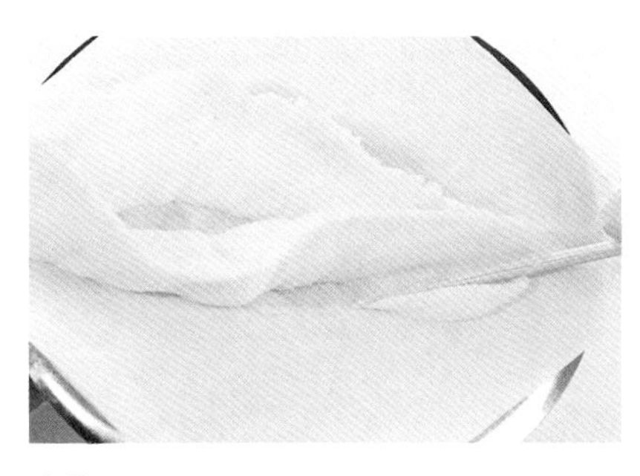

10 用牙签将花瓣侧边多余的豆沙霜切除。

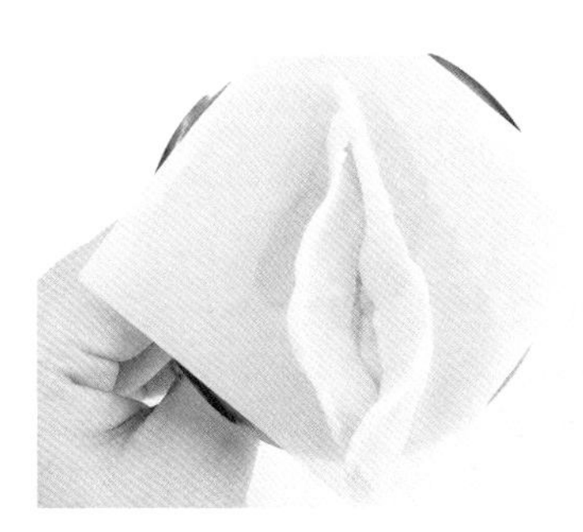

11 如图，花瓣完成。

· 花蕊制作

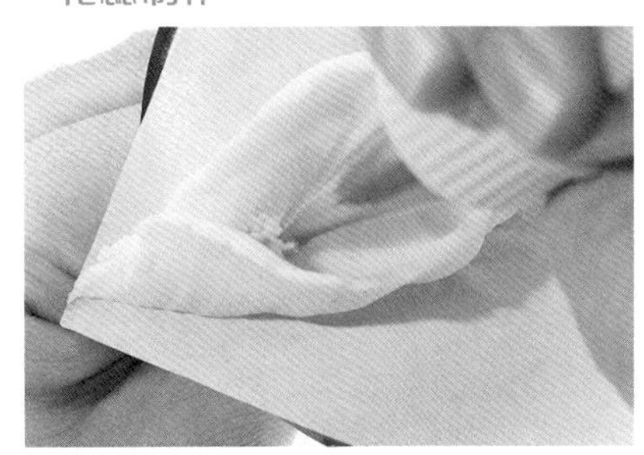

12 用 #13 花嘴在花瓣底部挤出尖锥形，为花蕊。

13 重复步骤 12，依序完成尖锥形花蕊制作。

14 如图，海芋完成。

花瓣开合角度

海芋制作视频

海芋

CALLA LILY

制作说明

海芋和大部分的花朵不同，是属于狭长型的形态，也正因为这种特殊的形态，在摆放时要特别注意方向性，不要每一朵都朝着同一方向指，会感觉比较呆板，可以像主图中做交叠式的摆放并且尖端朝向不同方向，其他的花朵可环绕边缘往不同方向做放射状摆放，看起来会让整个花环形态更自由一点，甚至露出一些花环中的空隙也无妨。

蛋糕的底色有时可因为花朵做调整，不一定每个蛋糕只能抹上白色抹面，加上一点灰灰的色调也别有一般风味。

配色

蜡花

WAX FLOWER

蜡花
WAX FLOWER

DECORATING TIP 花嘴

底座 | 平口花嘴
花瓣 | #59S（花嘴凹面朝内）
花蕊 | 平口花嘴
花瓣纹路 | 平口花嘴

COLOR 颜色

花瓣色 | ●红色 ●黑色
花蕊色 | ○白色
花瓣纹路色 | ○白色

步骤说明 Step Description

· 底座制作

01 用平口花嘴在花钉上以绕圈方式挤出豆沙霜。

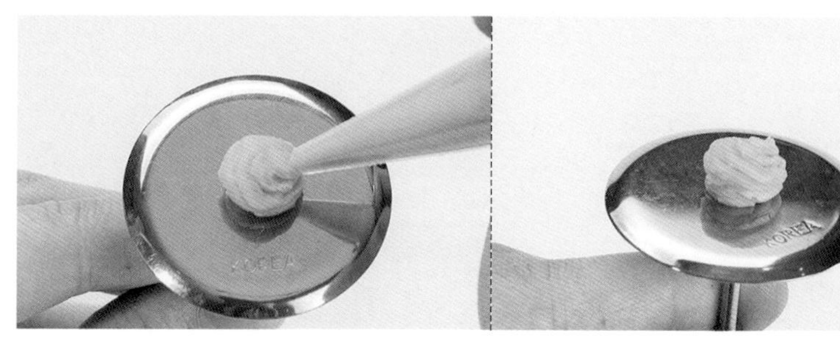

02 承步骤 1，将豆沙霜在同一位置继续向上叠加，在花钉上挤出直径约 1 厘米 × 高 0.5 厘米的豆沙霜，作为底座。

· 花瓣制作

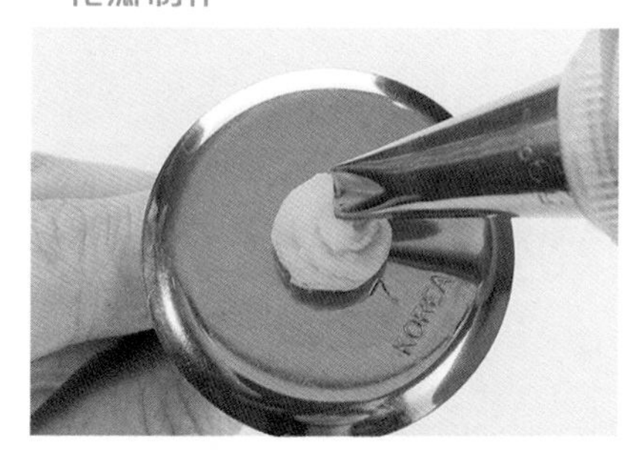

03 将 #59S 花嘴以 12 点钟方向插入底座中心。

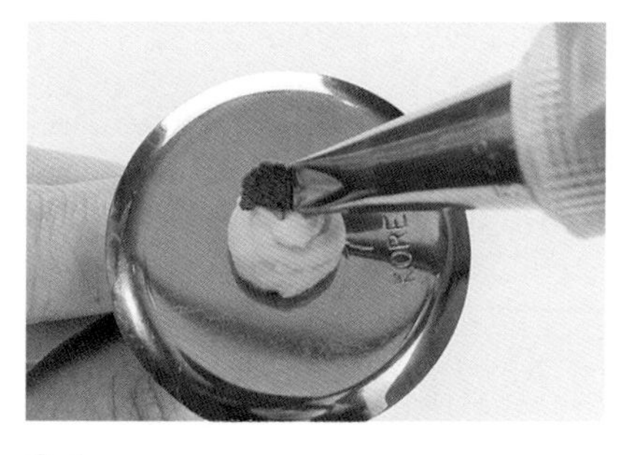

04 承步骤 3，将花钉逆时针转、花嘴顺时针挤出圆扇形片状。

05 承步骤 4，将花嘴向底座轻压以切断豆沙霜，即完成第一片花瓣。

06 重复步骤 3~5，在第一片花瓣侧边，约 0.1 厘米处插入花嘴后，挤出第二片花瓣。

07 重复步骤 3~6，完成共五片花瓣。

08 用平口花嘴在花朵中心拉挤出长条状，即完成花蕊。

09 用平口花嘴在花瓣尾端点上白色的花瓣纹路。

10 重复步骤 9，以花蕊为中心，顺时针挤出点状花瓣纹路。

11 如图，蜡花完成。

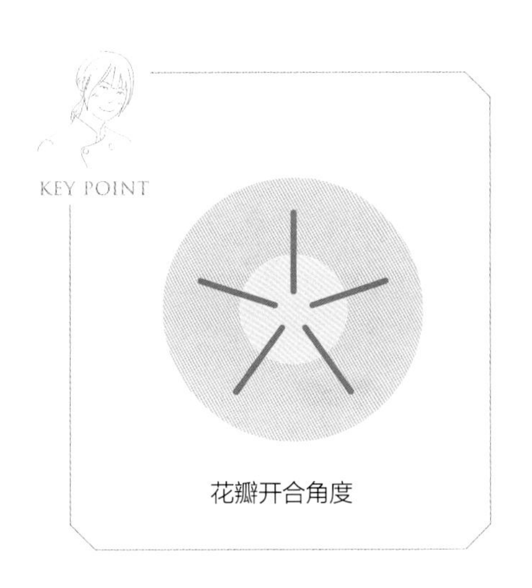

花瓣开合角度

蜡花制作视频

蜡花

WAX FLOWER

制作说明

小巧的蜡花如冬日里的暖阳一般可爱，在复古的配色中装饰些许蜡花，可以让整体的感觉不至于太沉重，所以当制作颜色较复古的蛋糕时，有时可以加上一点蜡花点缀。

蜡花的装饰技巧可以如寒丁子一般，进行小花丛式的组装，在蛋糕上挤一球底座，并将蜡花贴附在底座上拼接成小花丛，最后于花丛间挤上叶子，便完成了。此外，也可如主图中所示，将蜡花三三两两的装饰在蛋糕空隙间，也能够让蜡花点亮整个蛋糕的细节。

Bean Paste
韩式豆沙裱花

大理花

DAHLIA

大理花
DAHLIA

DECORATING TIP 花嘴

底座｜ #104
外层花瓣｜ #104（花嘴上窄下宽）
内层花瓣｜ #349

COLOR 颜色

花瓣色｜肤色 白色
浅粉色

步骤说明 Step Description

· 底座制作

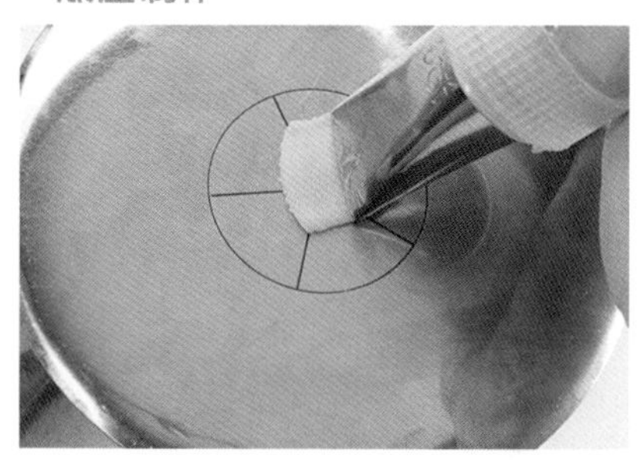

01 用 #104 花嘴在花钉中心挤一点豆沙霜。

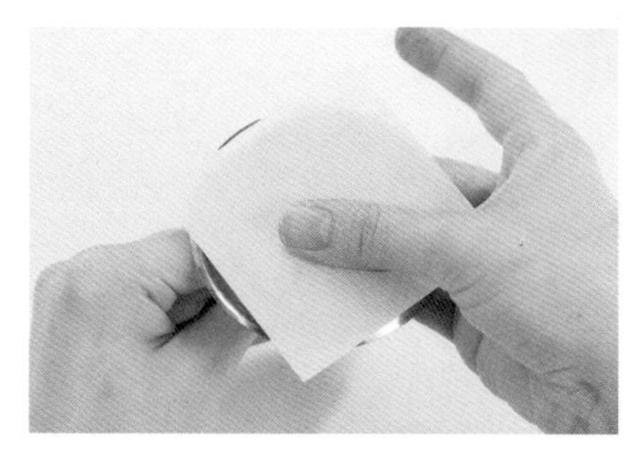

02 将方形烘焙纸放置在花钉上，并用手按压固定。

03 用#104花嘴在花钉上以逆时针转、花嘴顺时针挤出直径约2.5厘米的圆形后，将花嘴向花钉轻压，以切断豆沙霜，即完成底座。

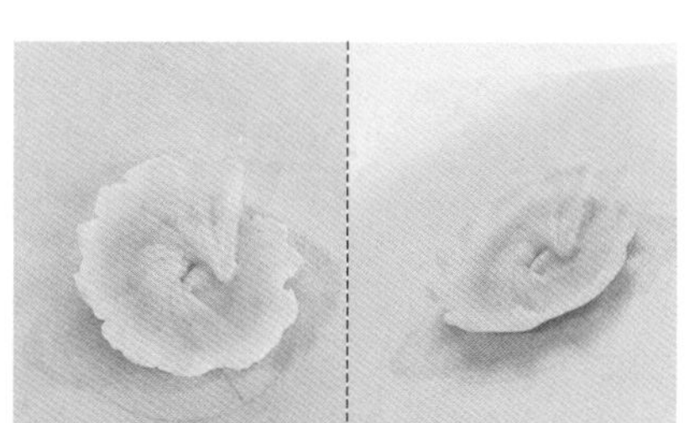

04 如图，底座完成。

· 外层花瓣制作

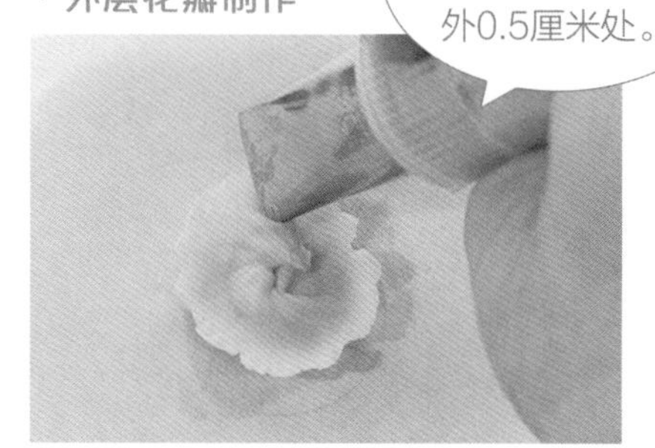

花嘴位置约距离底座中心之外0.5厘米处。

05 将 #104 花嘴以 12 点钟方向插入底座。

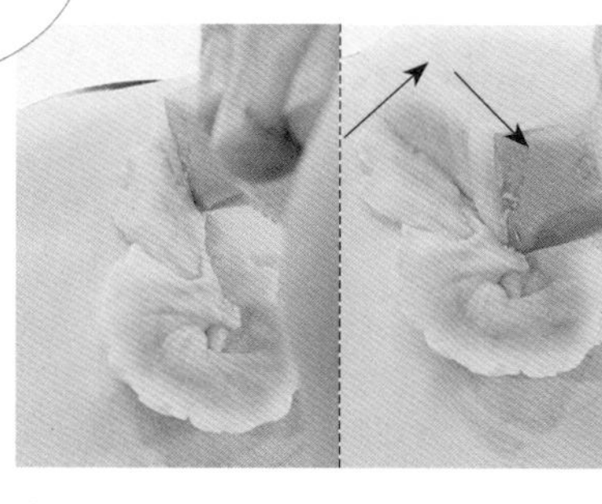

06 承步骤 5，将花嘴向右上角挤出豆沙霜后停止，接着再将花嘴往右倒并向下移动挤出。

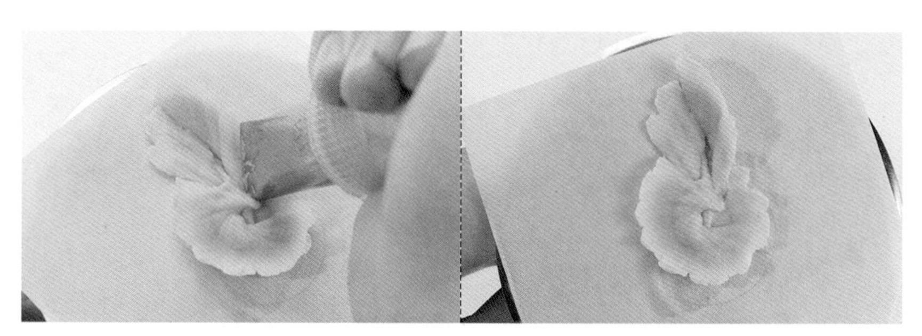

07 承步骤 6，将花嘴向底座轻压，以切断豆沙霜，即完成第一片花瓣。

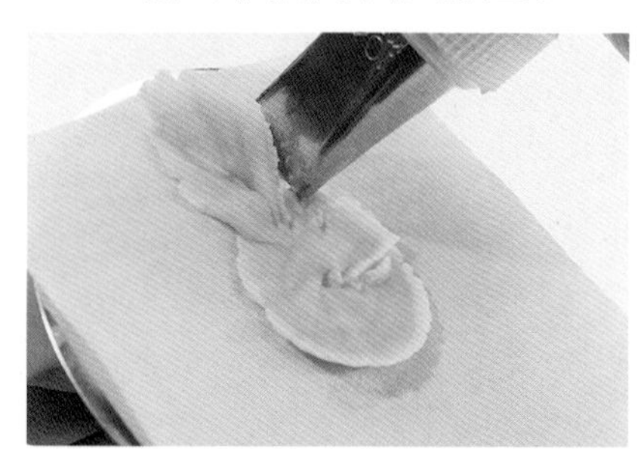

08 重复步骤 5，将花嘴放在第一片花瓣右侧。

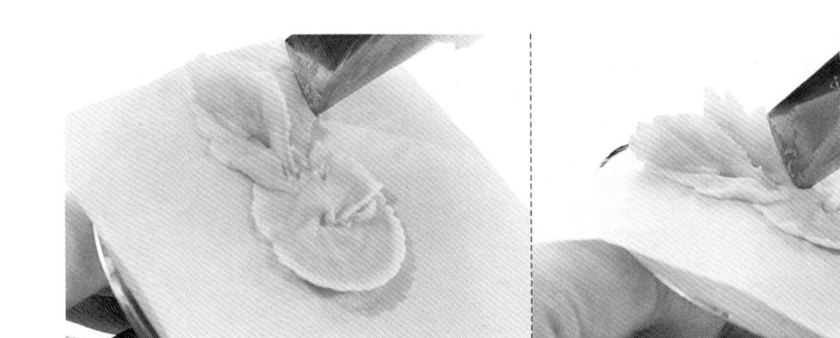
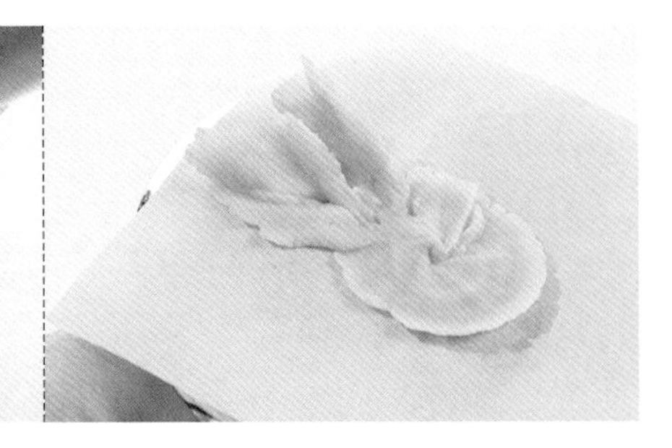

09 重复步骤6~7，往右上挤出第二片左半部花瓣，并于右半部返回时将花嘴直立收起，表现半开姿态。

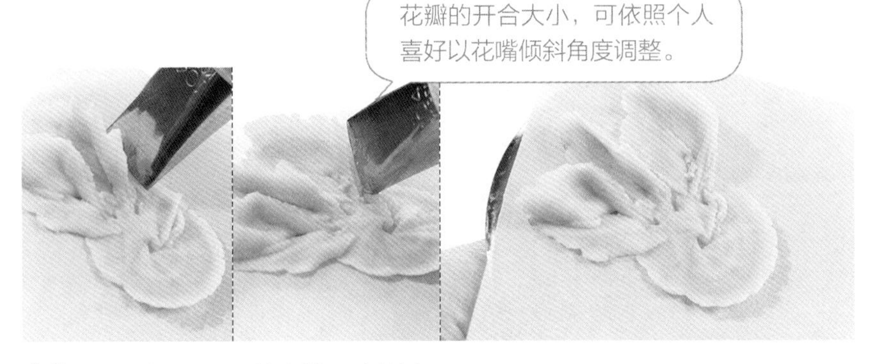

10 重复步骤5~7，挤出第三片花瓣。

11 重复步骤5~10，依序挤出花瓣。

12 重复步骤 5~10，完成一整圈花瓣。

13 如图，第一层花瓣完成。

14 开始制作第二层花瓣时，将花嘴根部靠往内约 1 厘米，并挤上一小坨底座。

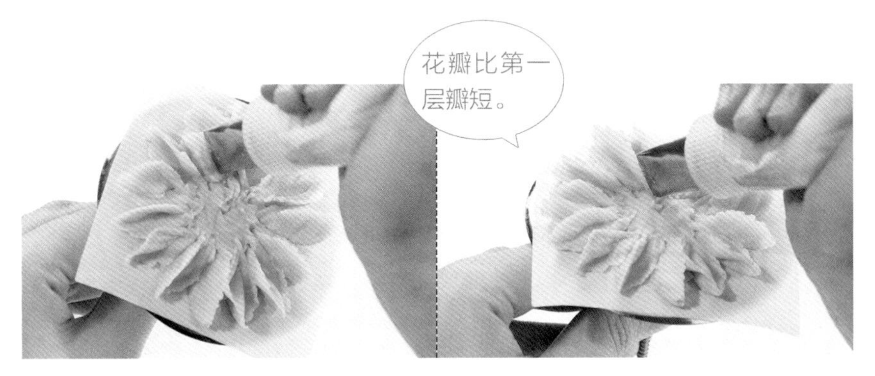

15 将花嘴靠上步骤 14 的底座上，向右上角挤出豆沙霜后停止，接着再将花嘴往右倒向下移动挤出。

16 承步骤 15，将花嘴向底座轻压以切断豆沙霜，即完成第二层第一片花瓣。

17 重复步骤 14~16，完成第二层花瓣。

18 将花嘴根部向中心靠约 1 厘米，并重复步骤 14~16，完成第三层第一片花瓣。

· 内层花瓣制作

19 重复步骤 18，完成第三层花瓣。

20 将 #349 花嘴以绕圈方式挤出条状的豆沙霜，堆叠成底座。

21 重复步骤 20，持续挤出豆沙霜，呈现小山丘后，将花嘴稍微向下切断豆沙霜。

TIP

花嘴方向

22 如图，花蕊完成。

23 将花嘴在花蕊侧边任意向上拉挤出条状豆沙霜包覆底座，为内层花瓣。

24 重复步骤 23，依序挤出花瓣。

25 将花嘴在侧边任意往外拉挤出条状豆沙霜，使花瓣呈现盛开的自然感。

26 最后，重复步骤25，依序挤出盛开的更大花瓣即可。

27 如图，大理花完成。

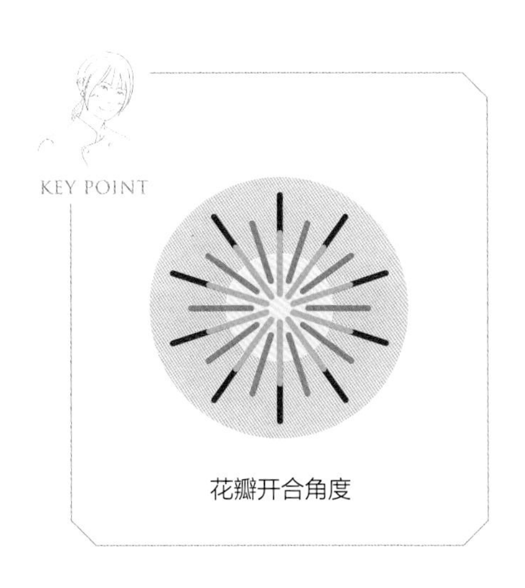

花瓣开合角度

大理花制作视频

大理花

DAHLIA

大理花　栀子花　棉花

制作说明

比起将大理花放在整颗大蛋糕上的摆放，其实大理花也更适合在杯子蛋糕上进行装点，由于单朵的花瓣层次丰富，可以直接放一朵主花作为主角装饰，带来视觉上清新的感受，摆放的时候可将叶子先衬在底部，调上不同的叶子颜色，让画面更加丰富且有层次感。

一旁的棉花与栀子花可以为华丽的大理花增加可爱的氛围，且不至于抢走大理花主花的风采，所以建议搭配大理花为主花的时候，选择一些颜色清淡或是可爱种类的花形做摆放，甚至有的时候做一些果实点缀就已足够。

配色

Bean Paste
韩式豆沙裱花

栀子花

GARDENIA

栀子花
GARDENIA

DECORATING TIP 花嘴

底座｜ #120
花瓣｜ #120（花嘴上窄下宽）

COLOR 颜色

花瓣色｜ 金黄色 红褐色 白色

步骤说明 Step Description

· 底座制作

01 在花钉中心挤一点豆沙霜。

02 将方形烘焙纸放置在花钉上，并用手按压固定。

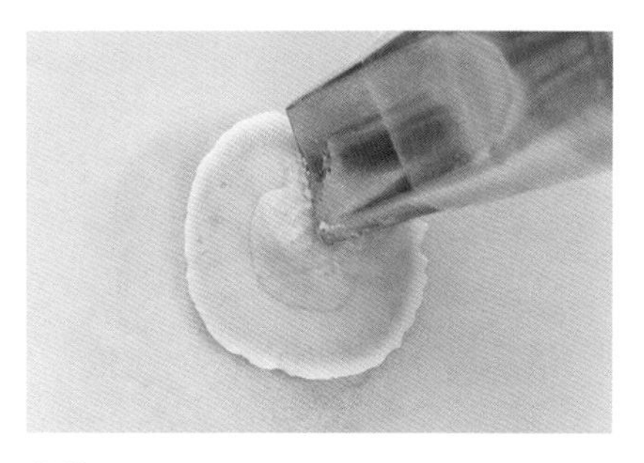

03 用 #120 花嘴在花钉上以逆时针转、花嘴顺时针挤出直径约 2.5 厘米的圆形豆沙霜后，将花嘴稍微向下以切断豆沙霜。

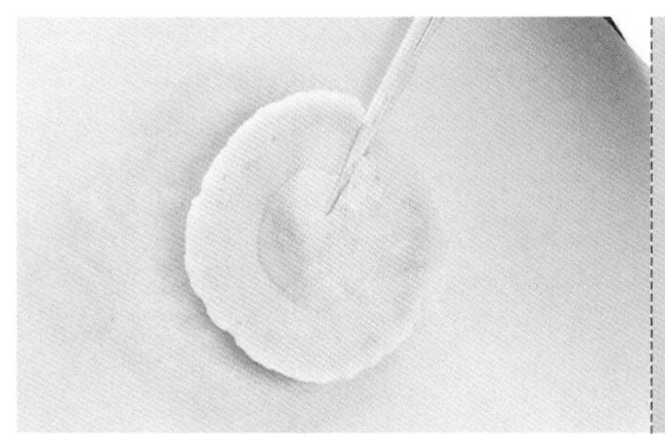

04 用牙签在豆沙霜上压出切痕，并将圆形豆沙霜分成六等份，即完成底座。

· 花瓣制作

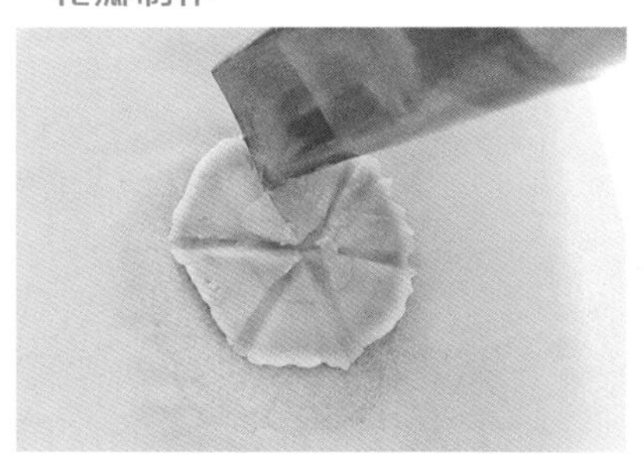

05 将 #120 花嘴以 11 点钟方向插入底座中心。

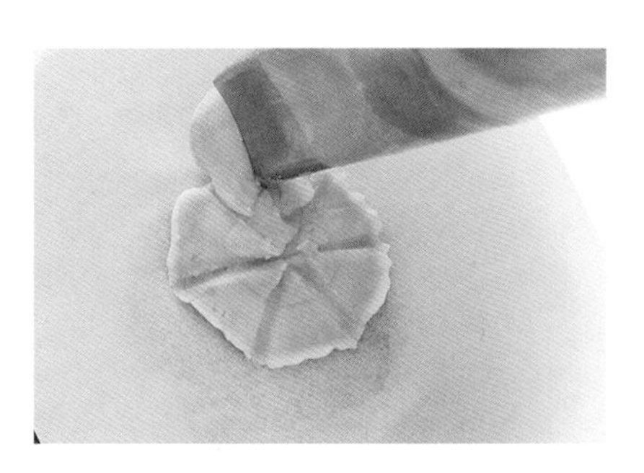

06 将花嘴向右上角平行挤出豆沙霜，制作左半部花瓣。

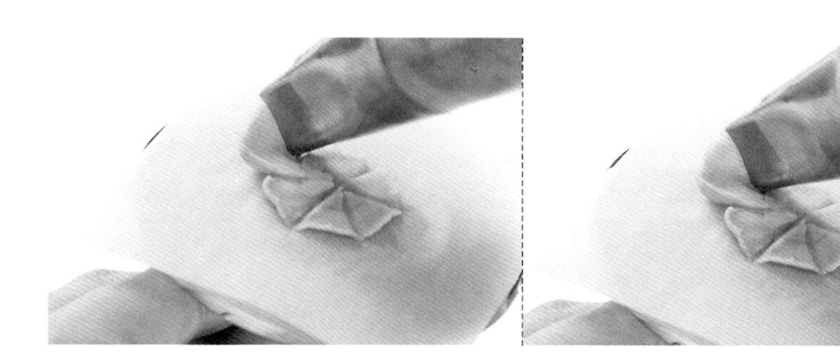

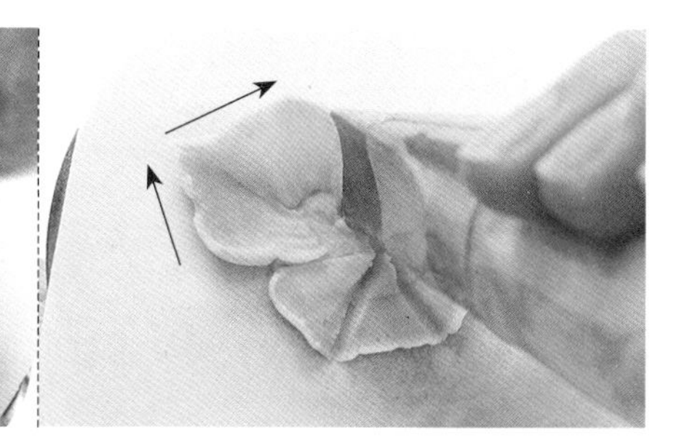

07 左半部花瓣完成后停止挤花，并将花嘴前端立起，接着将花嘴以往右倾倒方向制作右半部花瓣。

08 如图，第一片花瓣完成。

09 重复步骤6~7，将花嘴靠上作记号的底座，挤出第二片与第三片花瓣。

10 重复步骤6~7，完成共六片花瓣。

11 如图，第一层花瓣完成。

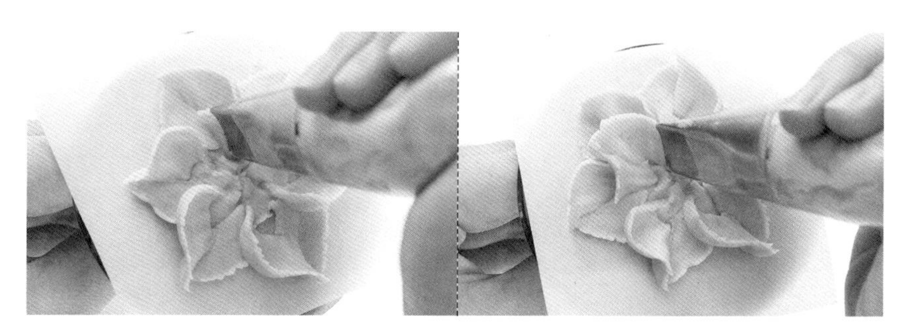

12 将花嘴向内移动1厘米，重复步骤6~7，制作第二层的第一片花瓣。

13 如图，第二层第一片花瓣完成。

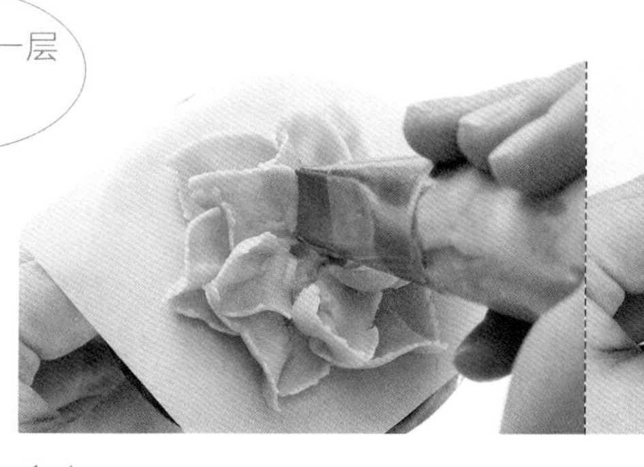

14 重复步骤12~13，完成共五片花瓣。

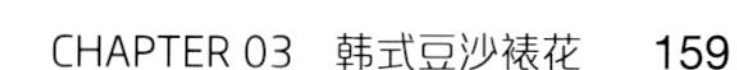

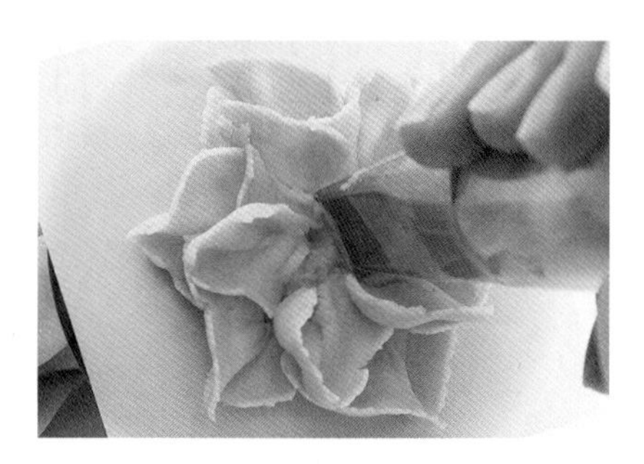

15 将花嘴以垂直方向插入花瓣中心。

16 将花嘴向上拉挤出豆沙霜后往内倾倒，并顺势切断，即完成内层第一片包覆花瓣。

17 重复步骤 15~16，依序完成共三片花瓣，呈现包覆感，为内层花瓣。

18 重复步骤 15~16，在花苞外围依序挤出向外盛开的短瓣，呈现花瓣的层叠感。

19 如图，栀子花完成。

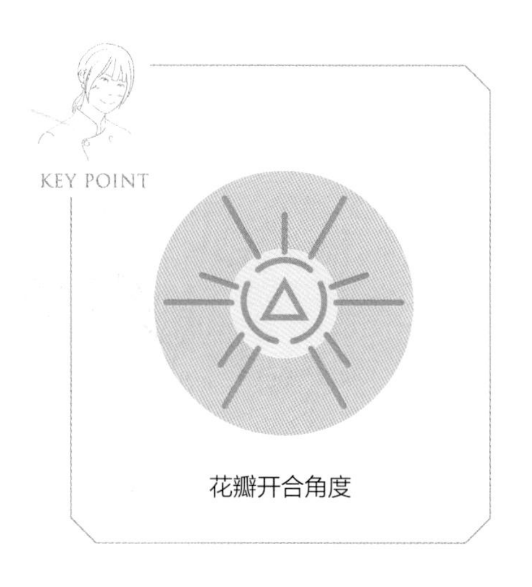

栀子花制作视频

栀子花

GARDENIA

栀子花　洋甘菊　松虫草

制作说明

谁说栀子花只能永远是白色的呢？如同主图将栀子花染成橘黄色，在蛋糕的世界里，可以因为颜色的搭配而改变花朵本身的颜色，这就是裱花蛋糕有趣而神奇的地方。

在制作栀子花时须注意一些重点，例如完成的花朵边缘要维持尖角的形状，这是栀子花花瓣的特征。而在制作由外往内包覆的花瓣时，记得花嘴的角度转变须由外倒至立起，才不会让花形不够立体。由于其外围花瓣扁平的形态，和大理花一样，须先放置烘焙纸上裱好后冰入冷冻待其变硬取出。

配色

Bean Paste
韩式豆沙裱花

波斯菊

COSMOS

波斯菊
COSMOS

DECORATING TIP 花嘴

底座 | #102

花瓣 | #102（花嘴上窄下宽）

花蕊 | #13

COLOR 颜色

花瓣色 | 鹅黄色 白色

花蕊色 | 鹅黄色

花粉色 | 咖啡色

步骤说明 Step Description

· 底座制作

01 在花钉中心挤一点豆沙霜。

02 将方形烘焙纸放置在花钉上，并用手按压固定。

03 用 #102 花嘴在花钉上以逆时针转、花嘴顺时针挤出直径约 2.5 厘米的圆形豆沙霜后，将花嘴稍微向下以切断豆沙霜。

04 如图，底座完成。

· 花瓣制作

05 将 #102 花嘴根部靠上底座中心，前端翘起。

06 承步骤 5，将花钉逆时针转、花嘴顺时针并摆动挤出波浪形扇形花瓣。

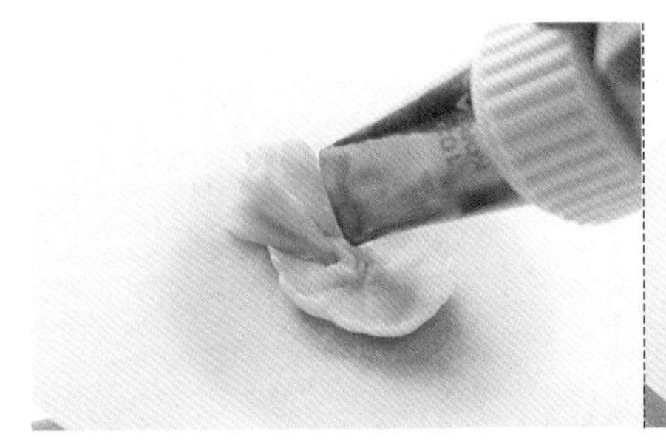

07 承步骤 6，将花嘴向底座轻压，以切断豆沙霜，即完成第一片花瓣。

08 将花嘴插入距离第一片花瓣右侧约 0.2 厘米处。

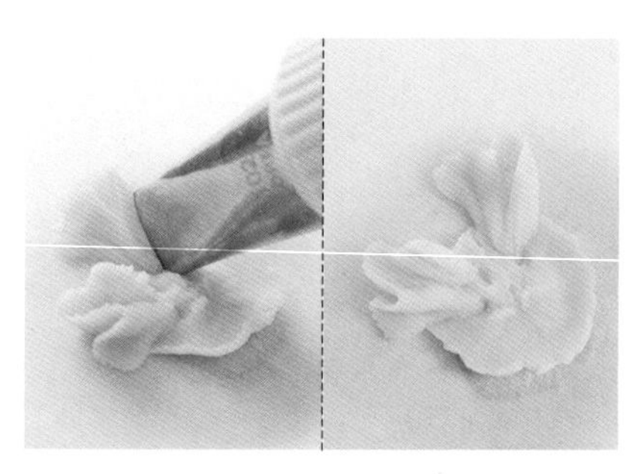

09 重复步骤6~7，挤出第二片花瓣。

10 重复步骤8~9，完成共五片花瓣。

11 如图，第一层花瓣完成。

12 将花嘴根部插入第一层花瓣上侧，并顺着底部花瓣挤出豆沙霜后，花嘴根部向底座轻压以切断豆沙霜，即完成第二层第一片花瓣。

13 重复步骤 12，依序在第一层花瓣上侧挤出豆沙霜。

14 如图，第二层重叠花瓣完成。

15 将花嘴根部插入第二层花瓣上侧，并顺着底部花瓣挤出豆沙霜后，花嘴根部向底座轻压以切断豆沙霜，即完成第三层第一片花瓣。

16 重复步骤 12，依序在第二层花瓣上侧挤出豆沙霜。

· 花蕊制作

17 如图，第三层花瓣完成。

18 用 #13 花嘴在花瓣中心挤出小球状。

19 重复步骤 18，继续挤出小球状，直到填满花瓣中心，即完成花蕊。

20 用牙签切除多余的豆沙霜。

21 用牙签蘸取咖啡色颜料，点在花蕊上，为花粉。

22 如图，波斯菊完成。

花瓣开合角度

波斯菊制作视频

波斯菊

COSMOS

制作说明

波斯菊对于初学者来说是一款训练值很高的花朵，在于它的形态容易掌握，一开始练习的时候可以用波斯菊来训练手腕的灵活度，让初学者成就感满满。在蛋糕摆放的部分，和松虫草一样，波斯菊同样属于较扁平的形态，可以作为蛋糕空隙的填补，也能够单朵在月牙造型的尾端做装饰，非常实用。

在摆放完波斯菊的蛋糕上，也能在蛋糕周围挤上一些碎花瓣，制造出波斯菊飘落的效果，更能让蛋糕增添自然可爱的氛围。

Bean Paste
韩式豆沙裱花

牡丹花苞

PEONY BUD

牡丹 花苞
PEONY BUD

DECORATING TIP 花嘴

底座｜#123
花瓣｜#123（花嘴凹面朝内）
花萼｜#123

COLOR 颜色

花瓣色｜粉色　白色
花萼色｜橄榄绿　白色

步骤说明 Step Description

· 底座制作

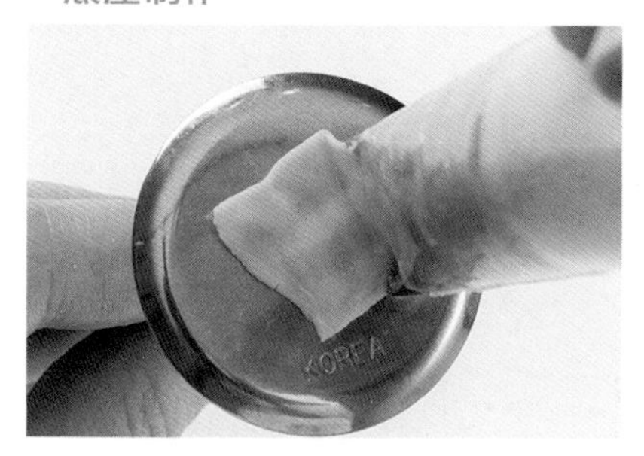

01 用 #123 花嘴在花钉上挤出长约 1 厘米长条形的豆沙霜。

02 承步骤 1，将豆沙霜在同一位置继续向上叠加，在花钉上挤出长约 1 厘米 × 高约 1.5 厘米的豆沙霜后，将花嘴向底座轻压并靠上花钉，以切断豆沙霜，即完成底座。

· 花瓣制作

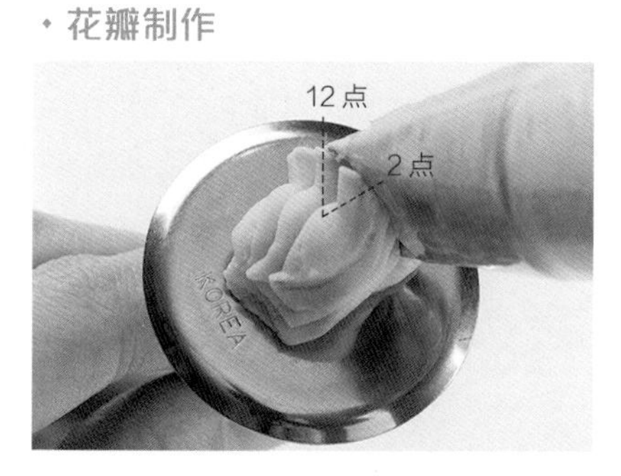

03 将 #123 花嘴以 2 点钟方向放在底座侧边。

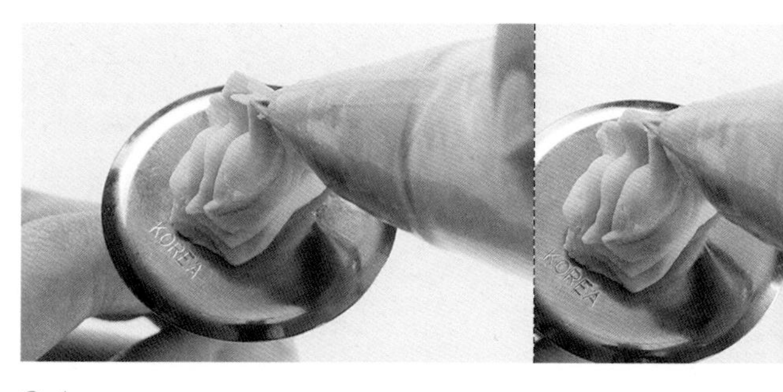

04 承步骤 3，将花嘴往上挤出弧形后往内倾倒包覆底座，即完成第一片花瓣。

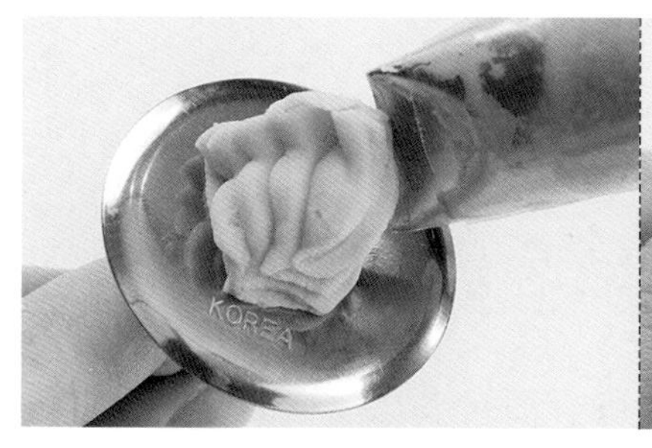

05 重复步骤 3~4，将花嘴往上挤出弧形后，往内倾倒包覆底座，即完成第二片花瓣。

06 重复步骤3~5，依序向下叠加花瓣。

· 花萼制作

07 重复步骤3~5，依序往下叠加花瓣，呈现层层叠叠的花苞形态。

08 如图，花苞完成。

09 将#123花嘴在3点钟方向，由下往上制作花萼。

10 承步骤9，到达花苞上方时，顺着花苞弧度往内靠以切断豆沙霜，为花萼。

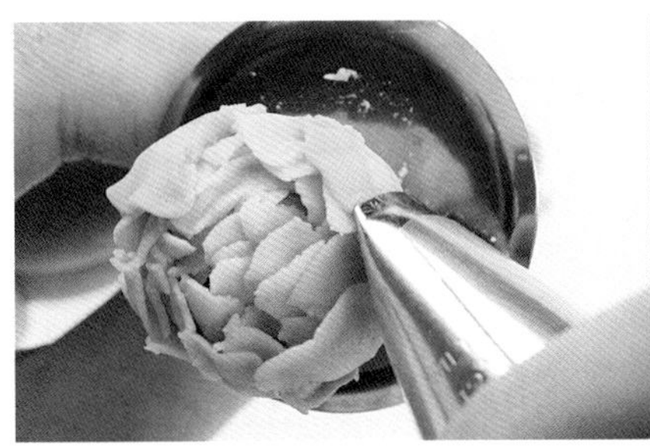

11 重复步骤9~10，共完成三片花萼。

12 如图，牡丹（花苞）完成。

花瓣开合角度

牡丹（花苞）制作视频

牡丹 花苞

PEONY BUD

牡丹全开　牡丹花苞

绣球花　木莲花

制作说明

胖胖的牡丹花苞甚是可爱，因为这种圆胖的形态，让牡丹花苞不管在捧花、花环或者是月牙造型的摆放上都很适合，而且牡丹花苞的层次丰富，会让整颗蛋糕提升华丽的感觉。惟须注意的是，很多初学牡丹花苞的同学容易将每朵都裱得过大，甚至超过了全开牡丹的大小，这样反而会有头重脚轻的感觉，因此建议不要超过全开牡丹的大小为基准。

此外，也可试试制作大小不一的牡丹花苞尺寸，这样在最后组装的时候能够依照蛋糕不同的空隙填入，而不会有一边比较突出的突兀感。

配色

Bean Paste
韩式豆沙裱花

—

牡丹 半 开

HALF-OPEN PEONY

牡丹 ㊥㊀

HALF-OPEN PEONY

DECORATING TIP 花嘴

底座 | #123

花瓣 | #123（花嘴凹面朝内）

COLOR 颜色

花瓣色 | 浅粉色　白色

肤色

步骤说明 Step Description

· 底座制作

01 用#123花嘴在花钉上挤出长约1厘米长条形的豆沙霜。

02 承步骤1，将豆沙霜在同一位置继续向上叠加，在花钉上挤出长约1厘米 × 高约1.5厘米的豆沙霜后，将花嘴向底座轻压并靠上花钉，以切断豆沙霜。

03 如图，底座完成。

· 花瓣制作

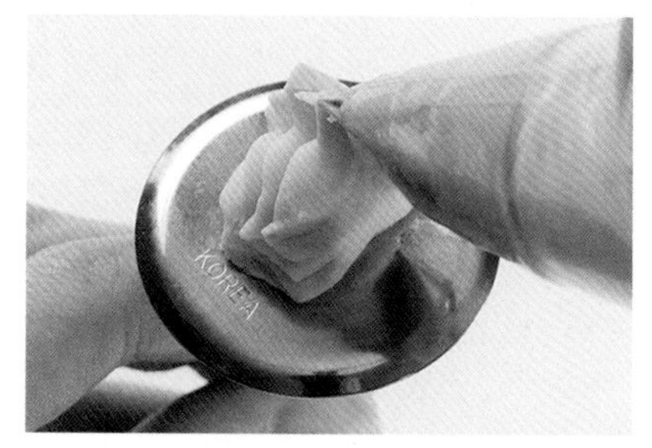

04 将#123花嘴以2点钟方向放在底座侧边。

05 承步骤4，将花嘴往上挤出弧形后往内倾倒包覆底座，即完成第一片花瓣。

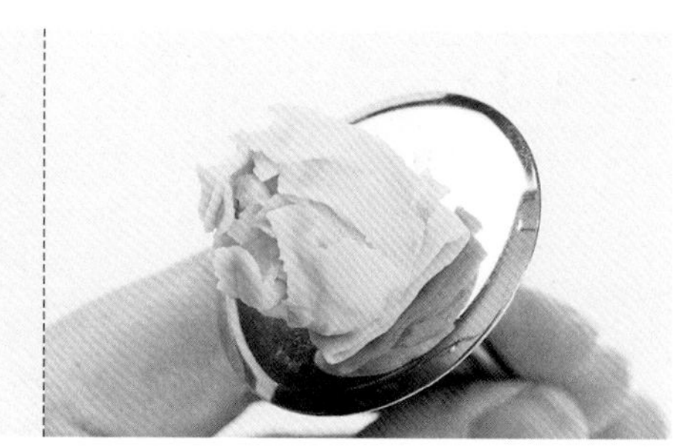

06 重复步骤4~5，依序向下叠加花瓣，直至包覆底座。

· 外层花瓣制作

07 重复步骤 4~5，依序往下叠加花瓣，呈现层层叠叠的花苞形态以呈现花苞的形态。

08 将 #123 花嘴以 4 点钟方向插入花苞侧边。

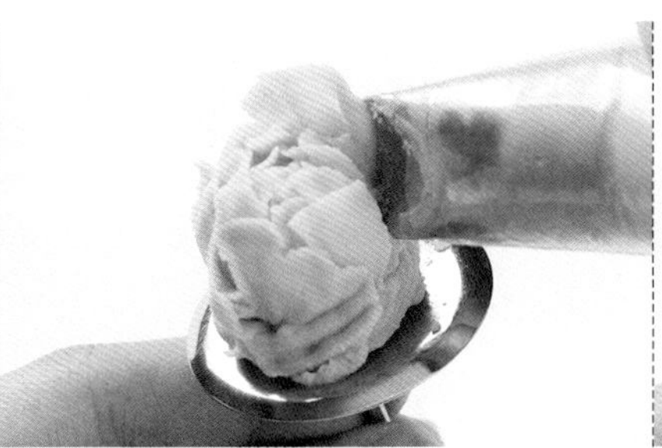

09 承步骤8，在任一侧边使用花嘴由下往上制作一倒U弧形，结尾时将花嘴向侧边轻压并靠上花钉，以切断豆沙霜。

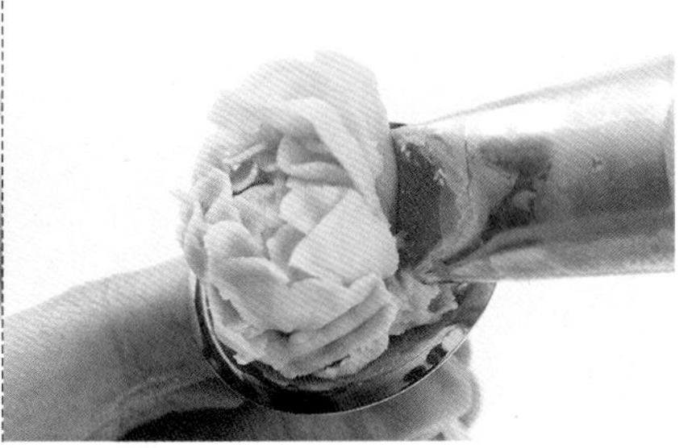

10 重复步骤8~9，在同一花瓣后方依序挤出2~3片花瓣。

11 如图，一侧花瓣完成。

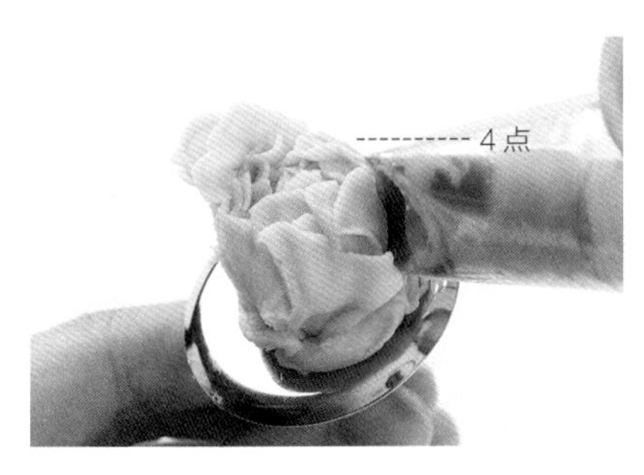

12 将花嘴以 4 点钟方向插入步骤 11 花瓣右侧，与前一区花瓣侧边保持 0.5 厘米距离。

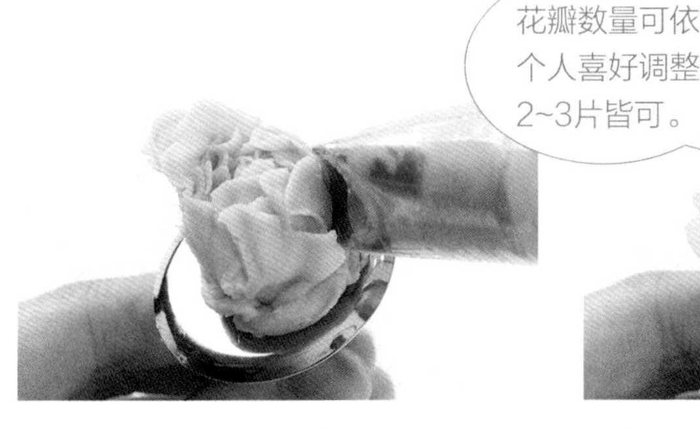

13 重复步骤 9，挤出另一侧第一片花瓣。

14 重复步骤 8~9，依序挤出两片花瓣。

15 如图，另一侧花瓣完成。

16 重复步骤8~9，依序在另一侧挤出三片花瓣。

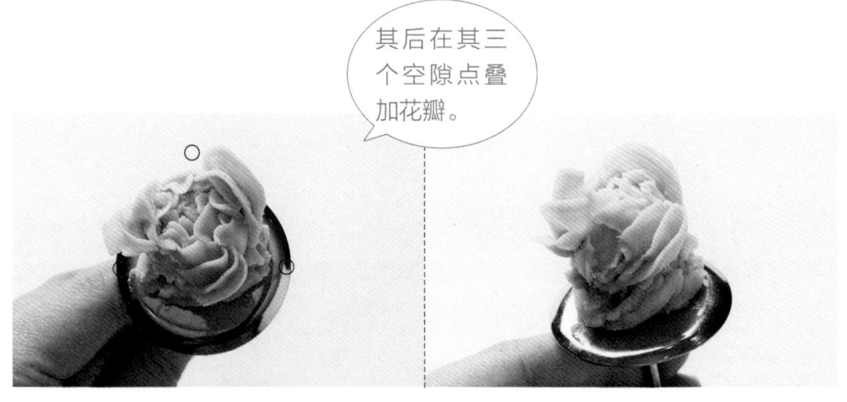

17 如图，第一层花瓣完成，为外层花瓣的基本主体。

18 将花嘴以4点钟方向插入上一层花瓣间的空隙，并呈现90°角。

19 承步骤18，挤出倒U形花瓣。

20 重复步骤 18~19，依序在其后重叠挤出倒 U 形花瓣，完成第二层的第一组花瓣。

21 将花嘴以 3 点钟方向插入另一花瓣间的空隙中。

22 将花钉逆时针转、花嘴顺时针往右下角滑出挤出倒U形花瓣，将花嘴向底座轻压并靠上花钉，以切断豆沙霜。

23 重复步骤 21~22，依序在其后挤出倒 U 形花瓣，完成第二层的第二组花瓣。

24 将花嘴以反手姿态由 11 点钟方向插入剩下的第三个花瓣的空隙中。

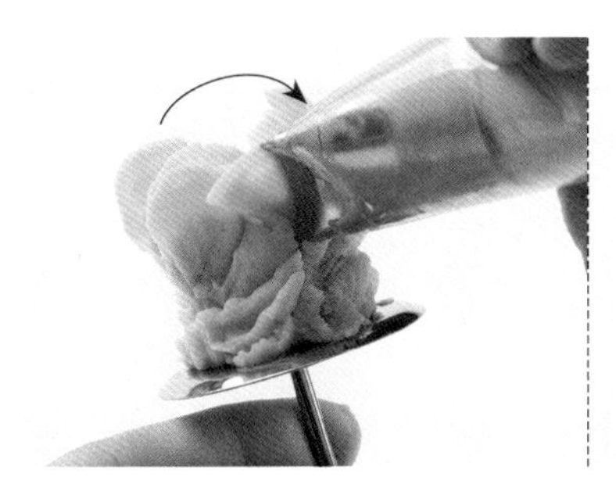
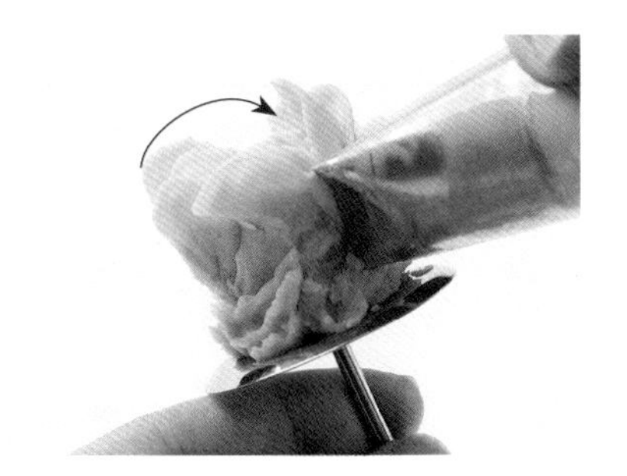

25 承步骤 24，将花钉顺时针转，花嘴逆时针由左至右挤出倒 U 形花瓣，将花嘴向底座轻压并靠上底座，以切断豆沙霜。

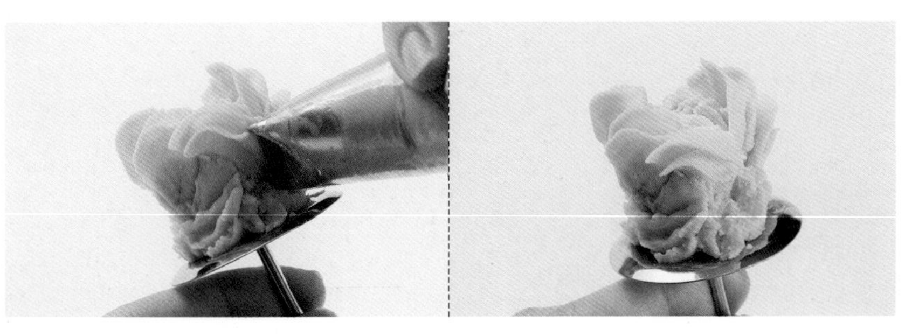

26 重复步骤 24~25，依序在其后叠加 2~3 片花瓣。

27 如图，第二层的第三组花瓣完成。

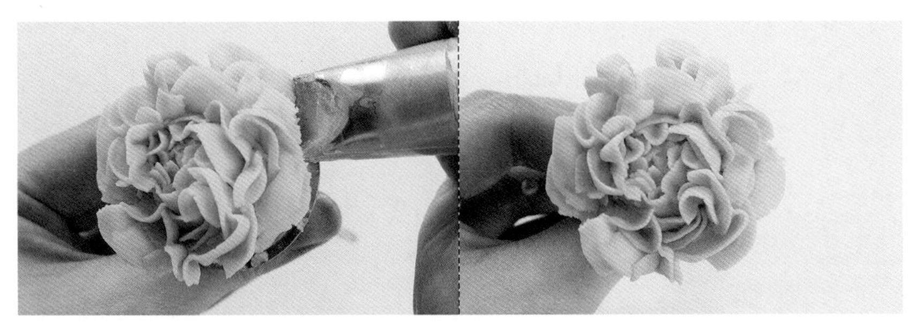

28 重复步骤 8~26，将倒 U 形花瓣随机以不同方向交错挤出。

29 如图，牡丹（半开）完成。

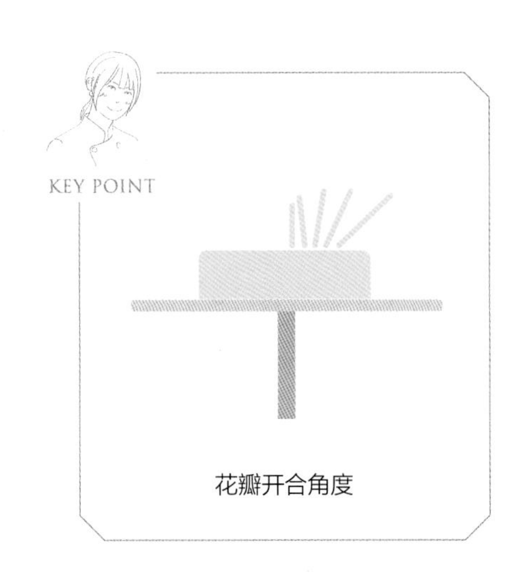

牡丹（半开）制作视频

牡丹

半开

HALF-OPEN PEONY

牡丹
半开

制作说明

牡丹身为花中之王，喜爱蛋糕装饰的人一定听过此花，在各种牡丹的成长阶段，每个姿态都有令人惊艳的地方，一出场就气势逼人。同学们可以细细观察牡丹在花苞、半开、全开等不同细微状态下的变化，将其组装在蛋糕上并搭配一些飘落的花瓣点缀，会让蛋糕更具有自然风格的感觉。

若想在蛋糕上添加自然飘落的花瓣有两种做法，一种是直接在蛋糕组装完成后使用挤花袋中剩余的豆沙或豆沙霜将花嘴贴附在蛋糕上挤出片片花瓣做装饰，另外一种方法为事先在烘焙纸上挤上一些单片花瓣冰至冷冻，待冰硬后，有需要时，随时能够取出装饰。

配色

Bean Paste
韩式豆沙裱花

牡丹 全开

PEONY

牡丹 ㊎㊉

PEONY

DECORATING TIP 花嘴

底座 | #123

雌蕊 | 平口花嘴

雄蕊 | 平口花嘴

花瓣 | #123（花嘴上窄下宽）

COLOR 颜色

雌蕊色 | 橄榄绿

雄蕊色 | 橘黄色

花瓣色 | 粉色

花粉色 | 红色

步骤说明 Step Description

· 底座制作

01 用 #123 花嘴在花钉上以逆时针转、花嘴顺时针挤出直径约 2.5 厘米的圆形豆沙霜。

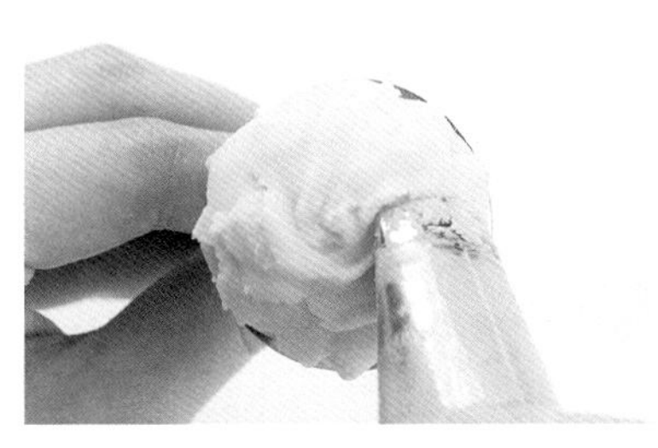

02 承步骤 1，将豆沙霜在同一位置继续向上叠加，在花钉上挤出高约 1.5 厘米的豆沙霜。

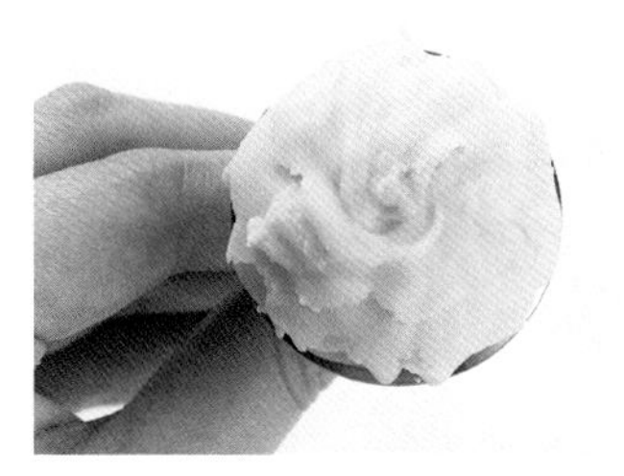

03 承步骤 2，将花嘴向底座轻压，以切断豆沙霜，即完成底座。

· 雌蕊制作

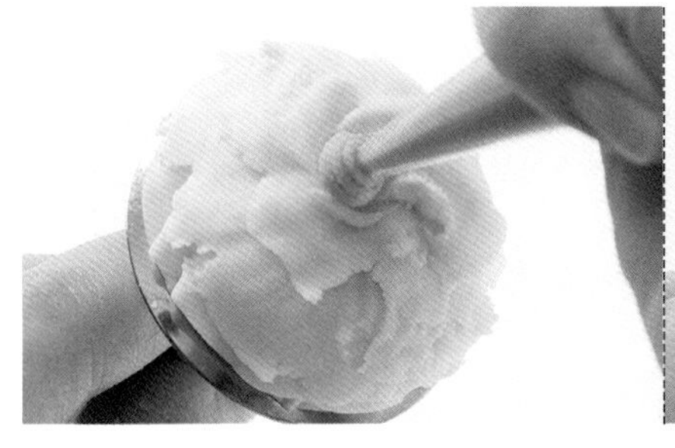

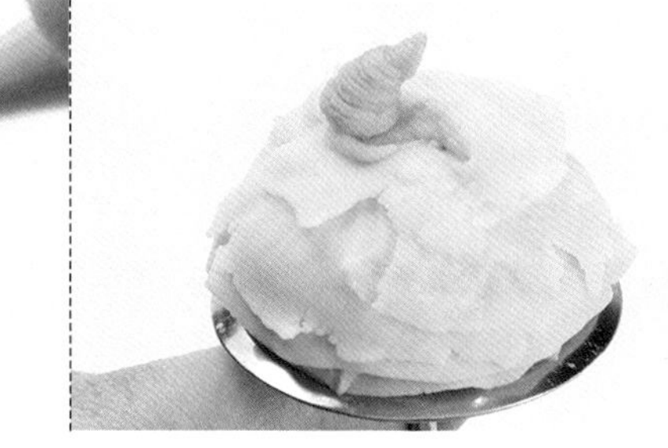

04 用平口花嘴先在底座中心挤出球状后，顺势往上拉后往内，形成胖水滴状。

05 重复步骤 4，以底座中心为基准，环状挤出胖水滴状。

06 如图，雌蕊完成。

· 雄蕊制作

07 用平口花嘴在雌蕊侧边挤出细丝状，为雄蕊。

· 花瓣制作

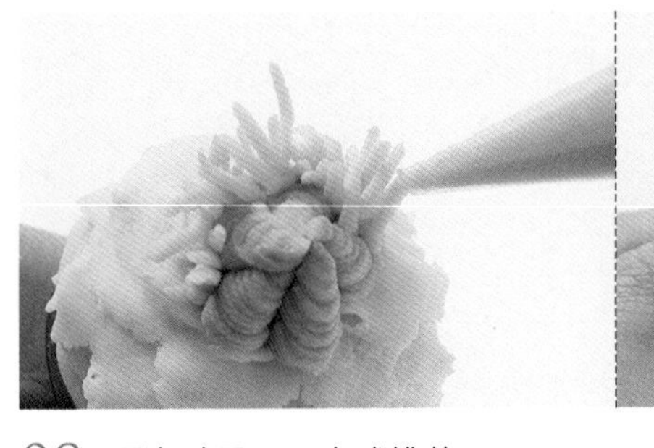

08 重复步骤 7，完成雄蕊。

09 将 #123 花嘴以 4 点钟方向垂直插入雄蕊侧边。

花瓣间须留一些空隙，以免花瓣过近而粘在一起。

10 承步骤 9，将花钉逆时针转、花嘴顺时针挤出片状小花瓣。

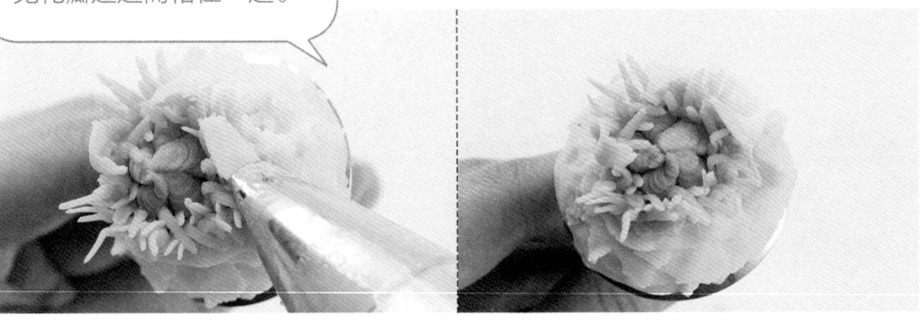

11 重复步骤 9~10，在距离第一片花瓣侧边 0.2 厘米处挤出第二片与第三片花瓣。

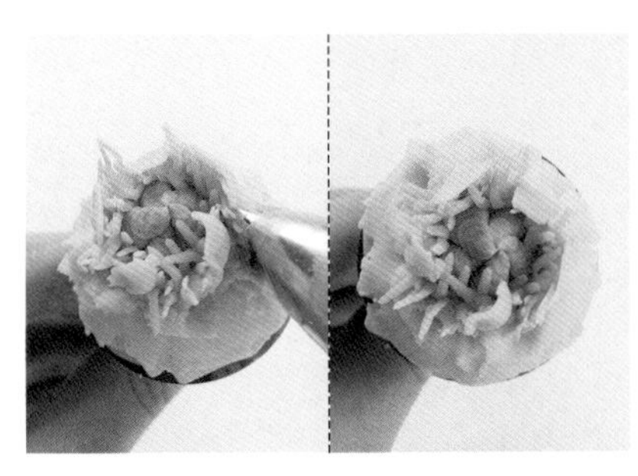

12 重复步骤 9~10，共挤出五片花瓣。

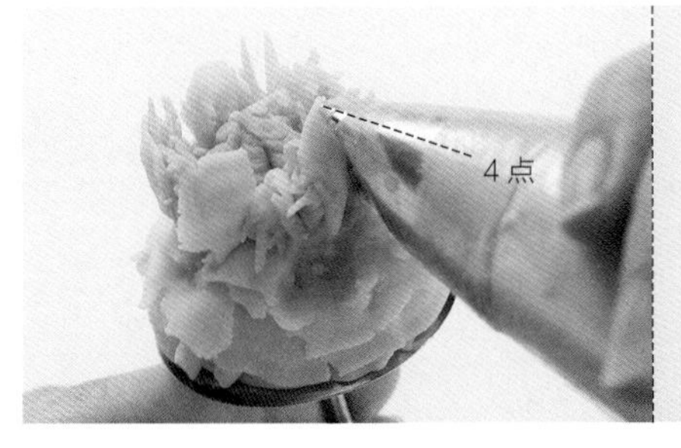

13 将花嘴以 4 点钟方向放在任一片花瓣上，由上往下重叠花瓣。

14 重复步骤 13，继续重叠 2~3 片花瓣。

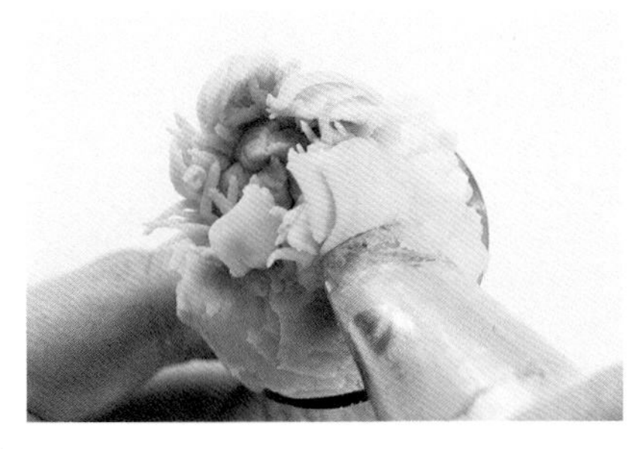

15 接着在剩下的四片花瓣上，重复步骤 13~14 叠加花瓣。

16 如图，第一层花瓣完成。

17 将花嘴插入第一层任一片花瓣空隙中。

18 承步骤17，挤出倒U形花瓣，并重复叠加相同花瓣在其后。

19 如图，第二层第一组花瓣完成。

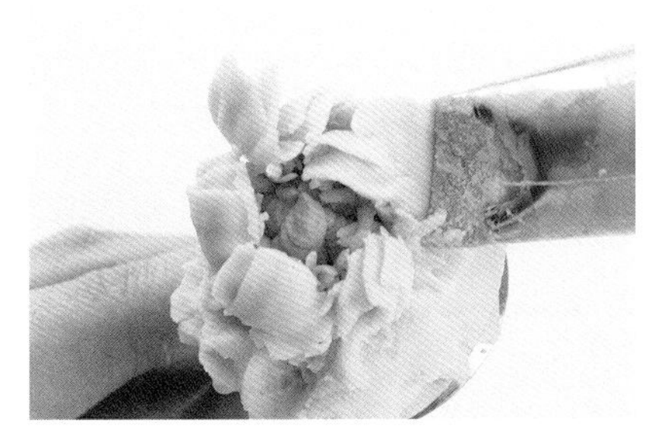

20 将花嘴插入第一层另一花瓣空隙中。

21 重复步骤18，挤出叠加的倒U形花瓣，完成第二层的第二组花瓣。

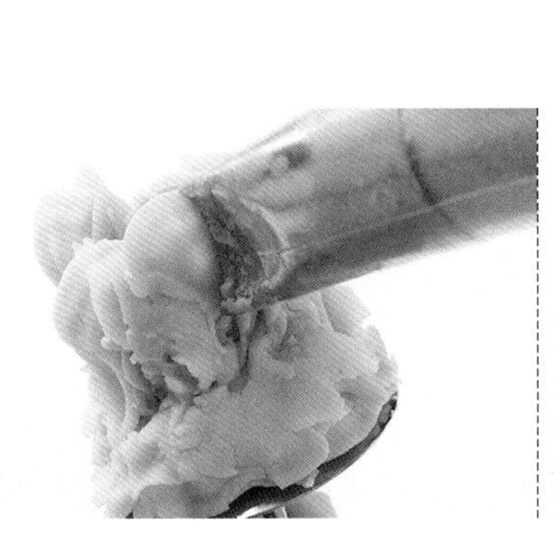

22 将花嘴插入第一层任一片花瓣空隙中，挤出倒U形花瓣后，顺势将花嘴向底座轻压，以切断豆沙霜。

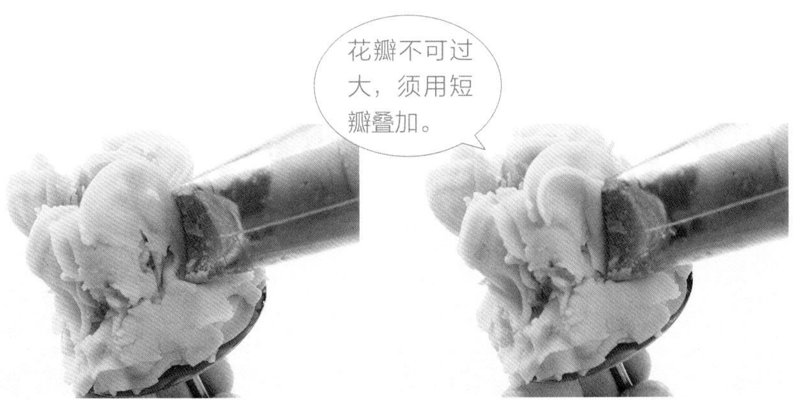

23 重复步骤22，依序叠加花瓣，完成第二层花瓣的第三组花瓣。

24 如图，第二层花瓣完成。

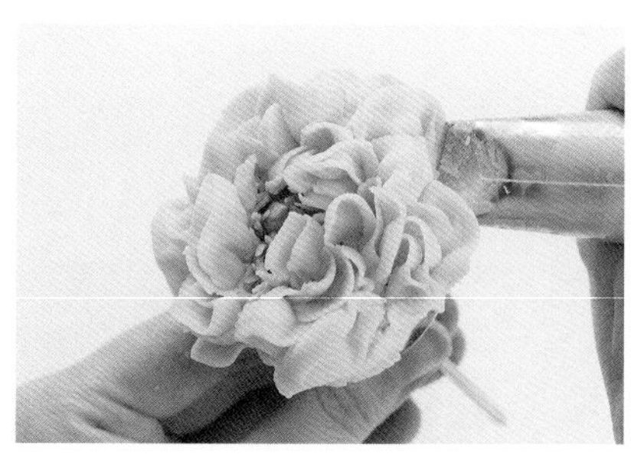

25 重复步骤 17~23，随机叠加花瓣。

26 如图，牡丹主体完成。

27 用牙签蘸取红色颜料。

28 承步骤 27，将红色颜料点在雄蕊上。

29 如图，牡丹（全开）完成。

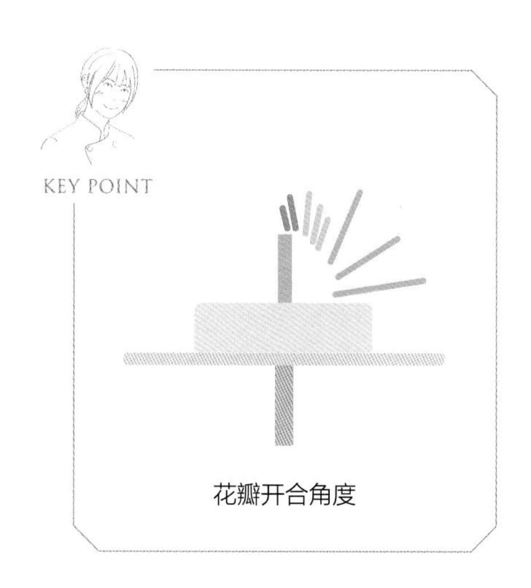

牡丹（全开）制作视频

牡丹

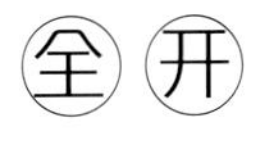

PEONY

制作说明

全开的牡丹花无疑是蛋糕上的吸睛焦点，若是以全开牡丹作为主花，这时候配角的颜色就很重要了，既不能抢了主角的风采，又要能衬托主花牡丹的美，配角须迎合主花做颜色上的选择，以图片来说，若是希望柔和一点的感觉，配花可以选择饱和度较低的杏色、白色、浅灰色等元素作同色系的变化。若是希望能够丰富一点的感觉，配花的颜色可以挑上几个对比色系做变化，例如蓝色、绿色、蓝绿色等相关色。

记得不要只专注在主花的颜色，配花一旦有所改变，整个蛋糕的风貌也会随之不同。

配色

Bean Paste
韩式豆沙裱花

—

迷你绣球花

MINI HYDRANGEA

迷你绣球花

MINI HYDRANGEA

DECORATING TIP 花嘴

底座 | 平口花嘴

花瓣 | #59S（花嘴凹面朝内）

花蕊 | 平口花嘴

COLOR 颜色

花瓣色 | 蓝绿色 深紫色

花蕊色 | 橘黄色

步骤说明 Step Description

· 底座制作

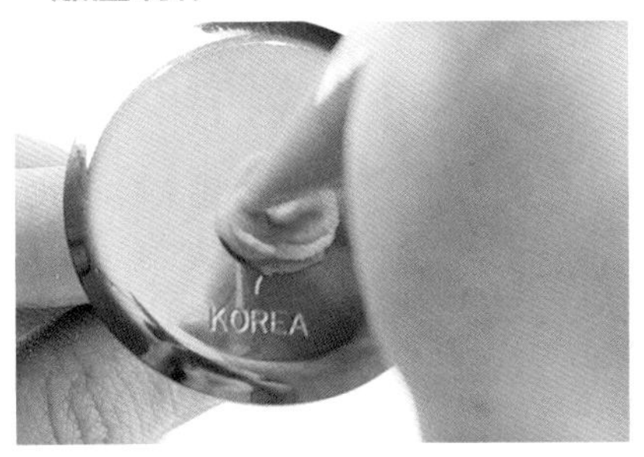

01 用平口花嘴在花钉上以绕圈方式挤出豆沙霜。

02 重复步骤 1，持续挤出豆沙霜，呈现圆形突起后，将花嘴向底座轻压，以切断豆沙霜，作为底座。

· 花瓣制作

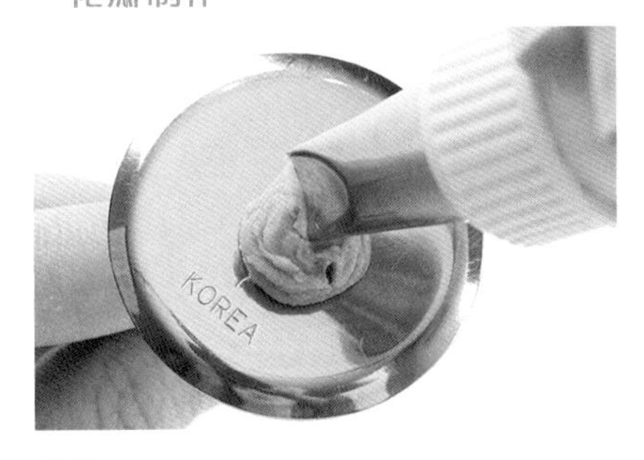

03 将 #59S 花嘴根部插入底座中心。

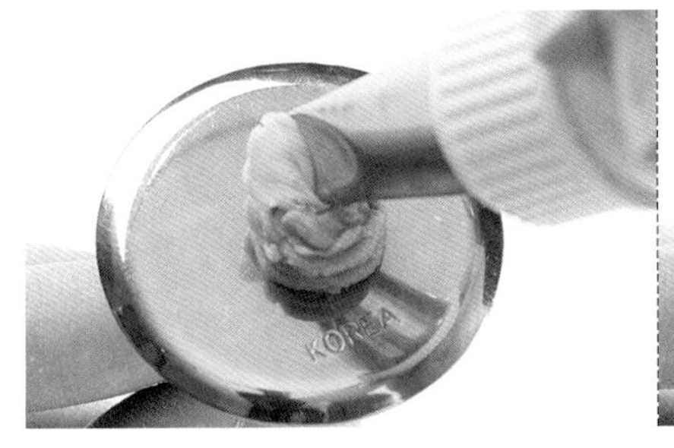

04 承步骤 3，将花嘴根部往右上角移动后，接着往右下角返回起始点制作，即完成菱形花瓣。

05 如图，第一片花瓣完成。

06 重复步骤 3~4，将花嘴插入第一片花瓣侧边，挤出第二片花瓣。

· 花蕊制作

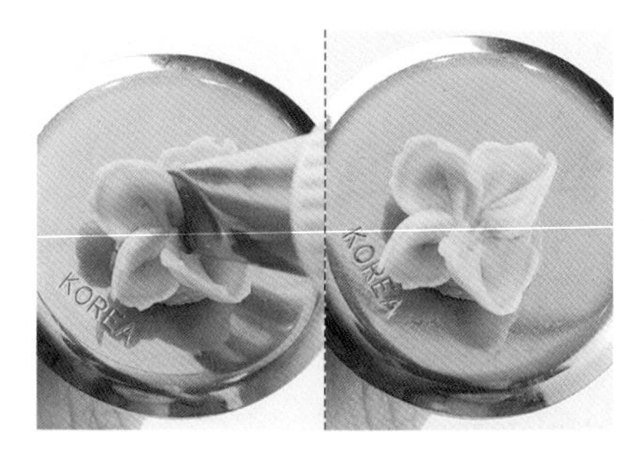

07 重复步骤3~6，完成共四片花瓣。

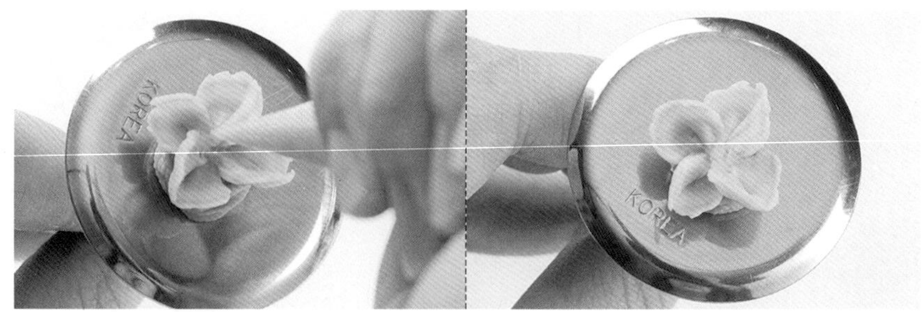

08 用平口花嘴在花朵中心挤出小球状。

09 如图，迷你绣球花完成。

花瓣开合角度

迷你绣球花制作视频

迷你绣球花

MINI HYDRANGEA

牡丹

制作说明

进阶绣球相较基础版本的不同之处在于，须掌握小花嘴的移动速度与挤压裱花袋的力道，使两者互相配合，通常易犯的错误为挤出的力道太大，导致绣球花偏离底座不成花形，另外就是挤出力道不够时，因为花瓣过于薄透，挤出的花瓣无法完整地依附在底座上，以上为初次挤花较易犯错的重点。在装饰的部分，花丛是最经典的摆放方式，一朵朵地拼在底座上后，记得在缝隙间使用#352花嘴挤上叶子，鲜活的花丛就完成了。

配色

Bean Paste
韩式豆沙裱花

—

进阶陆莲

RANUNCULUS

进阶陆莲
RANUNCULUS

DECORATING TIP 花嘴

底座｜平口花嘴
花心｜平口花嘴
内层花瓣｜#104（花嘴上窄下宽）
外层花瓣｜#125（花嘴上窄下宽）

COLOR 颜色

花心色｜橄榄绿
内层花瓣色｜橄榄绿
外层花瓣色｜粉色 深紫色
花粉色｜咖啡色

步骤说明 Step Description

· 底座制作

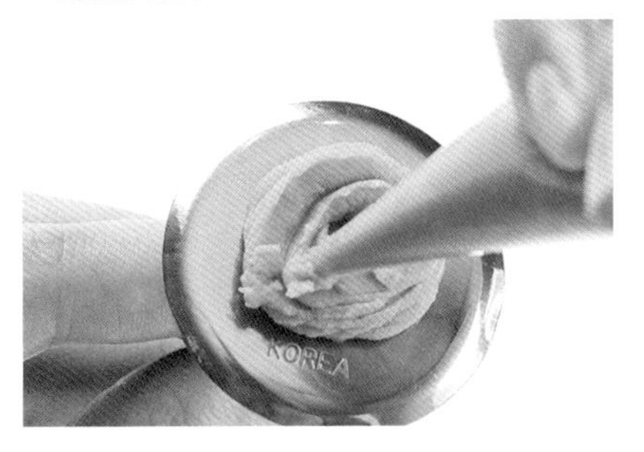

01 用平口花嘴在花钉上以绕圈方式挤出豆沙霜。

02 重复步骤 1，持续挤出豆沙霜，呈现高约 1 厘米的圆形后，将花嘴向底座轻压，以切断豆沙霜，作为底座。

· 花心制作

03 用平口花嘴在底座上以绕圈方式叠加豆沙霜，呈现小山丘后，将花嘴向底座轻压，以切断豆沙霜，即为花心。

04 先用牙签蘸取咖啡色颜料后，沾上花心周围。

05 将 #104 花嘴以 4 点钟方向插入花心侧边。

06 承步骤 5，将花钉逆时针转、花嘴顺时针绕着花心挤出豆沙霜后，将花嘴向下轻压以切断豆沙霜，即完成花心。

· 内层花瓣制作

07 使用反手姿势将 #104 花嘴由上往下方向挤出片状花瓣，即完成第一片花瓣。

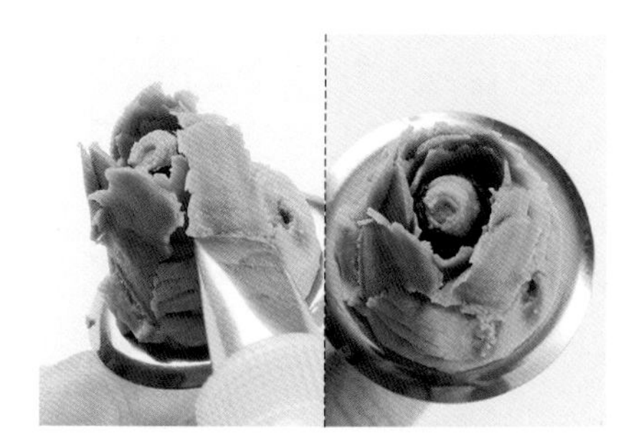

08 重复步骤 7，以花心为中心，依序挤出花瓣。

09 重复步骤 7~8，顺着第一层花瓣依序挤出花瓣并包覆花心。

10 如图，内层花瓣完成。

· 外层花瓣制作

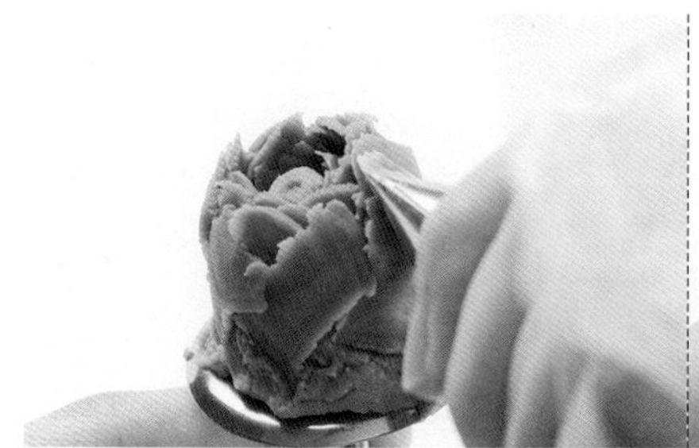

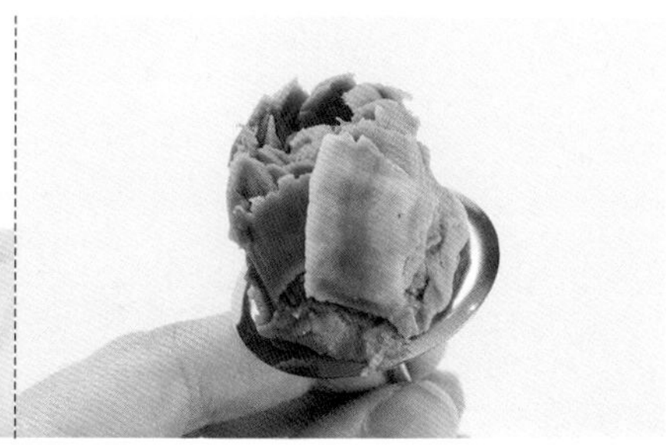

11 重复步骤 7，使用反手姿势将 #125 花嘴由上往下方向挤出片状花瓣，即完成外层第一片花瓣。

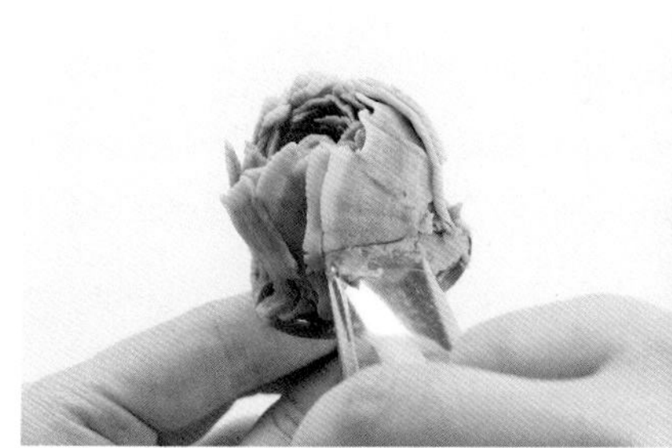

12 重复步骤 11，随机在后叠加花瓣，完成外层第一圈花瓣。

13 将花嘴插入外层第一圈花瓣侧边。

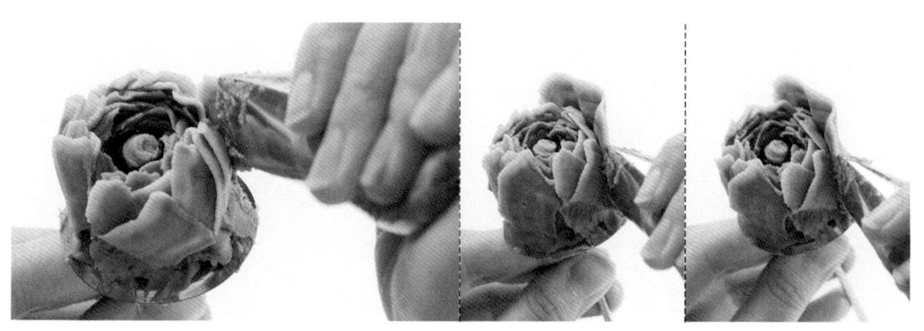

14 承步骤 13，将花钉逆时针转、花嘴顺时针制作倒 U 形花瓣，即完成第二圈第一片花瓣。

15 如图，外层第二圈第一片花瓣完成。

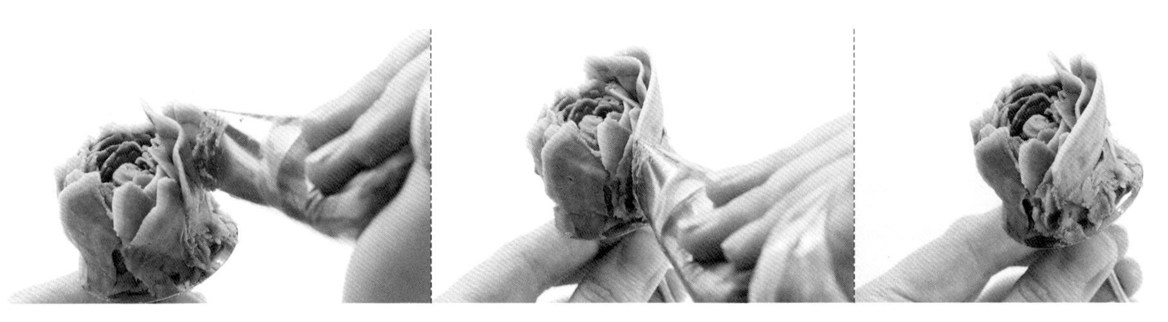

16 将花嘴插在步骤 15 的花瓣后方，叠加同样的花瓣在后方。

17 重复步骤 13~16，依序随机挤出倒 U 形花瓣，有时可制作大 U 形花瓣，有时制作小 U 形花瓣，穿插在花形中。

18 在最后结尾时，可反手使用花嘴，以由左至右的方式制作较低的倒 U 形花瓣。

19 如图，进阶陆莲完成。

花瓣开合角度

进阶陆莲制作视频

进阶陆莲

RANUNCULUS

进阶陆莲　玫瑰　桔梗

圣诞玫瑰　朝鲜蓟　木莲花

制作说明

进阶陆莲和其基础版本的不同之处在于，进阶陆莲在花瓣的裱法上更灵活一点，原本按部就班一片后接着一片的花瓣，在进阶的花朵上我们开始尝试以组为单位的制作花瓣，进阶的方法会让陆莲的花瓣更自然一点，虽然摆脱了一片接一片的方法可能会有些不习惯，但是进阶的方法可以让花朵不呆板。此次主图的配置选择了月牙造型的摆放，并选一种颜色做为主色调的变化，这种方式其实也是色彩上很好的练习，可以让我们知道颜色中如何同中求异，而非局限于只能调出一种紫色。

配色

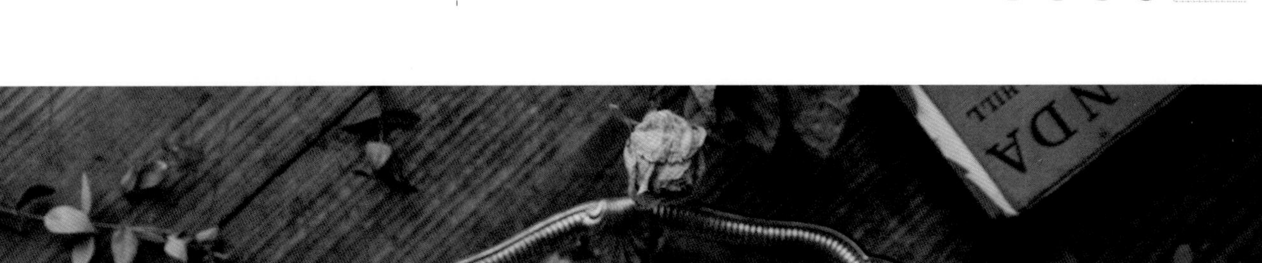

Bean Paste
韩式豆沙裱花

进阶松虫草

SCABIOSA

进阶松虫草
SCABIOSA

DECORATING TIP 花嘴

底座 | #102
花瓣 | #102（花嘴上窄下宽）
花蕊 | 平口花嘴
小花 | #13

COLOR 颜色

花瓣色 | 草绿色 白色
花蕊色 | 绿色
花药色 | 咖啡色
小花色 | 白色

步骤说明 Step Description

· 底座制作

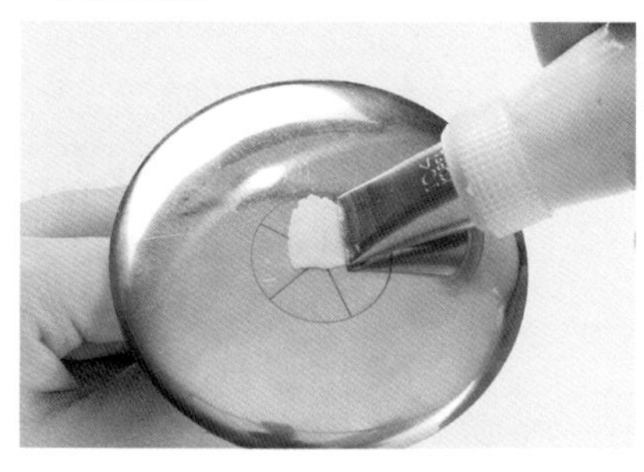

01 在花钉中心挤一点豆沙霜。

02 将方形烘焙纸放置在花钉上，并用手按压固定。

03 用 #102 花嘴在花钉上挤出直径约 1.5 厘米的圆形片状豆沙霜后，将花嘴向底座轻压，以切断豆沙霜，即完成底座。

· 花瓣制作

04 将 #102 花嘴以 12 点钟方向插入底座边缘。

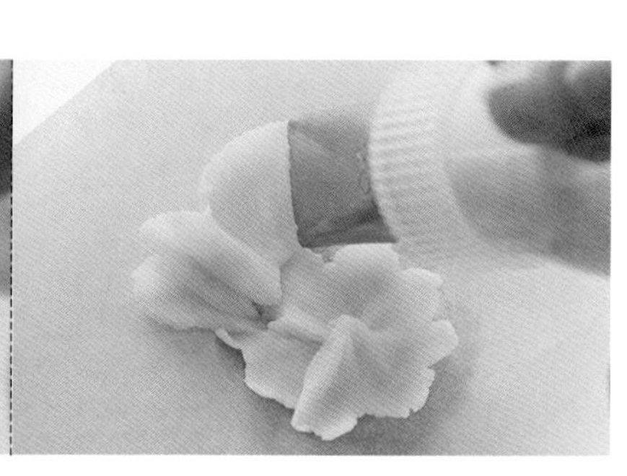

05 承步骤 4，将花钉逆时针转、花嘴顺时针向外抖动挤出波浪形片状豆沙霜。

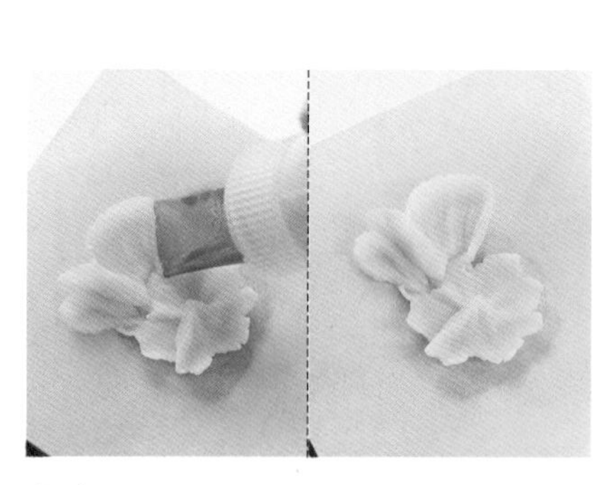

06 承步骤 5，将花嘴往底座轻靠以切断豆沙霜，即完成第一片花瓣。

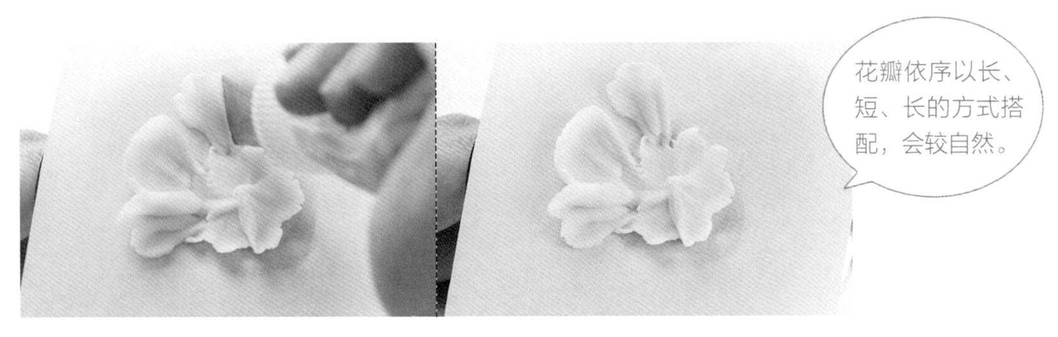

07 重复步骤 4~6，在距离第一片花瓣右侧约 0.3 厘米处挤出短波浪形，即完成第二片花瓣。

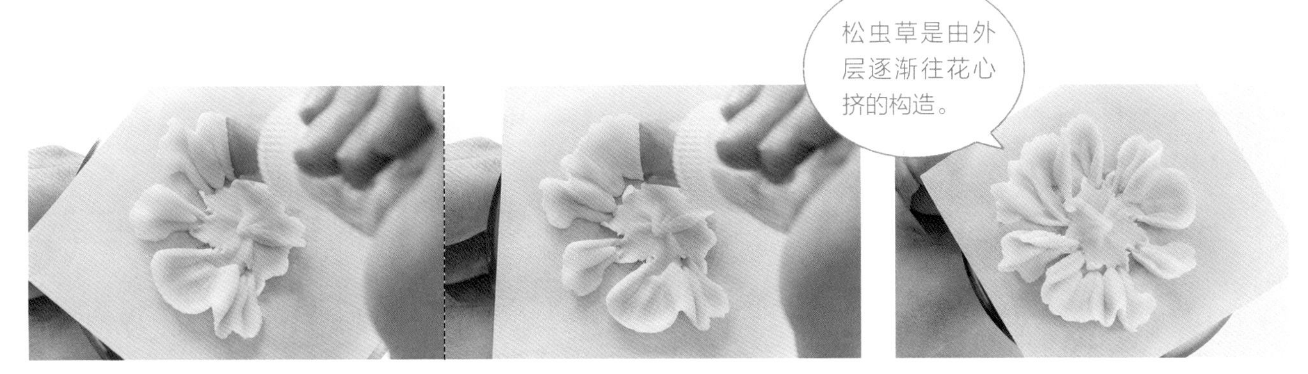

08 重复步骤 4~6，在第二片花瓣侧边挤出第三片花瓣。

09 重复步骤 4~8，完成第一层花瓣。

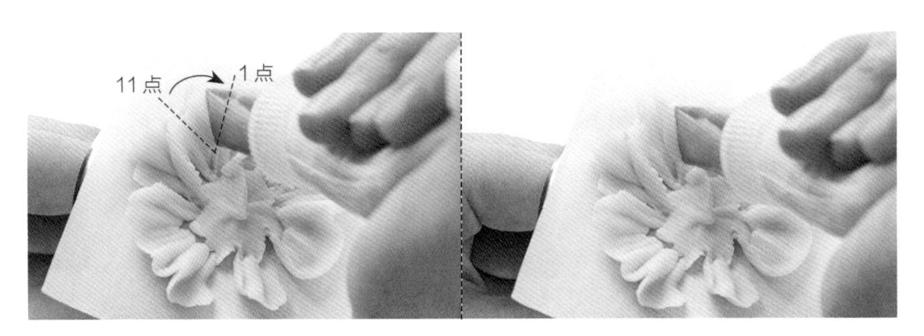

10 将花嘴以 11 点钟方向插入第一层花瓣上方后，重复步骤 4~6 挤出波浪形花瓣。

11 重复步骤 10，完成第二层花瓣。

12 重复步骤 10~11，将花嘴以 11 点钟方向插入两片花瓣间隙处后，挤出波浪形花瓣。

· 花蕊制作

13 重复步骤 12，完成第三层花瓣。

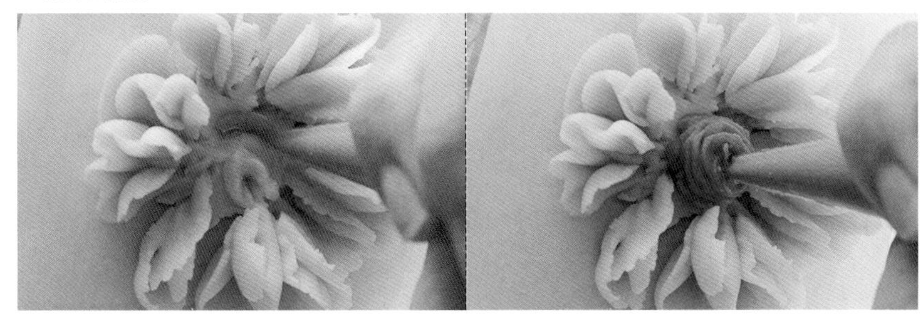

14 用平口花嘴在花瓣中心，以绕圈方式挤出豆沙霜至呈现高约 1 厘米小山丘后，将花嘴向底座轻压，以切断豆沙霜。

15 用平口花嘴在山丘形豆沙霜上挤出小球状。

16 重复步骤 15，在圆圈内挤出立体小球状，即完成花蕊。

17 用牙签蘸取咖啡色颜料，并点在花蕊上。

· 白色小花制作

18 如图，花药完成。

19 用 #13 花嘴在花蕊上挤出小球状，为白色小花。

20 重复步骤 19，沿着侧边随机挤出白色小花。

21 如图，进阶松虫草完成。

花瓣开合角度

进阶松虫草制作视频

进阶松虫草

SCABIOSA

制作说明

对于松虫草这种整体较平面的花形，可以将一朵摆在下方，上方再叠加一朵做互相交叠的摆放，如果能够做成一大朵与一小朵相互映衬，会让整体视觉更有立体感，或是在花与花的空隙之间，放上一朵点缀，既不会让蛋糕忽然有凸起的突兀感，也能够填补空隙，松虫草是非常好做此功用的花形。一旁摆上可爱的绣球花与紫罗兰等小花可以更凸显松虫草作为主花的角色，且因为松虫草飘逸而轻盈的姿态，所以很适合自然花环型这种摆放方式。

配色

Bean Paste
韩式豆沙裱花

—

奥斯丁玫瑰

AUSTIN ROSE

奥斯丁玫瑰
AUSTIN ROSE

DECORATING TIP 花嘴

底座｜ #125

花瓣｜ #125（花嘴上窄下宽）

COLOR 颜色

花瓣色｜●红色 ●深紫色 ○白色

步骤说明 Step Description

· 底座制作

01 用#125花嘴将花钉逆时针转、花嘴顺时针挤出直径约3厘米的圆形豆沙霜。

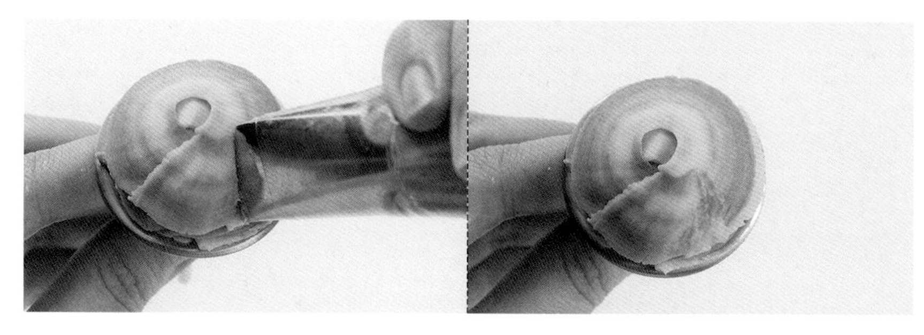

02 承步骤1，将豆沙霜在同一位置继续向上叠加，在花钉上挤出高约1.5厘米的豆沙霜，即完成底座。

· 内层花瓣制作

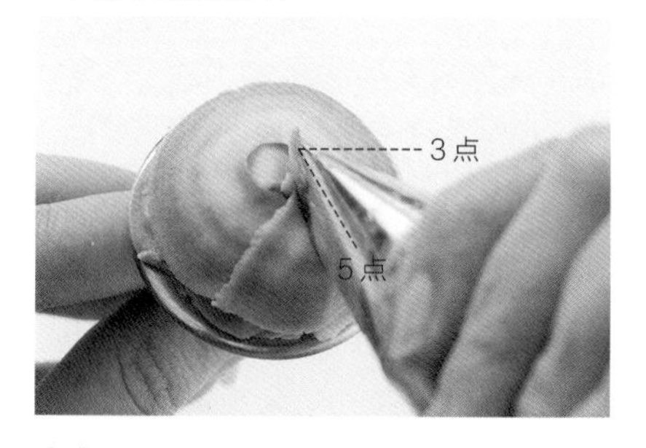

03 将#125花嘴垂直立起以5点钟方向插入底座中心。

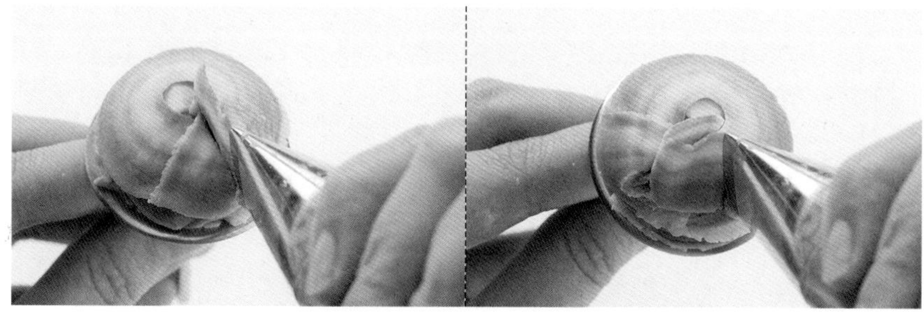

04 承步骤3，将花嘴向外拉出一片花瓣后，顺时针转动花钉，将花嘴靠上原来的起始点接合，形成封闭的U形。

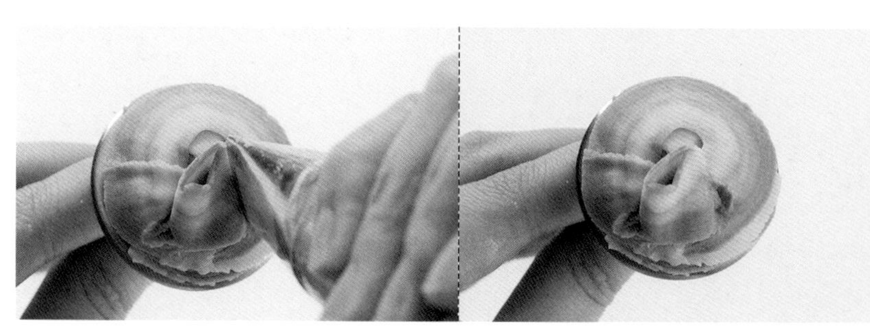

05 承步骤4，将花嘴向底座轻压，以切断豆沙霜，即完成第一片花瓣。

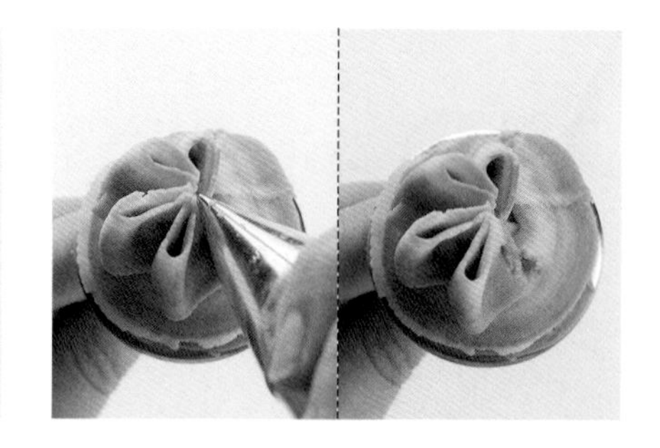

06 重复步骤3~5，继续往右完成花瓣。

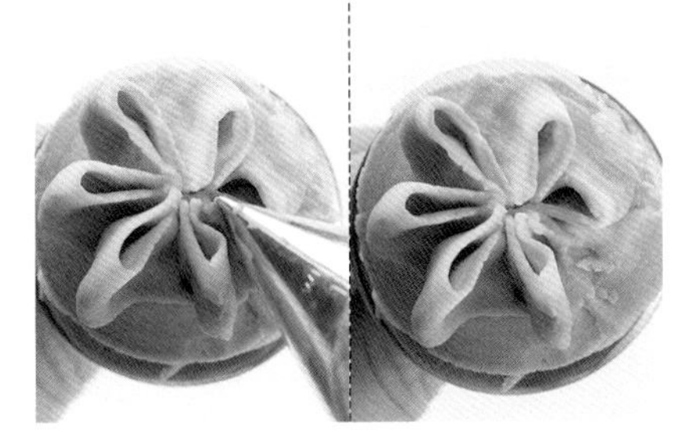

07 重复步骤 3~5，完成第一圈内侧花瓣。

08 将花嘴插入上一层其中一封闭 U 形左侧间挤出片状花瓣，接着插入此封闭 U 形右侧间挤出片状花瓣。

09 重复步骤 8，完成所有花瓣间的片状花瓣。

10 如图，第二层内侧花瓣完成。

11 接着顺时针转动花钉，花嘴逆时针在第二层花瓣外围由左至右制作较高的倒 U 形花瓣。

12 如图，第三层第一片花瓣完成。

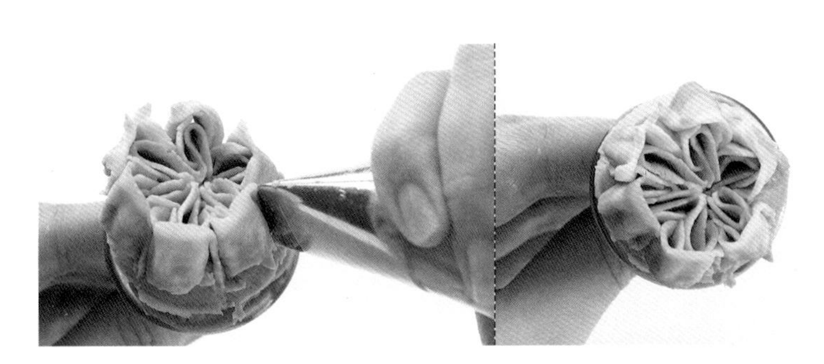

13 重复步骤 11~12，完成第三层花瓣。

· 外层花瓣制作

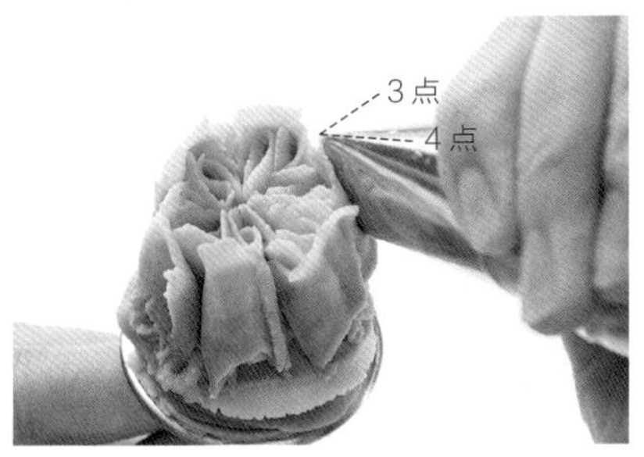

14 将花嘴以 4 点钟方向插入第三层花瓣侧边。

15　承步骤 14，将花钉逆时针转、花嘴顺时针挤出倒 U 形花瓣后，将花嘴向侧边轻压，以切断豆沙霜。

16　如图，第四层第一片花瓣完成。

17　重复步骤 15~16，依序向下堆叠花瓣。

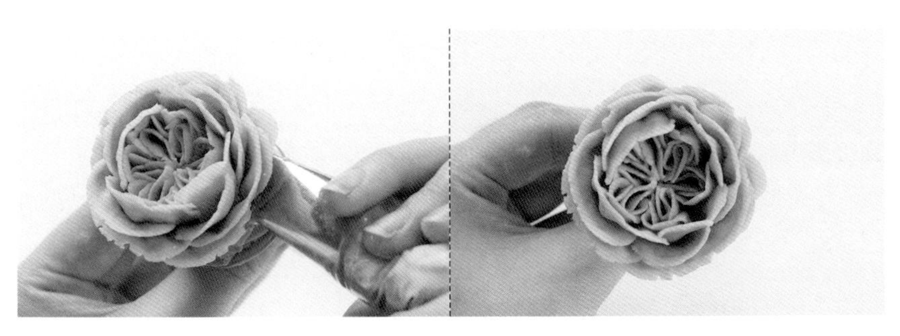

18　重复步骤 15~16，完成共五层花瓣。

19　如图，奥斯丁玫瑰完成。

奥斯丁玫瑰制作视频

奥斯丁玫瑰

AUSTIN ROSE

奥斯丁　牡丹　圣诞玫瑰

海芋　玫瑰　进阶绣球

制作说明

奥斯丁玫瑰裱花成败的关键在于中心的多层次花瓣是否能够分明，在裱花的时候须注意花嘴的角度与花钉转动时的互相搭配，若是花嘴还未挤完时花钉就提早转动，反而会增加破坏中间层次的机会。此外，裱花的力道上也须注意不要施力太强，否则整朵花容易扭曲变形而有过多的皱褶。

装饰的部分可以仔细观察花面的方向，以能够看到整体花芯为基准去做摆放，可以让奥斯丁玫瑰美丽的那一面绽放在蛋糕上。

配色

Bean Paste
韩式豆沙裱花

—

棉花

COTTON

棉花
COTTON

DECORATING TIP 花嘴

底座｜大平口花嘴
花瓣｜大平口花嘴
花萼｜#349

COLOR 颜色

花瓣色｜白色
花萼色｜咖啡色

步骤说明 Step Description

· 底座制作

01 用大平口花嘴在花钉上以绕圈方式挤出豆沙霜。

02 重复步骤 1，持续挤出豆沙霜，呈现小山丘后，将花嘴向底座轻压，以切断豆沙霜，作为底座。

· 花瓣制作

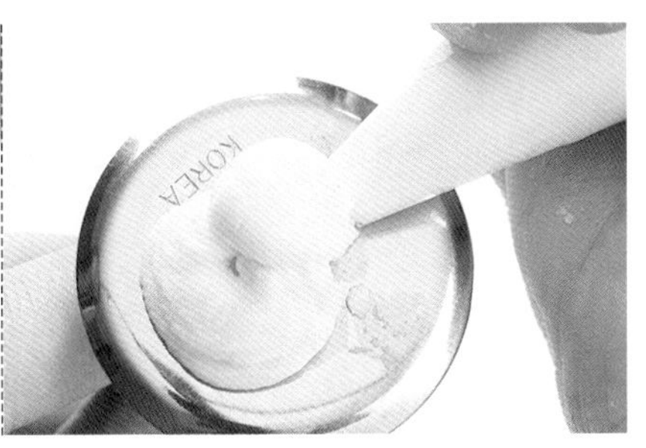

03 用大平口花嘴在底座侧边挤出球状豆沙霜。

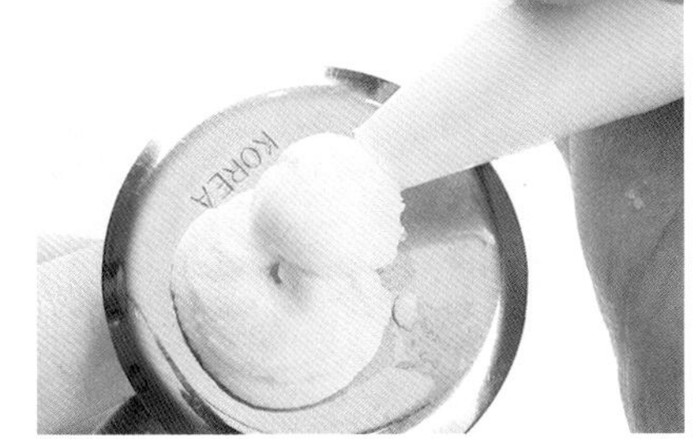

04 承步骤 3，待膨胀至适当大小后，将花嘴向下断开，即完成第一颗棉花瓣。

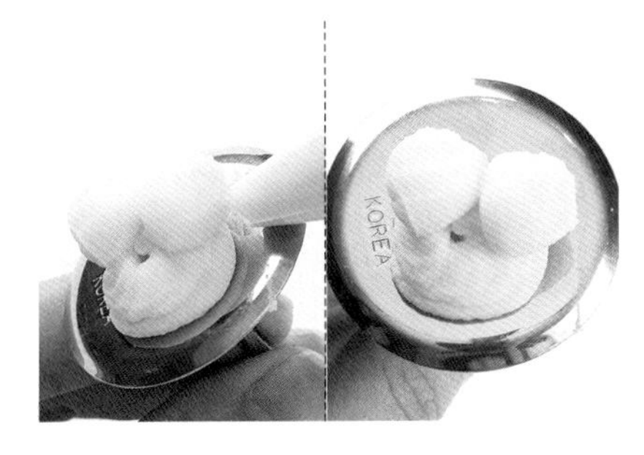

05 重复步骤 3~4，将花嘴插入第一颗花瓣侧边，挤出第二颗花瓣。

06 重复步骤 3~5，共完成五颗花瓣。

· 棉籽制作

07 将 #349 花嘴插入两颗花瓣的侧边间隙处。

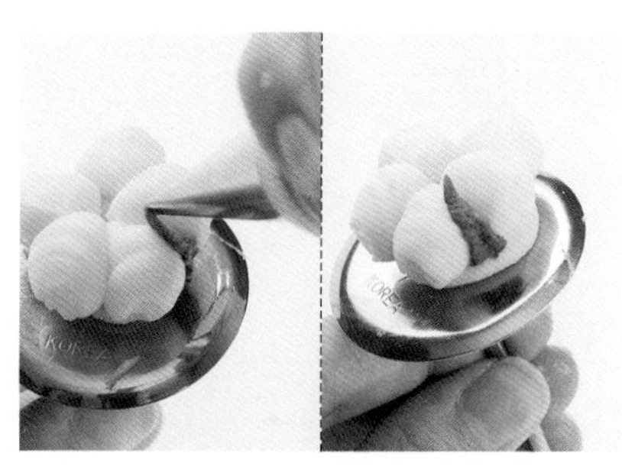

08 承步骤 7，由下往上垂直拉挤出豆沙霜至顶端处后，顺势拉断豆沙霜，即完成第一瓣花萼。

09 重复步骤 7~8，共完成五个花萼。

10 如图，棉花完成。

棉花制作视频

棉花

COTTON

棉花　圣诞红

雪果　松果

制作说明

一想到棉花，仿佛圣诞夜的画面马上浮现眼前，棉花搭配着圣诞红、松果、雪果，经典的款式永恒不变，利用白、绿、红的元素点亮整个圣诞的氛围。由于棉花是属于圆胖的形态所以在摆放时须注意不要一下子叠加的太多，尽量平均的分散开来摆放，才不会有一端特别的集中突出。如果在初学时较难掌握摆放的技巧，可以先从圣诞花环开始摆放，将圣诞红、松果、棉花等素材平均分散开来摆放后，并于花环的空隙间挤上叶子，是最好的练习。

Bean Paste
韩式豆沙裱花

松果

PINECONE

松果
PINECONE

DECORATING TIP 花嘴

底座 | #102

鳞片 | #102（花嘴上窄下宽）

COLOR 颜色

鳞片色 | ●咖啡色 ●黑色

步骤说明 Step Description

• 底座制作

01 用 #102 花嘴将花钉逆时针转、花嘴顺时针挤出直径约 1.5 厘米的圆形片状豆沙霜，作为底座。

02 如图，底座完成。

• 鳞片制作

03 将 #102 花嘴以 11 点钟方向插入底座中心。

04 承步骤 3，将花钉逆时针转、花嘴顺时针挤出倒 U 形短瓣，即完成第一片鳞片。

05 重复步骤 4，将花嘴放置上一片右侧，依序挤出鳞片。

06 如图，第一层鳞片完成。

07 用 #102 花嘴在正中心挤上高约 0.5 厘米的豆沙霜，作为第二层鳞片的底座。

08 将 #102 花嘴插入底座中心，并在相同的位置挤出第二层第一片鳞片。

09 重复步骤 4~6，完成第二层鳞片。

10 重复步骤 7~9，继续往上叠加，为第三层鳞片。

11 重复步骤 7~9，继续往上完成第四层鳞片。

12 最后尖端收尾时，将顶端随意填入鳞片即可。

13 如图，松果完成。

花瓣开合角度

松果制作视频

松果

PINECONE

制作说明

一想到松果，在大家脑海中马上唤起了圣诞节的气氛，红色的圣诞红搭配松果、棉花等点缀，让过节的感觉很浓厚，也是一道经典圣诞蛋糕款式。而主图的示范蛋糕我想稍微跳出一般的框架，来点不一样的圣诞氛围，结合咖啡、杏色、暗橘色、白色等木质色调，是否让圣诞的风味变得不一样了呢？

正因为松果这种木质感的配色沉稳，所以能够跟不同的色系搭配，所以不管是红色圣诞、木质感圣诞、蓝色圣诞、白色圣诞风，都能驾驭自如。

配色

Bean Paste
韩式豆沙裱花

—

洋桔梗

LISIANTHUS

洋桔梗

LISIANTHUS

DECORATING TIP 花嘴

底座｜ #125

花蕊｜平口花嘴

花瓣｜ #125（花嘴上窄下宽）

COLOR 颜色

花蕊色｜金黄色

花瓣色｜浅紫色　白色

步骤说明 Step Description

· 底座制作

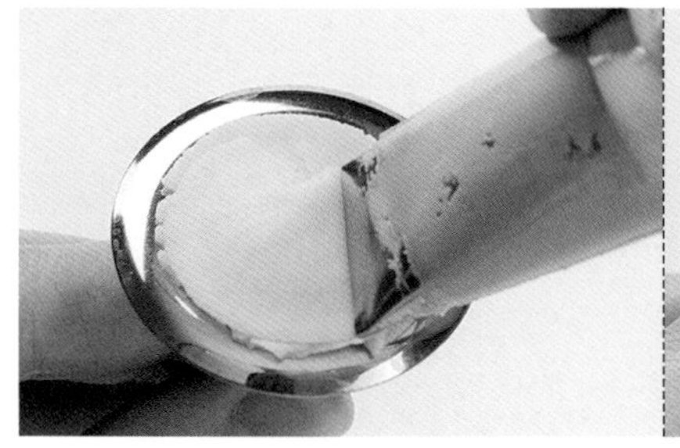

01 用 #125 花嘴将花钉逆时针转、花嘴顺时针挤出直径约 1.5 厘米的圆形豆沙霜。

02 承步骤 1，将豆沙霜在同一位置继续向上叠加至少三层以上厚度，作为底座。

· 花蕊制作

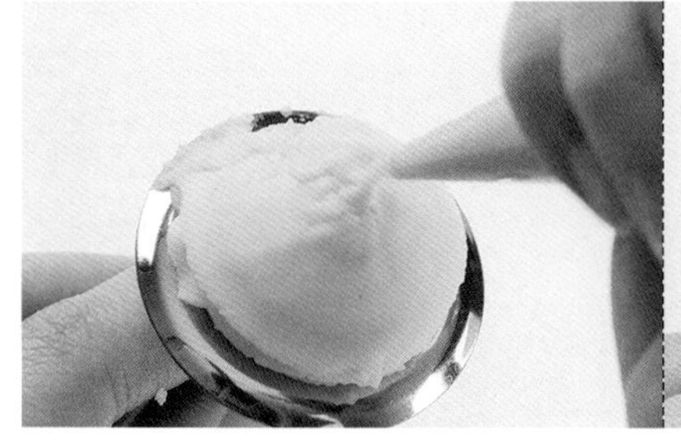

03 用平口花嘴在底座中心挤出长条状，为花蕊。

04 重复步骤 3，依序在底座中心堆叠并挤出花蕊。

05 如图，花蕊完成。

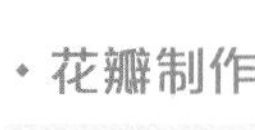

· 花瓣制作

06 将 #125 花嘴以 4 点钟方向插入花蕊侧边。

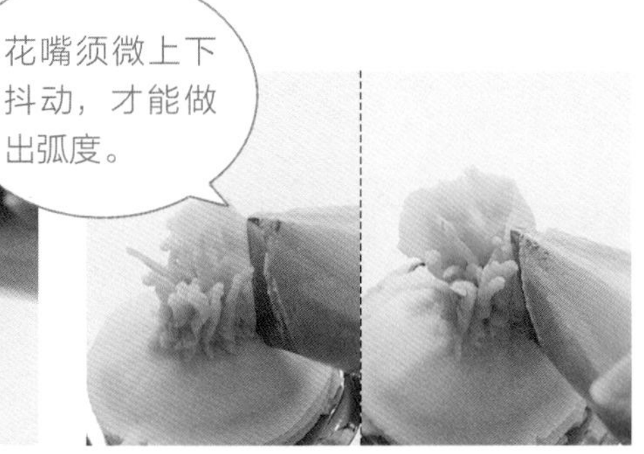

07 承步骤 6，将花钉逆时针转、花嘴顺时针并上下摆动，挤出波浪形花瓣后，将花嘴向底座轻压以切断豆沙霜。

08 如图，第一片花瓣完成。

09 重复步骤 6~7，将花嘴直立插入底座中，随机制作花瓣。

10 如图，第一层花瓣完成。

11 重复步骤 6~7，继续制作波浪形花瓣，可随机变化花瓣的大小，会使花形更自然些。

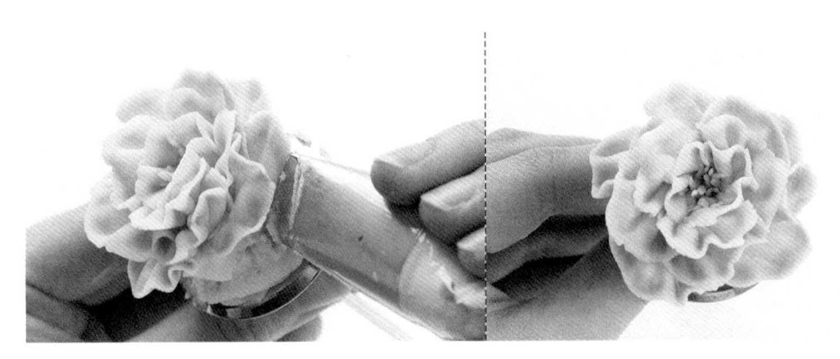

12 结尾时，可稍微倾倒花嘴，以制作盛开感的花瓣。

13 如图，洋桔梗完成。

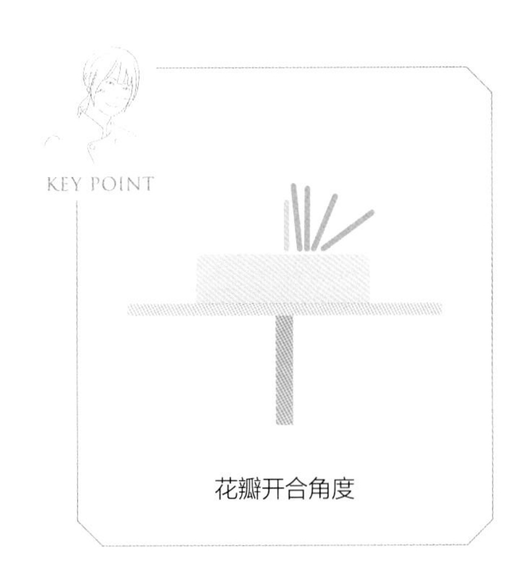

洋桔梗制作视频

洋桔梗

LISIANTHUS

桔梗　木莲花　五瓣花

制作说明

制作白色系的蛋糕有时候不比颜色丰富的蛋糕简单，缺少了颜色的包装，花朵本身的细致度要够才能带出蛋糕的美感，此时建议可以挑选一些带有花蕊的花形作点缀，让整个摆放的重点有细节而不会是一坨白色的色块。白色在色彩学来说属于中性色，不会受其他色系影响，所以配花的部分看个人想要浓或淡都可以。

制作白色系蛋糕的另一个重点是叶子，如主图所示，叶子可以在颜色上做一些变化，例如使用不同的绿色点缀，由浅到深的变化也能让蛋糕美感提升。

配色

Bean Paste
韩式豆沙裱花

郁金香

TULIP

郁金香

TULIP

DECORATING TIP 花嘴

底座 | #120

花瓣 | #120（花嘴上宽下窄）

COLOR 颜色

花瓣色 | 金黄色 红色 白色

步骤说明 Step Description

· 底座制作

01 用 #120 花嘴在花钉上挤出长约 2 厘米长条形的豆沙霜。

02 承步骤 1，将豆沙霜在同一位置继续向上叠加成山丘形后，将花嘴往底座轻靠，以切断豆沙霜。

03 如图，底座完成。

· 花瓣制作

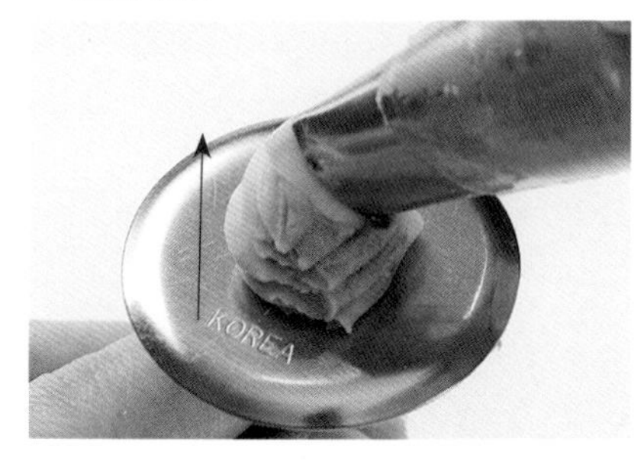

04 将 #120 花嘴上半部往左倾斜，由底座的上 1/3 处开始，由下往上制作菱形花瓣。

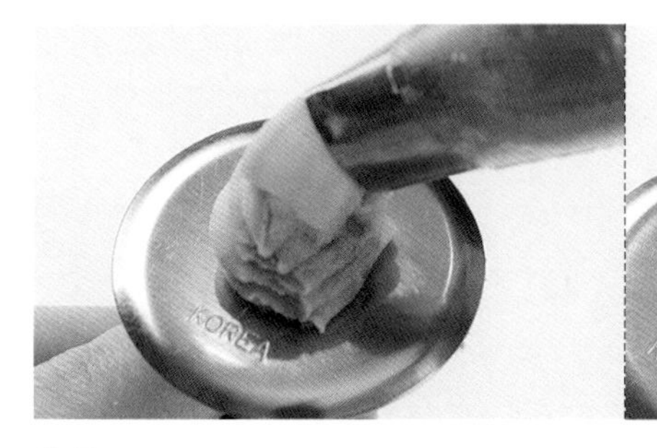

05 承步骤 4，将花嘴往右上挤出菱形豆沙霜后，将花嘴向上移动以切断豆沙霜，即完成第一片花瓣。

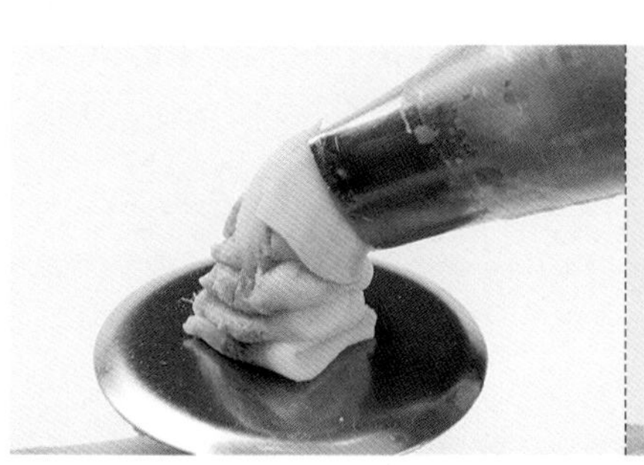

06 重复步骤 5，将花嘴插入第一片花瓣右侧，挤出第二片花瓣。

07 重复步骤 5~6，挤出第三片花瓣，须包住上方底座。

08 如图，第一层花瓣完成。

09 将#120 花嘴上半部往左倾斜，从底座侧边由下往上制作菱形花瓣。

10 承步骤 9，将花嘴往右上挤出菱形豆沙霜后，将花嘴靠上花朵以切断豆沙霜，即完成第二层第一片花瓣。

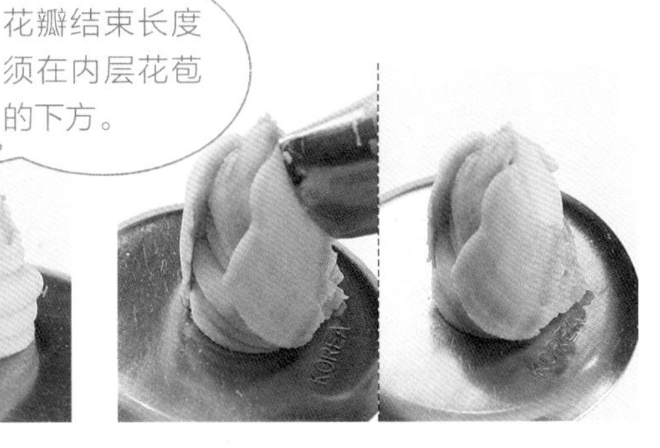

11 重复步骤 9~10，将花钉转至另一侧花瓣中间，挤出第二片花瓣。

12 重复步骤 9~11，挤出第三片花瓣，呈三角状结构。

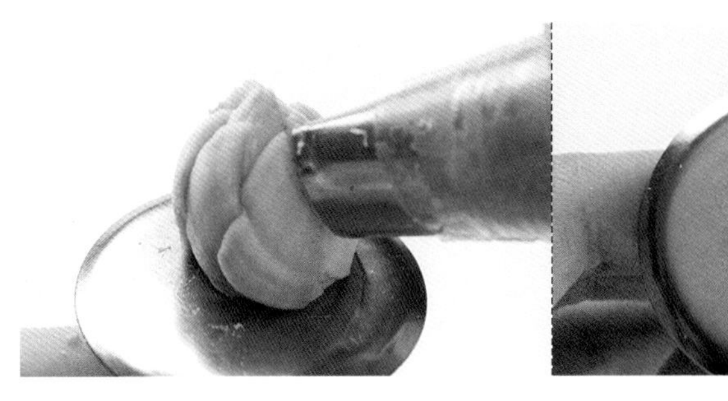

13 重复步骤 9~10，依序在上一层花瓣中间分别制作三片花瓣。

14 如图，郁金香完成。

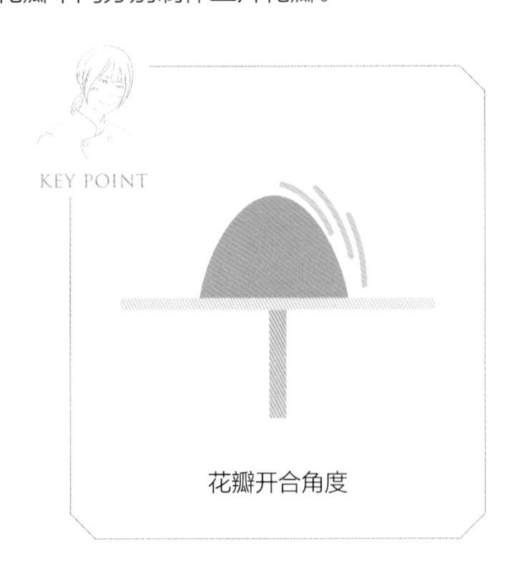

花瓣开合角度

郁金香制作视频

郁金香

TULIP

制作说明

郁金香立体而优雅的形态很适合在各种不同的蛋糕造型中呈现，不管是单朵或是多朵，在捧花的一隅摆上郁金香，会让整个氛围跟着高雅了起来。在制作郁金香时虽然步骤跟瓣数较一般花形少，但是也正因为如此，反而使新手在裱花时容易暴露缺点，须注意右手在制作花瓣时，移动的速度要与挤花的力道互相配合，否则容易使得花瓣产生不必要的皱褶，也切忌右手勿移动的过快而导致花瓣的边缘产生不规则的缺口。

配色

朝鲜蓟

ARTICHOKE

朝鲜蓟
ARTICHOKE

DECORATING TIP 花嘴

底座 | #60
鳞片 | #60（花嘴上宽下窄）

COLOR 颜色

鳞片色 | ●咖啡色 ●绿色

步骤说明 Step Description

· 底座制作

01 用 #60 花嘴在花钉上挤出豆沙霜。

02 承步骤 1，将豆沙霜在同一位置继续向上叠加，在花钉上挤出高约 1.5 厘米的豆沙霜。

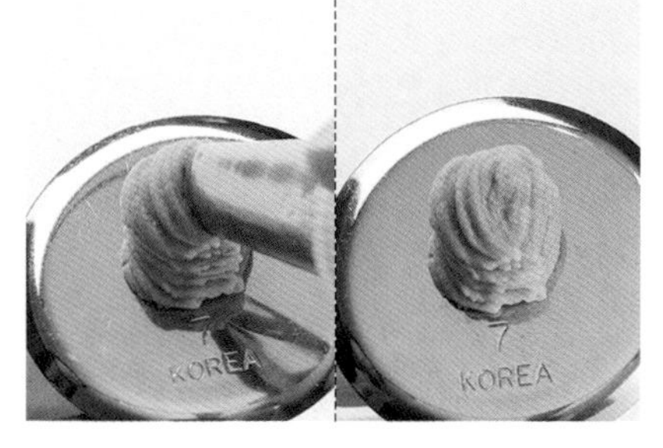

03 承步骤 2，将花嘴向底座轻压，以切断豆沙霜，即完成底座。

· 鳞片制作

04 将 #60 花嘴上半部往左倾斜，由底座的上 1/3 处开始，由下往上制作菱形花瓣。

05 承步骤 4，将花嘴向上移动靠上尖端以切断豆沙霜，即完成第一片鳞片。

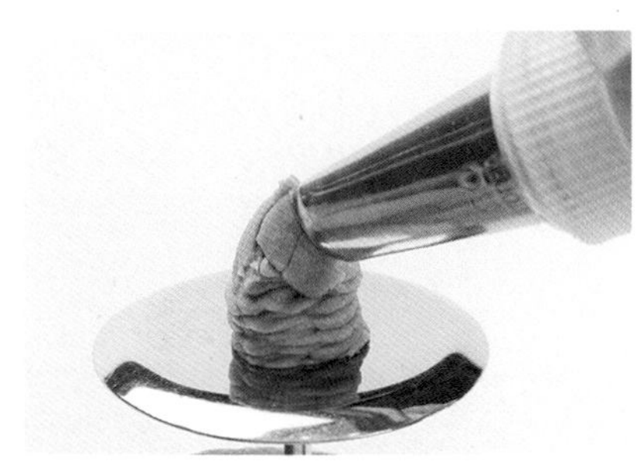

06 重复步骤 5，将花嘴插入第一片鳞片右侧，挤出第二片鳞片。

07 重复步骤 4~6，共完成三片鳞片（须包覆住底座尖端），为第一层鳞片。

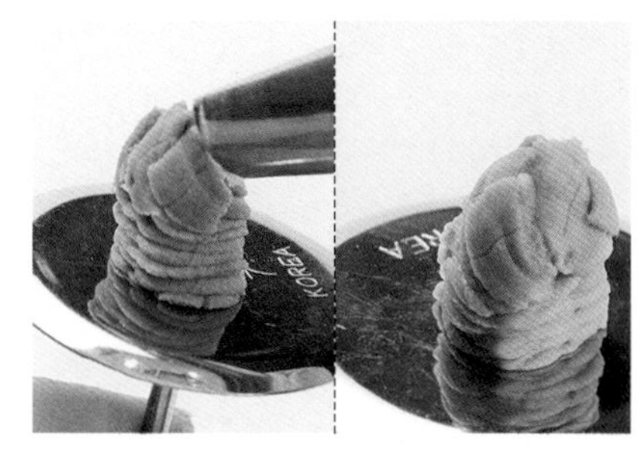

08 将花嘴往左斜插入比上一层低一点的区域，以下往上的方向在两瓣间制作第二层第一片鳞片。

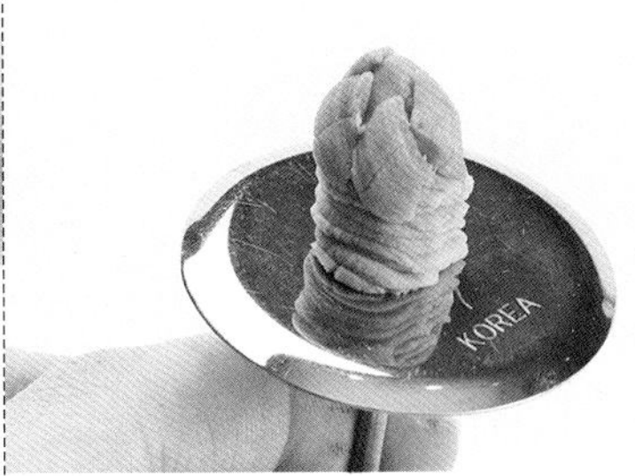

09 重复步骤 8，完成第二层共三片鳞片。

10 重复步骤 8~10，继续向下依序挤出鳞片。

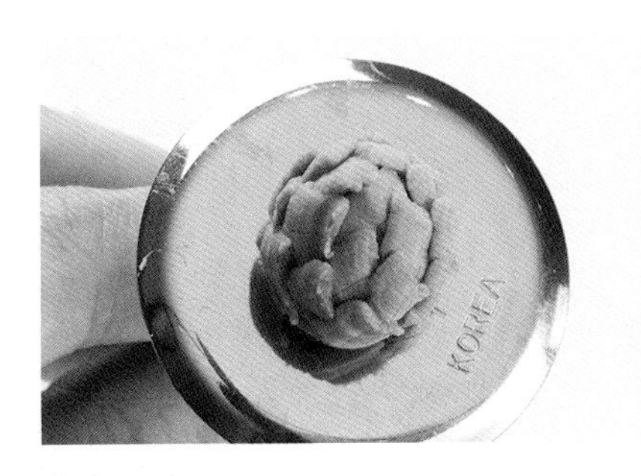

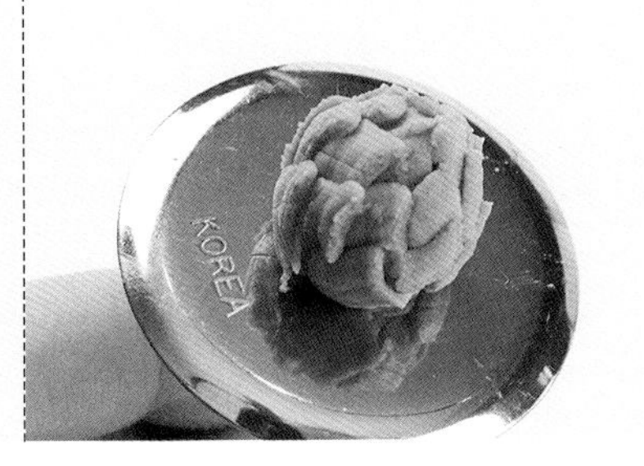

11 如图，共完成四层鳞片。

12 如图，朝鲜蓟完成。

花瓣开合角度

朝鲜蓟制作视频

朝鲜蓟

ARTICHOKE

制作说明

朝鲜蓟和松果一样是属于果实类的形态，在制作裱花蛋糕时摆上一两颗朝鲜蓟，可以让满是花朵的蛋糕增添可爱的氛围。关于朝鲜蓟的颜色表现，一般以绿色为主色调呈现，也可以在绿色中添加一点红色或者是咖啡色，让整颗朝鲜蓟更有层次。

在摆放的部分，朝鲜蓟主要以群聚式的摆放居多，两颗或三颗为一丛，有时也可在一丛朝鲜蓟旁单放一颗拉出距离感也很不错。而由于朝鲜蓟侧边的鳞片明显，所以不管是侧倒着放置，或是直立的摆放，都能够呈现出不错的立体效果。

配色

Bean Paste
韩式豆沙裱花

羊耳叶

LAMB'S EAR

羊耳叶

LAMB'S EAR

DECORATING TIP 花嘴

底座 | #125

叶子 | #125（花嘴上窄下宽）

COLOR 颜色

叶子色 | ●咖啡色 ●橄榄绿

步骤说明 Step Description

• 底座制作

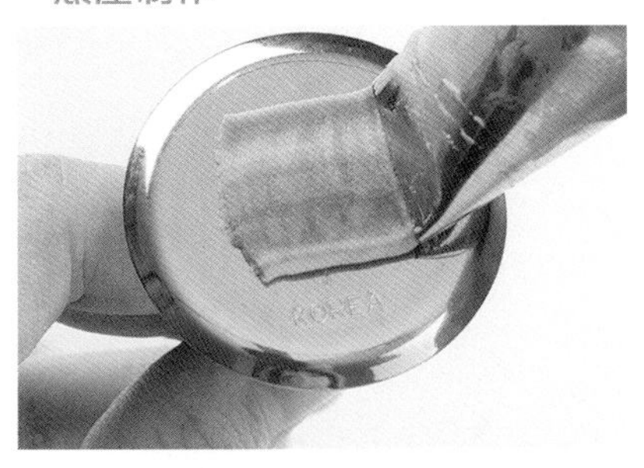

01 用 #125 花嘴在花钉上挤出长约 2 厘米长条形的豆沙霜后，将花嘴轻靠花钉，以切断豆沙霜。

02 承步骤 1，将豆沙霜在同一位置继续向上叠加，在花钉上挤出长约 2 厘米 × 高 0.5 厘米的豆沙霜，作为底座。

• 叶子制作

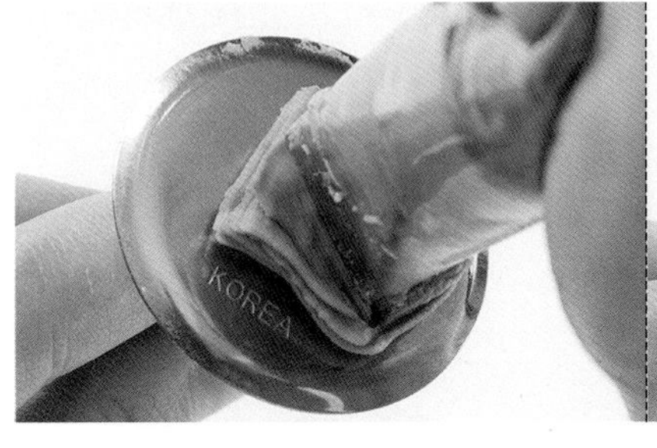

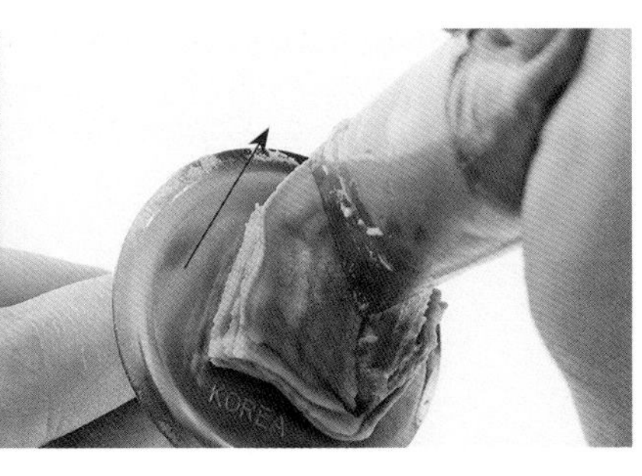

在挤时适时上下摆动会自然产生皱褶。

03 将 #125 花嘴以 11 点钟方向插入底座中心，并向右上挤出片状豆沙霜。

04 承步骤 3，接着往右下角方向挤出片状豆沙霜，并将花嘴向底座轻压，以切断豆沙霜。

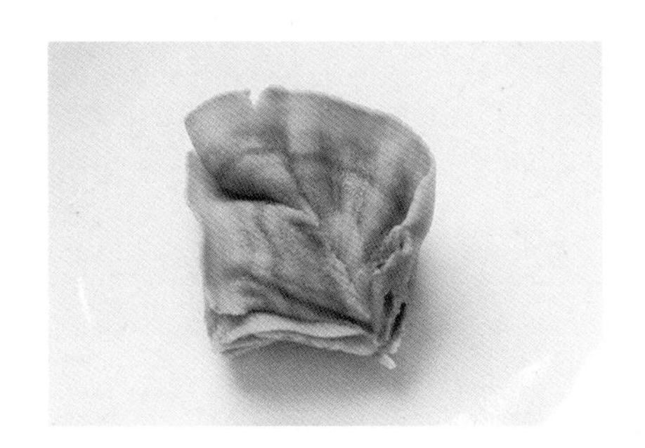

05 如图，羊耳叶完成。

羊耳叶制作视频

羊耳叶

LAMB'S EAR

羊耳叶 木莲花 圣诞玫瑰 绣球花

制作说明

羊耳叶的立体感非常好，可以作为主角进行飘落式的花环摆放，好似微风吹拂一般飞扬。在蛋糕组装中，如果可以搭配#352花嘴挤出的叶子与羊耳叶一起衬托花朵，这两种不同叶子的挤法能够让蛋糕整体的视觉层次更丰富一些，不要小看叶子的魅力。随着叶子的脉络、颜色、大小、方向等不同，能够让你的花朵更拟真、更加分。

图片中示范的花环风格非常受到小清新爱好者的欢迎，有时候，花朵不必多，蛋糕上的空隙不用太满，淡淡的仙女风格也很隽永耐看。

配色

Bean Paste
韩式豆沙裱花

—

紫罗兰

STOCK FLOWER

紫罗兰
STOCK FLOWER

DECORATING TIP 花嘴

底座 | 平口花嘴

花瓣 | #59S（花嘴凹面朝内）

COLOR 颜色

花瓣色 | 白色

步骤说明 Step Description

· 底座制作

01 用平口花嘴在花钉上以绕圈方式挤出豆沙霜。

02 重复步骤 1，持续挤出豆沙霜，呈现小山丘后，将花嘴向底座轻压，以切断豆沙霜。

03 如图，底座完成。

· 花瓣制作

04 将 #59S 花嘴以 11 点钟方向插入底座中心。

05 承步骤 4，将花钉逆时针转、花嘴顺时针挤出扇形片状。

06 承步骤 5，将花嘴往底座轻压以切断豆沙霜，即完成第一片花瓣。

07 重复步骤 4~6，将花嘴插入距离第一片花瓣右侧挤出第二片花瓣。

08 重复步骤 4~6，共完成五片花瓣。

09 如图，第一层花瓣完成。

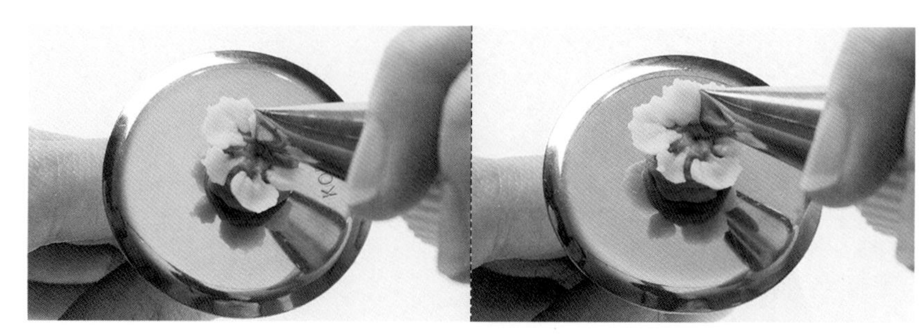

10 将花嘴往内靠以 11 点钟方向插入前层花瓣中间，并将花钉逆时针转、花嘴顺时针挤出扇形片状。

11 承步骤 10，将花嘴往底座轻压以切断豆沙霜，即完成第二层第一片花瓣。

12 重复步骤 10~11，完成共三或四片花瓣。

13 如图，第二层花瓣完成。

14 将花嘴直立插入前层花瓣中心，由下往上挤出往内包覆的花瓣。

15 重复步骤 14，在小花瓣对侧挤出另一瓣，形成包覆貌。

16 如图，紫罗兰完成。

花瓣开合角度

紫罗兰制作视频

紫罗兰

STOCK FLOWER

进阶陆莲

郁金香

牡丹花

紫罗兰

制作说明

捧花蛋糕的摆放方式拥有大器而华丽的外表，在求婚、婚礼等各种重要场合非常适合。如同手捧花的方式，让正中心有一个焦点，花朵的角度呈现放射状往外的方向摆放，并须注意在组装花朵的时候，依照每种花朵的大小来维持半圆球形的弧度。

在花形的选择上会挑选3种左右的大花为主角，去统整整个视觉上的重点，才不至于因为花的朵数过多而杂乱无章，并以大花作为中间主视觉摆放，最后以小花与叶子来点缀之间的空隙，才不会让整体视觉显得笨重，这是捧花造型非常需要注意的一点。

配色

Bean Paste
韩式豆沙裱花

—

圣诞红

POINSETTIA

圣诞红

POINSETTIA

DECORATING TIP 花嘴

底座｜ #352

花瓣｜ #352

花蕊｜平口花嘴

COLOR 颜色

花瓣色｜●红色 ●咖啡色

花蕊色｜●橘黄色

步骤说明 Step Description

· 底座制作

01 用 #352 花嘴在花钉上以逆时针转、花嘴顺时针挤出直径约 2.5 厘米的圆形豆沙霜后，将花嘴向底座轻压，以切断豆沙霜。

02 如图，底座完成。

· 花瓣制作

03 将 #352 花嘴以 2 点钟方向插入底座中心后，向外挤出倒三角豆沙霜，结尾处顺势将花嘴往外拉起，形成三角形。

04 如图，第一片花瓣完成。

05 重复步骤 3~4，共完成四片花瓣。

06 重复步骤 3~4，在前层两片花瓣间，挤出第二层第一片花瓣。

07 重复步骤 6，共完成四片花瓣。

· 花蕊制作

08 如图，第二层花瓣完成。

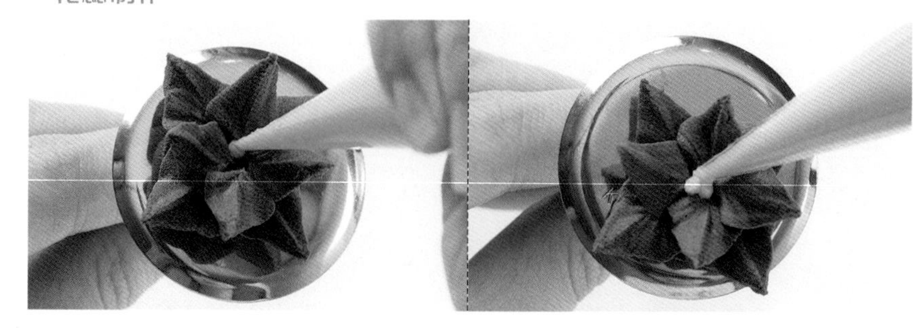

09 用平口花嘴在花朵中心挤出小球状，即完成花蕊。

10 如图，圣诞红完成。

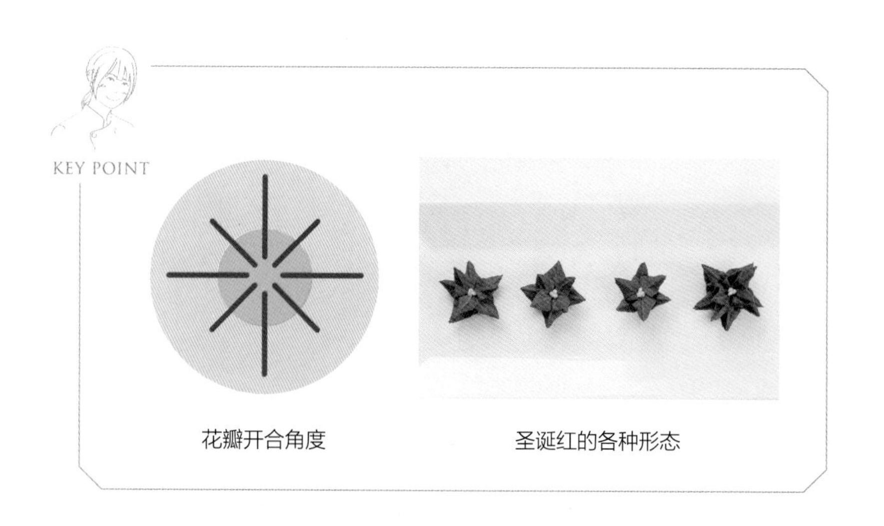

花瓣开合角度

圣诞红的各种形态

圣诞红制作视频

圣诞红

POINSETTIA

圣诞红　桔梗

松果　棉花

制作说明

相信大家对圣诞红并不陌生，顾名思义相信是圣诞节大家用来妆点的素材之一，圣诞红要制作的好并不难，关键在于裱花时结束的力道要掌握得当，不可有太长的拖尾导致花瓣过长，因此在快结尾时，记得提前将手部的力量放掉抽离，这样才能制作出可爱的花瓣尖端造型。在蛋糕装饰上，圣诞红常有的伙伴：棉花、松果等经典花形都是很好的素材。如果想来点不一样的风格，可以添加几种大花来增添华丽感，例如主图中采用的白色桔梗，既不会盖过圣诞红的风采，也能营造出不同的圣诞氛围。

配色

Bean Paste
韩式豆沙裱花

—

多肉植物

SUCCULENT PLANTS

仙人球 1

CACTUS I

DECORATING TIP 花嘴

底座｜平口花嘴

仙人球｜#104（花嘴上窄下宽）

仙人球刺｜平口花嘴

COLOR 颜色

仙人球色｜绿色 墨绿色

仙人球刺色｜白色

步骤说明 Step Description

· 底座制作

01 用平口花嘴在花钉上挤出球状豆沙霜。

02 重复步骤 1，将豆沙霜在同一位置继续向上叠加，呈现小山丘后，将花嘴向底座轻压，以切断豆沙霜。

· 仙人球 1 制作

03 如图，底座完成。

04 将 #104 花嘴直立插入底座侧边。

05 承步骤 4，一边前后动花嘴，一边向下挤出条状的豆沙霜，为单侧多肉。

06 重复步骤 4~5，挤出另一侧的多肉，使两侧多肉上方连接。

07 重复步骤 4~5，依序完成第三、四瓣多肉，形成十字结构。

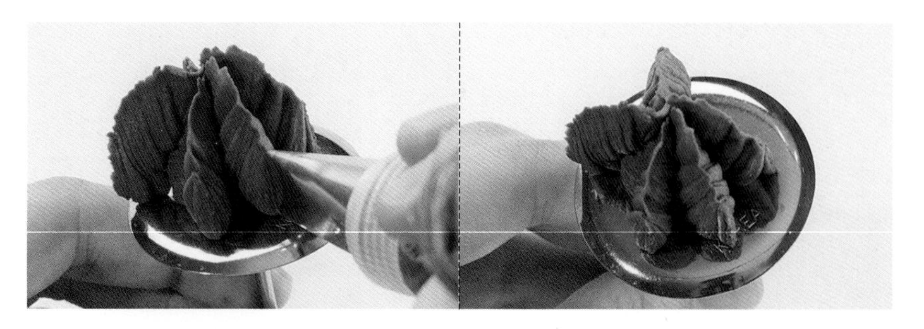

08 将花嘴插在两个多肉瓣间，再挤出一瓣多肉。

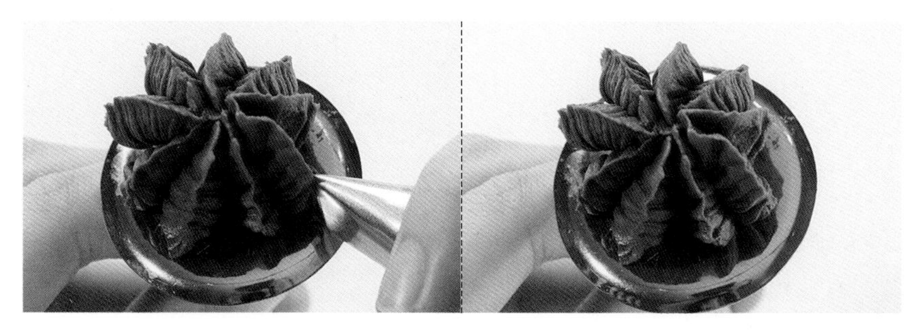

09 重复步骤 8，依序挤出剩下的多肉，形成放射状结构。

· 仙人球刺制作

10 用平口花嘴在多肉上挤出小刺。

11 承步骤 10，完成一排仙人球刺。

小刺的数量与彼此间隔距离，随机安排会较自然。

12 重复步骤 9，完成所有仙人球刺。

13 如图，仙人球 1 完成。

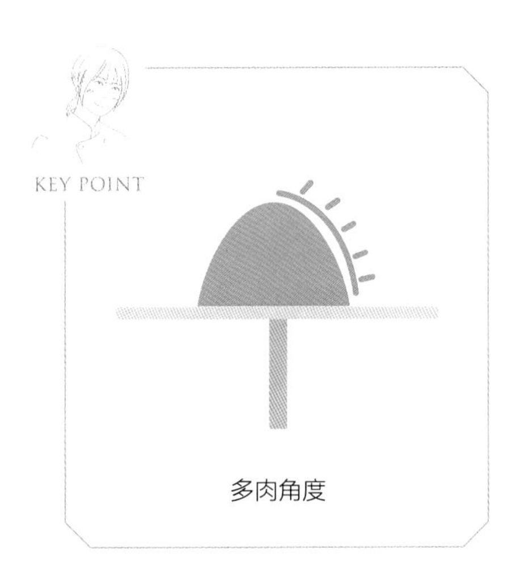

仙人球 1 制作视频

仙人球 2

CACTUS II

DECORATING TIP 花嘴

底座 | 平口花嘴
仙人球 | #349
仙人球刺 | 平口花嘴
花瓣 | #59S（花嘴凹面朝内）
花蕊 | 平口花嘴

COLOR 颜色

仙人球色 | 墨绿色 绿色
仙人球刺色 | 白色
花瓣色 | 白色
花蕊色 | 鹅黄色

步骤说明 Step Description

· 底座制作

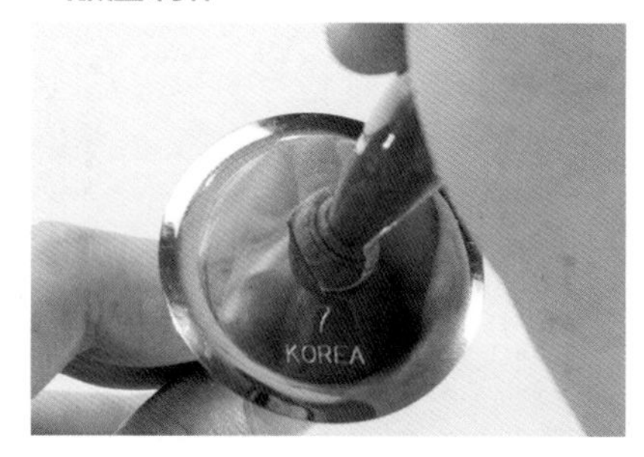

01 用平口花嘴在花钉上挤出豆沙霜。

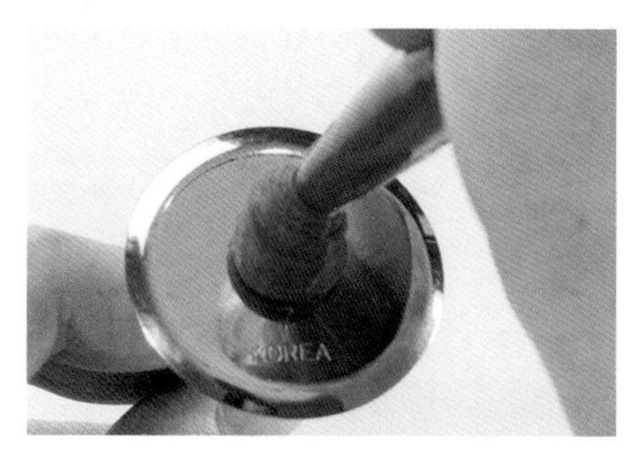

02 重复步骤 1，将豆沙霜在同一位置继续向上叠加，呈现小山丘后，将花嘴向底座轻压，以切断豆沙霜。

03 如图，底座完成。

· 仙人球 2 制作

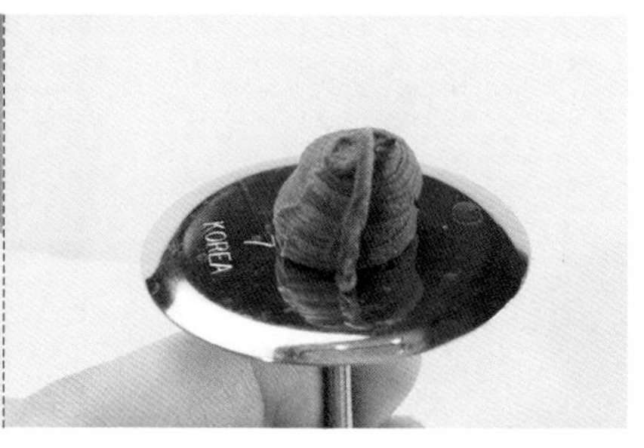

04 将 #349 花嘴放在底座侧边后，挤出条状直立的豆沙霜，为单侧仙人球瓣。

05 重复步骤 4，在步骤 4 仙人球瓣侧边挤出另一条的仙人球瓣。

06 重复步骤 4~5，完成所有仙人球瓣。

· 仙人球刺制作

07 用平口花嘴在其中一瓣仙人球上挤出小刺，为仙人球刺。

08 在步骤 7 仙人球刺的同一地方再挤出另一根小刺，即完成双刺形态。

09 重复步骤 7~8，继续往下添上小刺。

10 有时也可穿插单刺形态挤出。

11 重复步骤 7~10，完成单瓣仙人球刺。

针状叶的数量与彼此间隔距离，可依照个人喜好调整。

12 重复步骤 7~11，完成所有仙人球上的小刺。

13 如图，仙人球 2 主体完成后备用。

· 小花制作

14 在花钉中心挤一点豆沙霜。

15 重复步骤 14，持续挤出豆沙霜，呈现小山丘后，将花嘴向底座轻压，以切断豆沙霜，作为底座。

16 将 #59S 花嘴以 12 点钟方向插入底座中心。

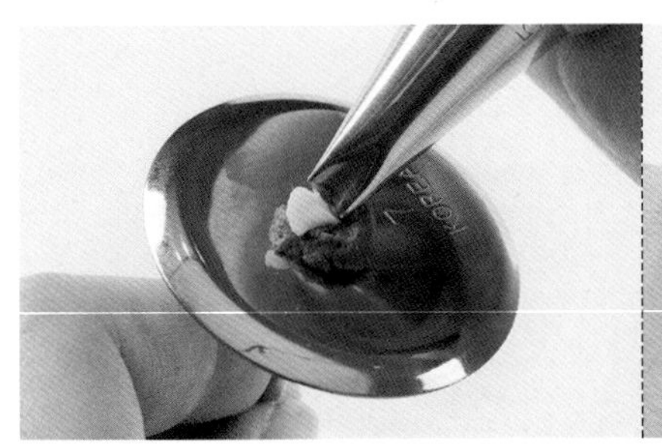
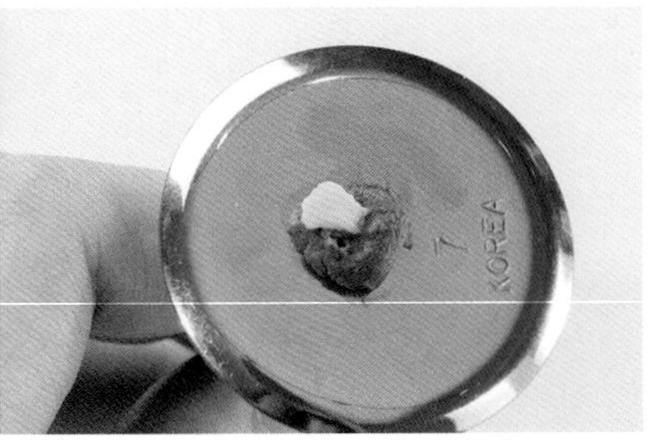

17 承步骤 16，将花钉逆时针转、花嘴顺时针挤出扇形豆沙霜后，结尾时将花嘴靠上底座以切断豆沙霜，即完成第一片花瓣。

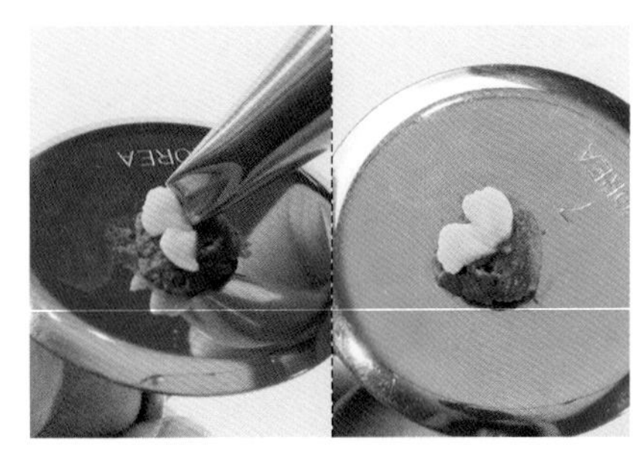

18 重复步骤 16~17，将花嘴插入第一片花瓣右边，挤出第二片花瓣。

19 重复步骤 16~17，完成共五片花瓣。

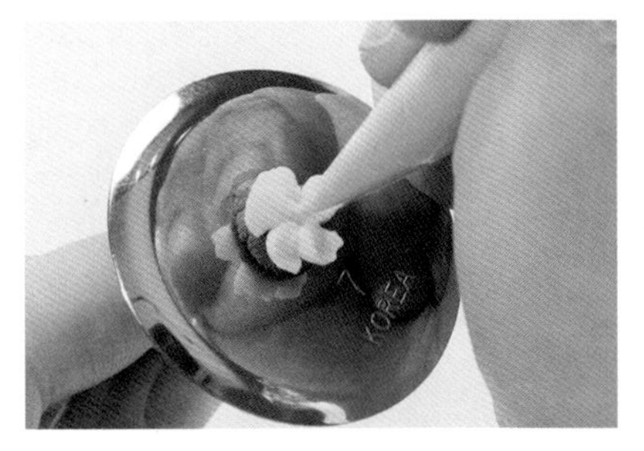

20 用平口花嘴在花朵中心挤出小球状，为花蕊。

· 组合

21 如图，小花完成。

22 用花剪夹取小花。

23 将小花放在仙人球 2 主体上方。

24 如图，仙人球 2 完成。

多肉角度

仙人球 2 制作视频

球松

SEDUM MULTICEPS

DECORATING TIP 花嘴

底座 | 平口花嘴

球松 | 平口花嘴

COLOR 颜色

球松色 | 草绿色　橄榄绿

步骤说明 Step Description

· 底座制作

01 用平口花嘴在花钉上以绕圈方式挤出豆沙霜。

02 重复步骤 1，持续挤出豆沙霜，呈现小山丘后，将花嘴向底座轻压，以切断豆沙霜，作为底座。

· 叶子制作

03 将平口花嘴直立插入底座中心。

04 承步骤 3，挤出尖头水滴形豆沙霜，为第一瓣球松。

05 将平口花嘴往下插入第一瓣球松下侧，挤出第二瓣球松。

06 重复步骤 3~5，完成所有叶子，直到看不见底座。

07 如图，球松完成。

球松制作视频

钱串

CASSULA PERFORATA

DECORATING TIP 花嘴

底座｜ #352

钱串｜ #352

COLOR 颜色

钱串色｜●草绿色 ●橄榄绿

●红色

步骤说明 Step Description

· 底座制作

01 用 #352 花嘴在花钉上以逆时针转、花嘴顺时针挤出直径约 1.5 厘米的圆形豆沙霜后，将花嘴向底座轻压，以切断豆沙霜。

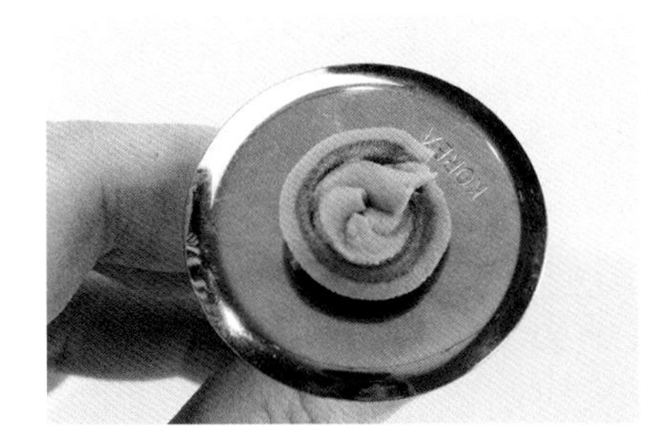

02 如图，底座完成。

· 花瓣制作

03 将 #352 花嘴以 2 点钟方向插入底座中心。

04 承步骤 3，挤出倒三角形豆沙霜后，将花嘴顺势往上拉起，即完成第一片花瓣。

05 重复步骤 3~4，将花嘴插入第一片花瓣侧边，挤出第二片花瓣。

06 重复步骤 3~5，共完成四片花瓣。

07 如图，第一层花瓣完成。

08 重复步骤 3~4，在前层两片花瓣间，挤出第二层第一片花瓣。

09 重复步骤 8，共完成四片花瓣。

10 如图，第二层花瓣完成。

11 重复步骤 8~9，往上堆叠挤出四片花瓣，为第三层花瓣。

12 重复步骤 8~9，结尾以直立朝上方向挤出两片对称花瓣，为第四层花瓣。

13 如图，钱串完成。

钱串制作视频

观音莲

HOUSELEEK

DECORATING TIP 花嘴

底座｜ #104

观音莲｜ #104（花嘴上窄下宽）

COLOR 颜色

观音莲色｜草绿色　绿色　蓝绿色

步骤说明 Step Description

· 底座制作

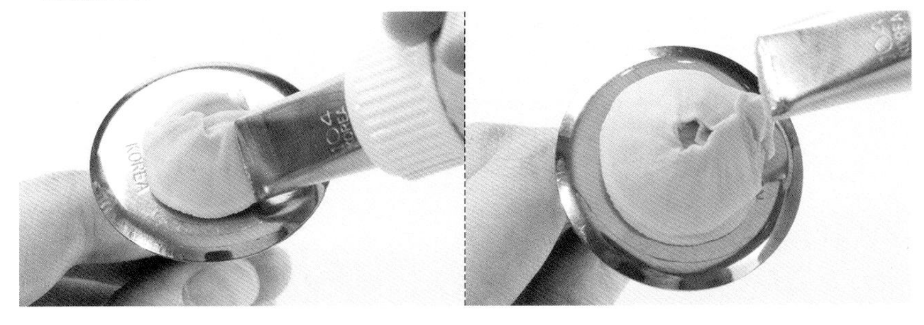

01　将花钉逆时针转、花嘴顺时针挤出直径约 3 厘米 × 高 0.5 厘米的圆形豆沙霜后，将花嘴向底座轻压，以切断豆沙霜，即完成底座。

· 观音莲制作

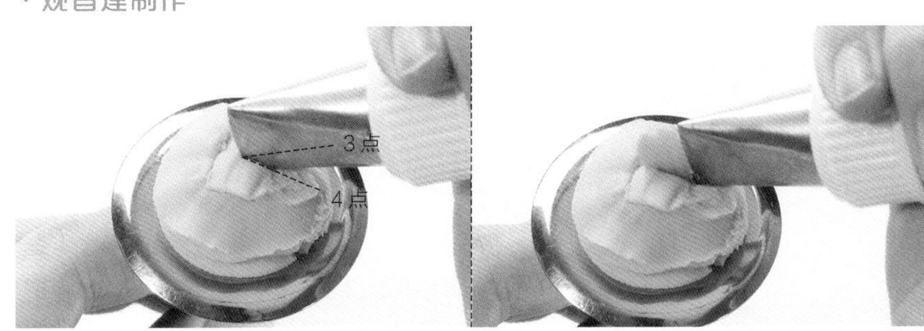

02　将 #104 花嘴直立以 4 点钟方向插入底座中心后，平行挤出片状豆沙霜，接着向底座轻压以切断豆沙霜。

03　如图，第一片花瓣完成。

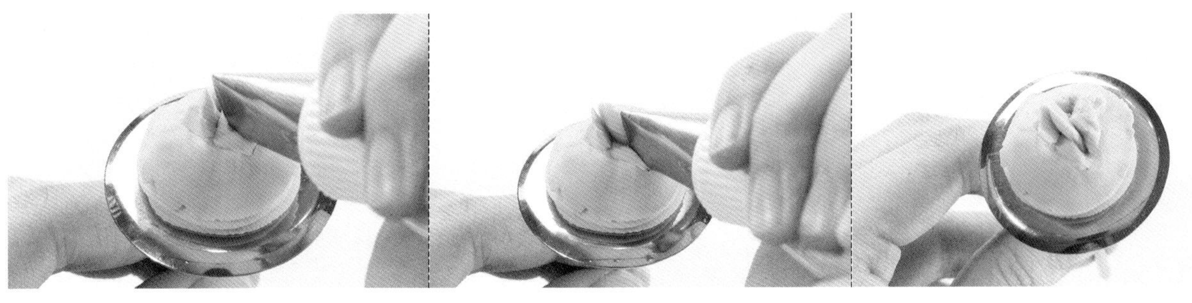

04　重复步骤 2，同一层的后面两片花瓣以与第一片三角形方式挤出。

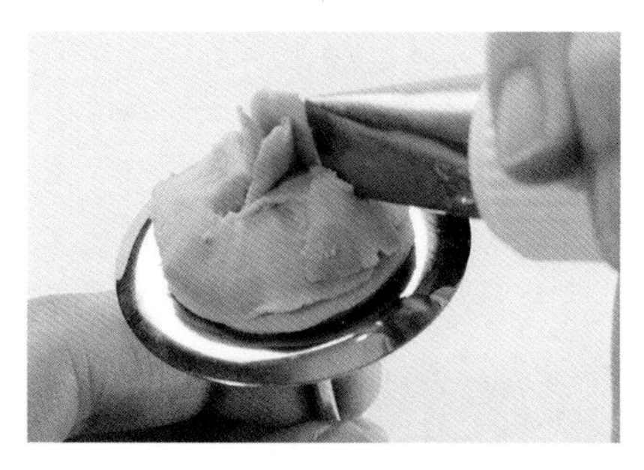

05 承步骤 4，完成共三片花瓣，形成三角形结构。

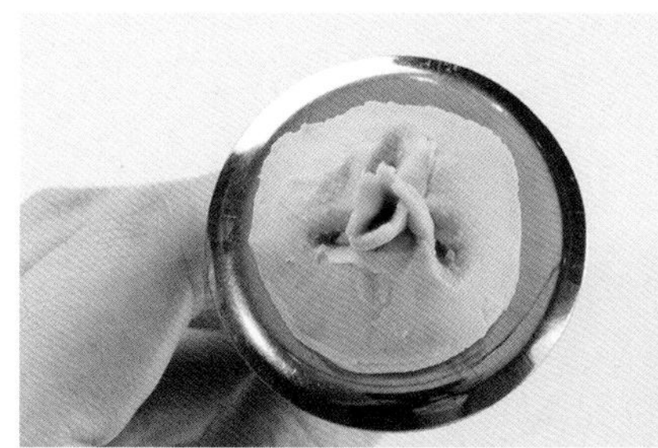

06 如图，第一层花瓣完成。

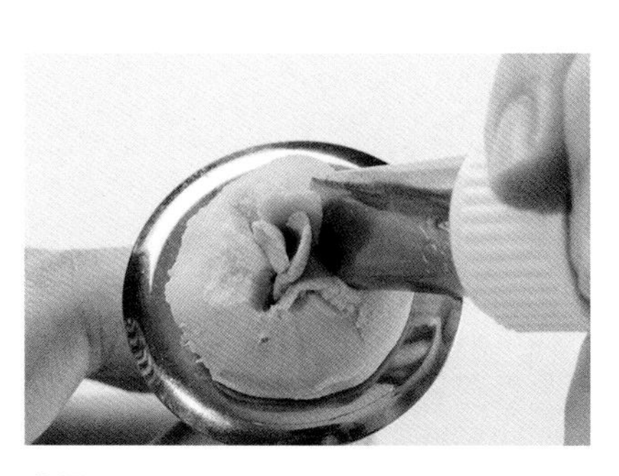

07 将花嘴在第一层花瓣交界处的后方插入。

08 承步骤 7，将花钉逆时针转、花嘴顺时针挤出菱形豆沙霜后，向底座轻压以切断豆沙霜，即完成第二层第一片花瓣。

09 重复步骤 7~8，将花嘴插入另一侧花瓣后方，挤出第二片花瓣。

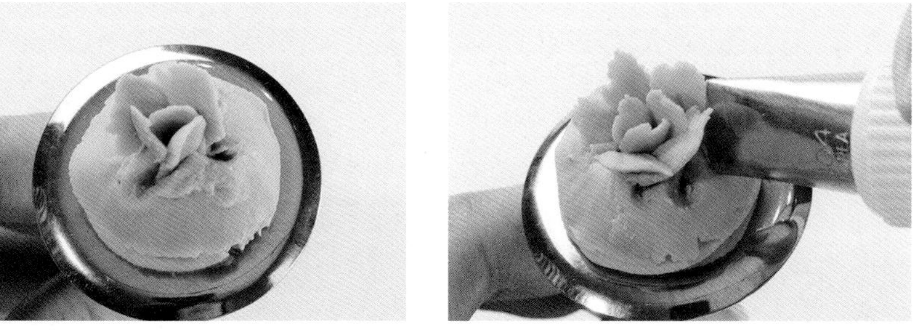

10 重复步骤 7~8，完成共五片花瓣。

11 如图，第二层花瓣完成。

12 重复步骤 7~8，往外继续挤出五片花瓣，为第三层花瓣。

13 重复步骤 7~8，以 2 点钟方向挤出花瓣，为第四层花瓣。

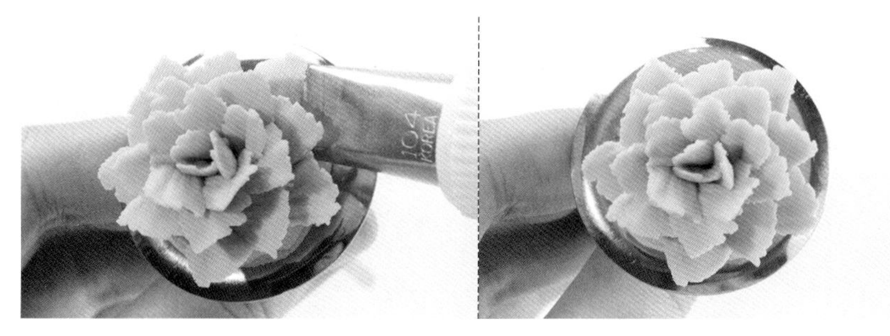

14 重复步骤 7~8，继续往外延伸挤出花瓣，为第五层花瓣。

15 如图，观音莲完成。

观音莲制作视频

月影

Moon Shadow

DECORATING TIP 花嘴

底座 | #60

月影 | #60（花嘴上窄下宽）

COLOR 颜色

月影色 | 草绿色 绿色 蓝绿色

步骤说明 Step Description

· 底座制作

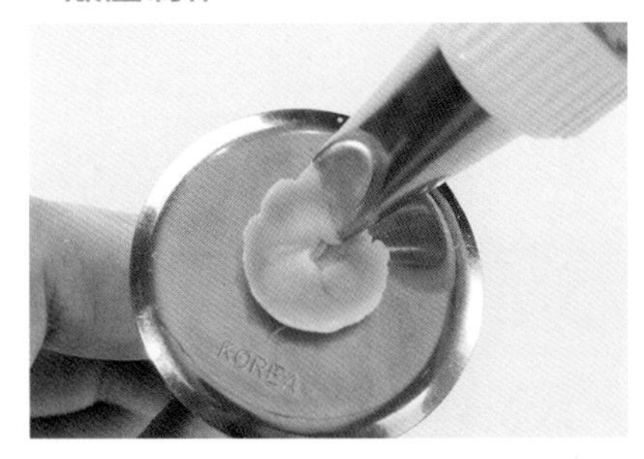

01 用 #60 花嘴将花钉逆时针转、花嘴顺时针挤出直径约 1.5 厘米的圆形豆沙霜。

02 承步骤 1，将豆沙霜在同一位置继续向上叠加至少三层，作为底座。

· 月影制作

03 将 #60 花嘴以 11 点钟方向插入底座中心。

04 承步骤 3，先往右上挤出豆沙霜后停止，接着再往右下角回到起始点制作胖水滴形态。

05 重复步骤 3~4，将花嘴插入第一片花瓣右侧，挤出第二片花瓣。

06 重复步骤 3~4，完成共六片花瓣。

07 如图，第一层花瓣完成。

08 将花嘴以 11 点钟方向插入底座后，先往右上挤出豆沙霜后停止，接着再往右下回到起始点形成胖水滴状态。

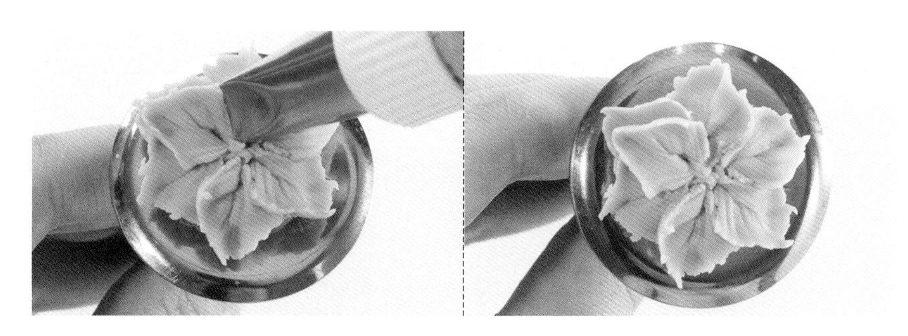

09 承步骤 8，将花嘴向底座轻压以切断豆沙霜，即完成第二层第一片花瓣。

10 重复步骤 8~9，完成共五片花瓣。

11 如图，第二层花瓣完成。

12 重复步骤 8~9，完成第三层花瓣。

13 重复步骤 8~9，继续往上叠加，完成第四层花瓣。

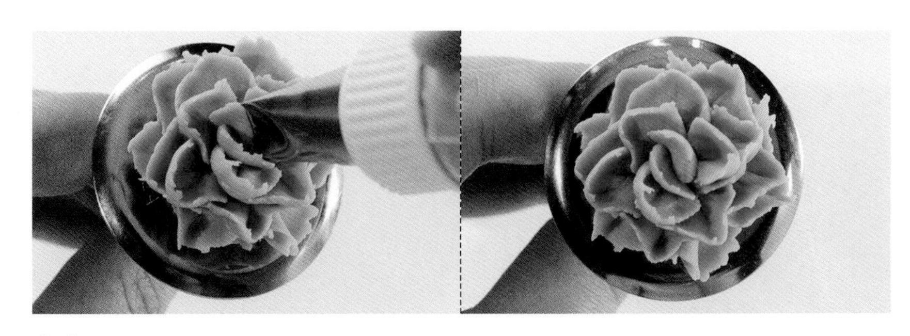

14 重复步骤 8~9，完成两片面对面相对称花瓣，为第五层花瓣。

15 如图，月影完成。

月影制作视频

山地玫瑰

GREENOVIA AUREA

DECORATING TIP 花嘴

底座 | #104
花瓣 | #104（花嘴上宽下窄）

COLOR 颜色

花瓣色 | ●红色 ●草绿色 ●橄榄绿

步骤说明 Step Description

· 底座制作

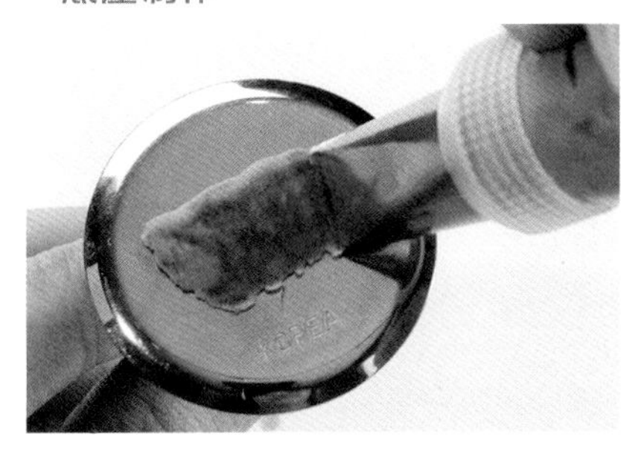

01 用 #104 花嘴在花钉上挤出长约 2 厘米长条形的豆沙霜后，将花嘴轻压花钉，以切断豆沙霜。

02 承步骤 1，将豆沙霜在同一位置继续向上叠加，在花钉上挤出长约 2 厘米 × 高 1 厘米的豆沙霜，作为底座。

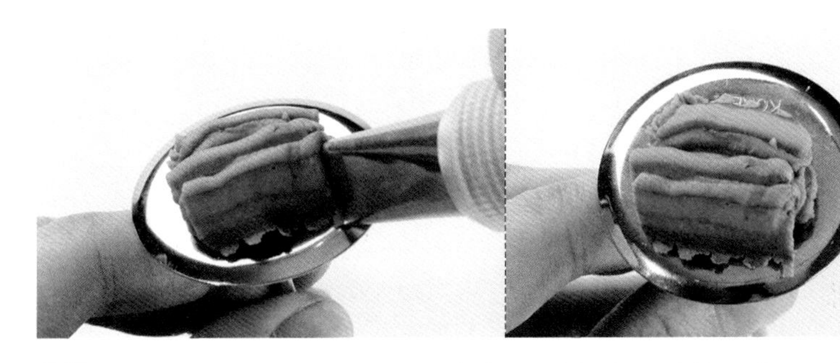

03 重复步骤 2，将花钉转向，将底座另一侧叠加更高的豆沙霜，来稳固底座。

· 花瓣制作

04 将 #104 花嘴直立插入底座中心。

05 承步骤 4，挤出片状豆沙霜后，将花嘴向底座轻压以切断豆沙霜，即完成第一片花瓣。

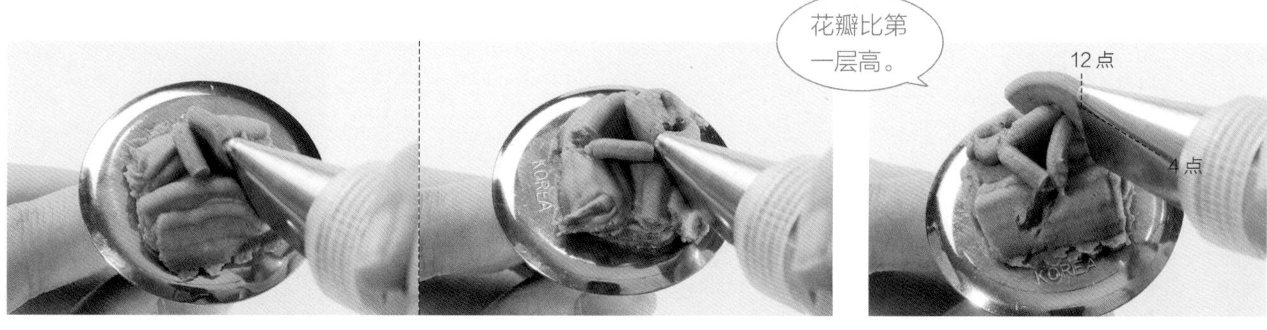

06 重复步骤 4~5，将花嘴插入第一片花瓣侧边，挤出第二片与第三片花瓣，使花瓣形成三角形结构，即完成第一层花瓣。

07 将花嘴以 4 点钟方向插入前层花瓣间隙，并将花钉逆时针转、花嘴顺时针挤出拱形豆沙霜。

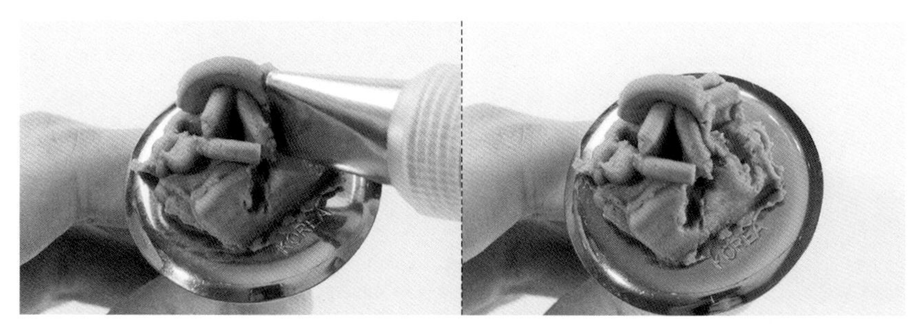

08 承步骤 7，将花嘴向底座轻压以切断豆沙霜，即完成第二层第一片花瓣。

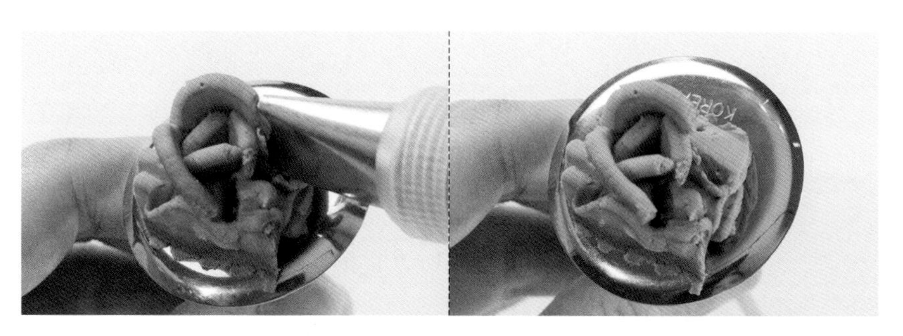

09 重复步骤 7~8，将花嘴插入第一片花瓣侧边底座，挤出第二片花瓣。

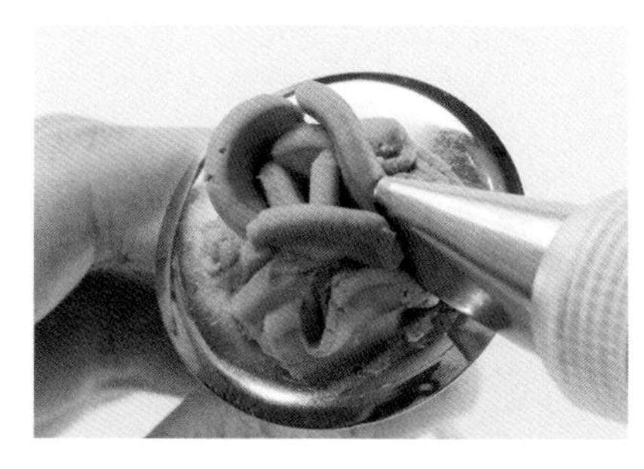

10 重复步骤 7~8，完成共三片花瓣。

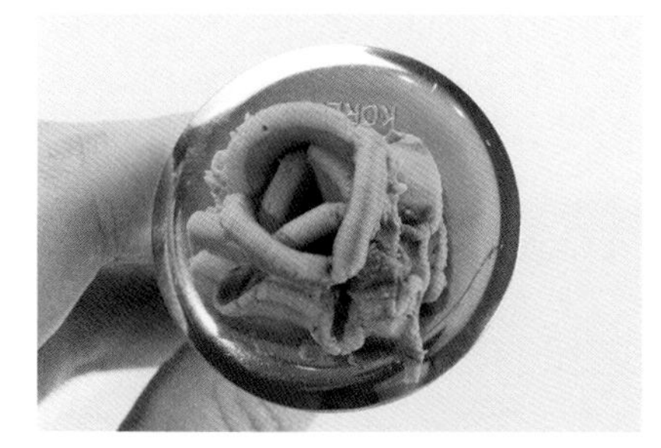

11 如图，第二层花瓣完成，为另一三角形结构。

12 重复步骤 7~10，挤出五片花瓣，为第三层花瓣。

13 继续往下重复步骤 7~10，挤出花瓣，为第四层花瓣。

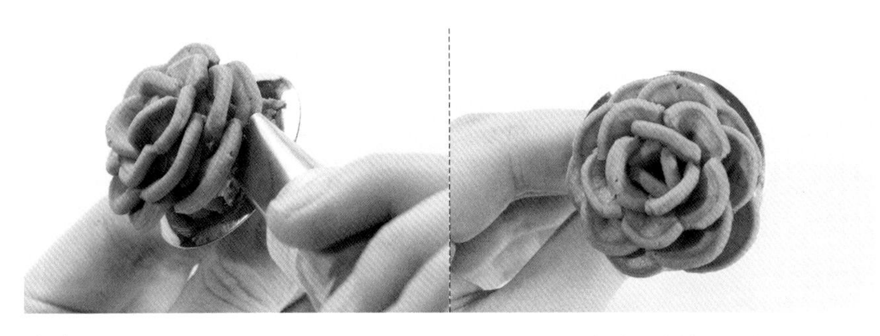

14 重复步骤 7~10，以花嘴往外倾倒方式，挤出花瓣，为第五层花瓣。

15 如图，山地玫瑰完成。

山地玫瑰制作视频

多肉植物

SUCCULENT PLANTS

制作说明

除了花朵之外，多肉植物也是受到众多粉丝的喜爱。花形对于初学者来说简单上手，在裱花过程中可以加强花钉转动与挤花力道上的控制，调色上也可以练习制作出不同层次的绿意，是非常适合作为刚起步裱花又对多肉植物有热爱的同学们打好基础。

摆放方式尽量彼此靠近集中在一区，会更有多肉植物拟真的感觉，基底铺上可可粉或是一些碎饼干屑制造出土壤盆栽的感觉，是不是很疗愈呢？赶快动手制作看看吧！

配色

裱花×蛋糕 组合配置运用

Flower Piping & Cake
COMBINATION

CHAPTER
04

裱花蛋糕配件制作

DECORATING CAKE ACCESSORIES

Step Description 步骤说明

花嘴使用 #352（叶子）

· 制作叶子装饰

01 用 #352 花嘴挤出片状的奶油霜。

02 承步骤 1，花嘴以左右摆动方式持续挤出奶油霜。

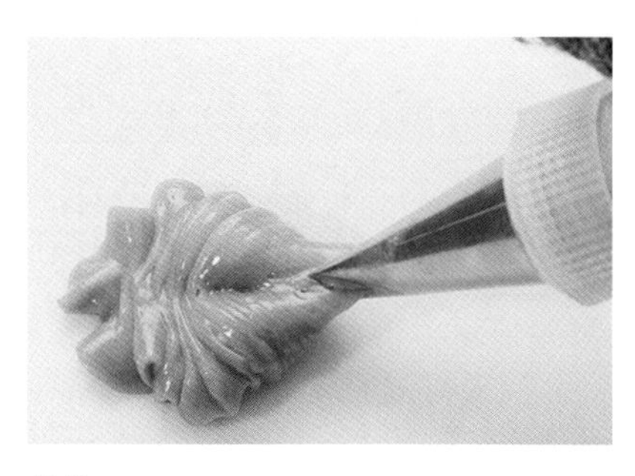

03 重复步骤 1~2，呈现出叶脉后顺势抽离，制造出倒三角形态。

04 如图，叶子完成。

TIP 叶子大小可依摆动幅度决定。

· 玫瑰上花萼挤法

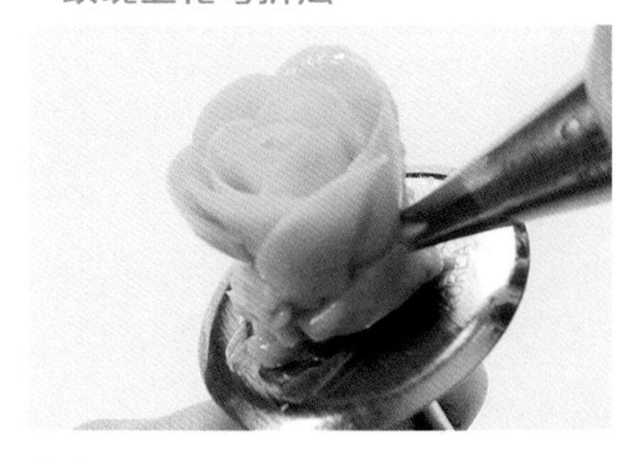

01 取备好的裱花，插入裱花侧边（欲挤花萼处）。

02 由下往上贴着花朵侧边制作花萼，在结尾时向上抽离。

03 如图，第一片花萼完成。

04 重复步骤 3，将花嘴放在花朵另一侧。

05 重复步骤 1~2，呈现花萼形状后，将花嘴稍微向上拿起后往外抽离。

06 如图，第二片花萼完成。

07 重复步骤 1~2，共完成三片花萼。

08 如图，花萼完成。

杯子蛋糕组合配置

CUP CAKE COMBINATION

Step Description 步骤说明

- **花形制作**
  木莲花（P.133）

- **花嘴使用**
  #352（叶子）、#13（小花）

- **叶子制作**

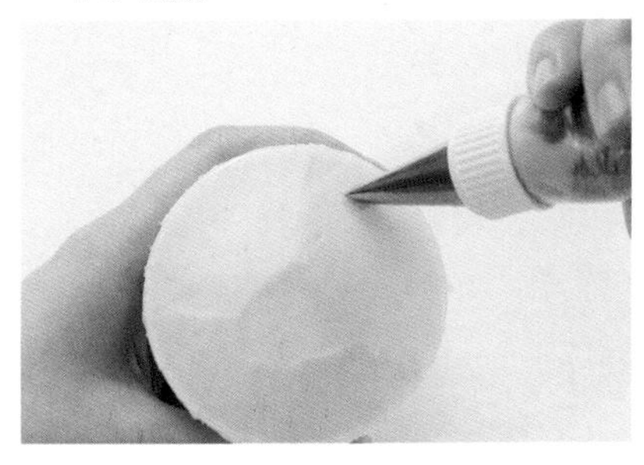

01 取已抹面的杯子蛋糕，并将花嘴插入杯子蛋糕外缘。

TIP 杯子蛋糕抹面方法请参考P.31。

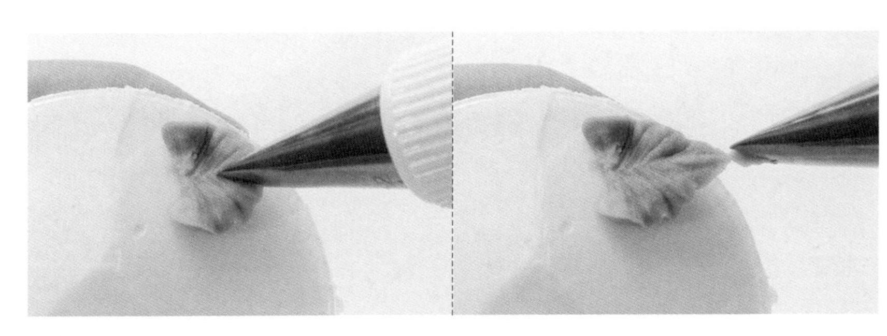

02 承步骤1，使用#352花嘴先挤出片状后左右摆动制造叶脉，再将花嘴向外拉以切断奶油霜，使叶子呈倒三角形，即完成第一片叶子。

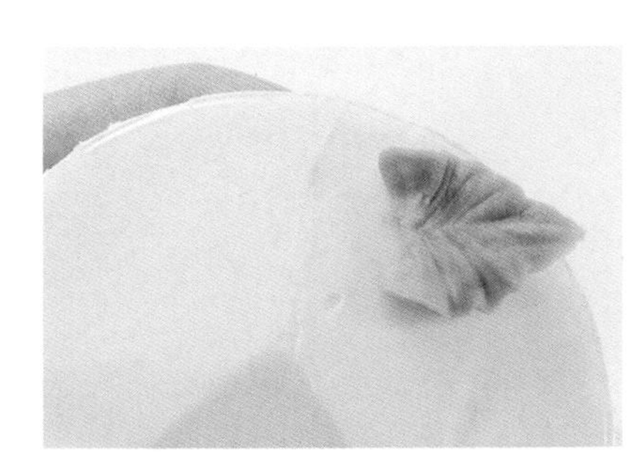

03 如图，第一片叶子完成。

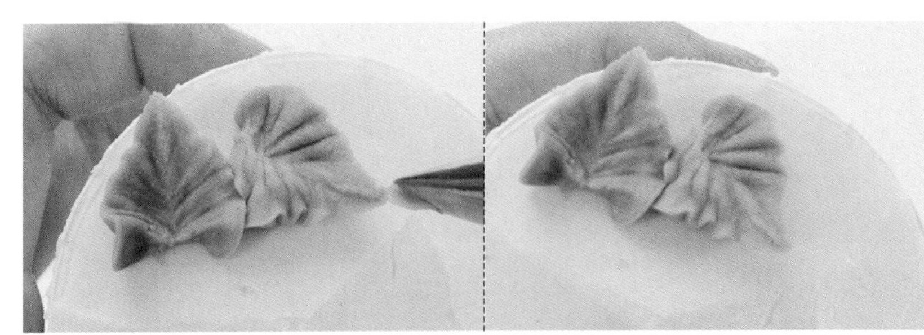

04 重复步骤1~2，将花嘴插入第一片叶子右侧，往不同方向挤出第二片叶子。

TIP 叶子挤出的方向与大小可依照个人喜好调整。

05 重复步骤 1~4，顺着蛋糕的轮廓，依序在周边挤出叶子，为花环基底。

06 使用花剪夹取木莲花放置在叶子上，花剪轻轻下压后即可平行移开。

TIP 任选一片叶子即可。

07 如图，第一朵木莲花摆放完成。

08 重复步骤 6，将第二朵木莲花放在第一朵木莲花侧边，为两朵花的配置。

TIP 互相倚靠的方向会更具立体感。

09 重复步骤 6~8，完成三朵花的配置。

10 重复步骤 6~8，完成单朵花的配置。

11 重复步骤 6~8，完成木莲花摆放，形成花环。

TIP 木莲花摆放的方向、位置与颜色，可依照个人喜好调整。

12 如图，木莲花花环完成。

13 将花嘴以 3 点钟方向插入木莲花中间，挤出叶子。

TIP 可在花环的空隙处挤出更高角度叶子，增加花环的层次感。

14 重复步骤 13，完成木莲花的叶子。

TIP 叶子挤出的方向、位置与大小，可依照个人喜好调整。

15 将 #13 花嘴在花朵间挤出小球状，为白色小花。

16 重复步骤 14，依序在木莲花侧边挤出小球状，即完成白色小配置。

TIP 白色小花挤出的位置与大小，可依照个人喜好调整。

17 如图，花环型完成。

关键点
KEY POINT

单朵花在杯子蛋糕上的叶子摆法，左为叶子在左侧；右为三角结构。

捧花型
Bouquet

Step Description 步骤说明

- 花形制作
  康乃馨（P.114）

- 花嘴使用
  #352（叶子）、#13（小花）

- 底座制作

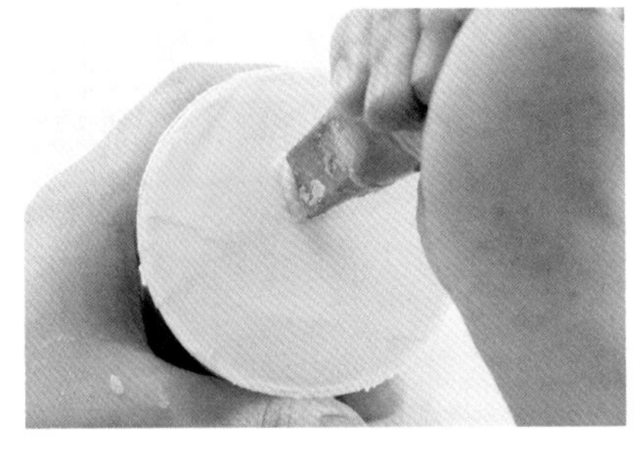

01 取已抹面的杯子蛋糕，并将花嘴放置杯子蛋糕中心。

TIP 杯子蛋糕抹面方法请参考P.31。

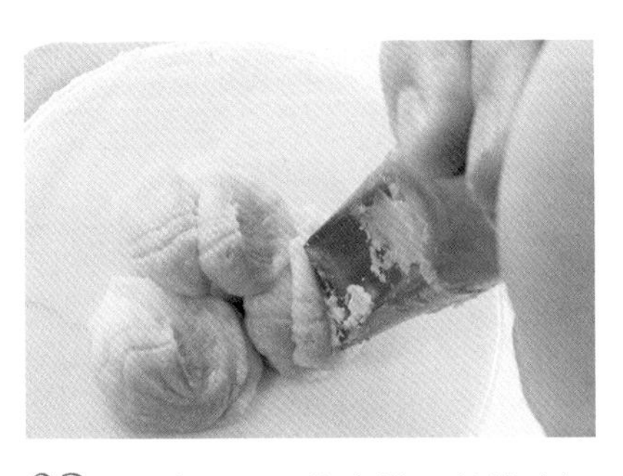

02 承步骤1，依序堆叠并挤出奶油霜，使底座呈三角形。

03 如图，底座完成。

- 裱花装饰

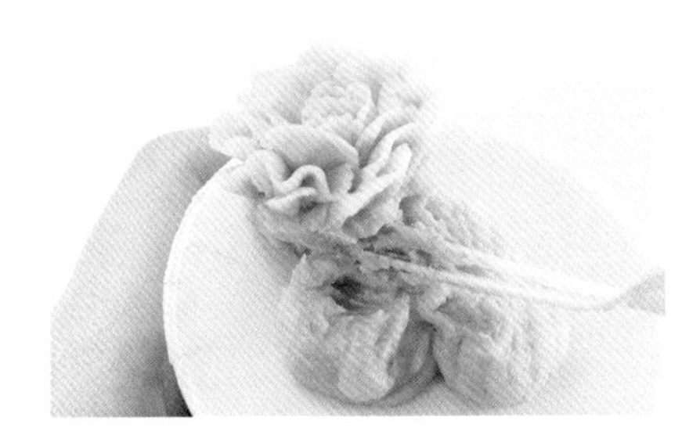

04 用花剪夹取，将康乃馨放在底座外缘粘上固定。

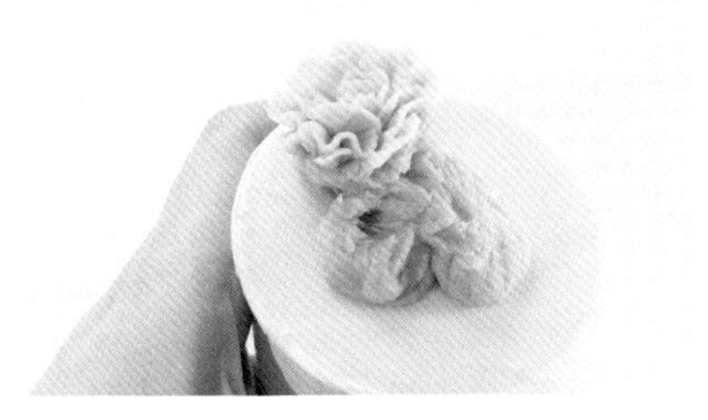

05 如图，第一朵康乃馨摆放完成。

06 重复步骤4，将第二朵康乃馨放在第一朵康乃馨同一外圈基准点的位置。

07 重复步骤 4~6，顺着蛋糕的外缘，依序摆放康乃馨，使其呈放射状。

08 如图，康乃馨摆放完成。

09 将花嘴以 12 点钟方向插入康乃馨中间挤出，为底座。

TIP 底座高度约为外圈花朵的1/2高。

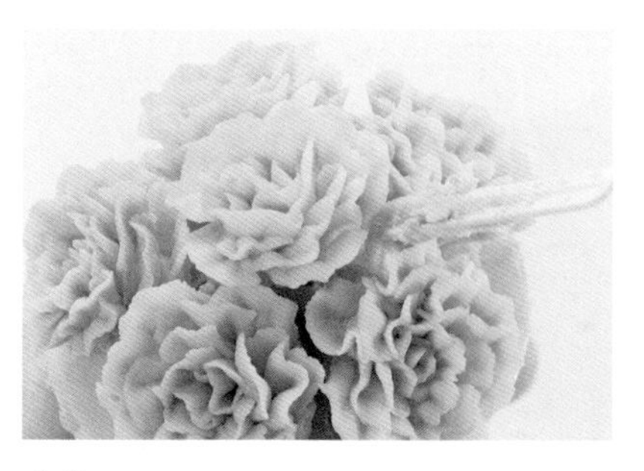

10 承步骤 9，用花剪夹取康乃馨后，固定在底座上。

11 将 #352 花嘴插入两朵康乃馨间。

12 承步骤 11，挤出片状叶子后，左右摆动制作叶脉，于结尾时抽离，使叶子呈倒三角形，即完成第一片叶子。

13 重复步骤 11~12，完成外圈下层叶子。

TIP 叶子挤出的方向、位置与大小，可依照个人喜好调整。

14 重复步骤 11~12，完成上层叶子。

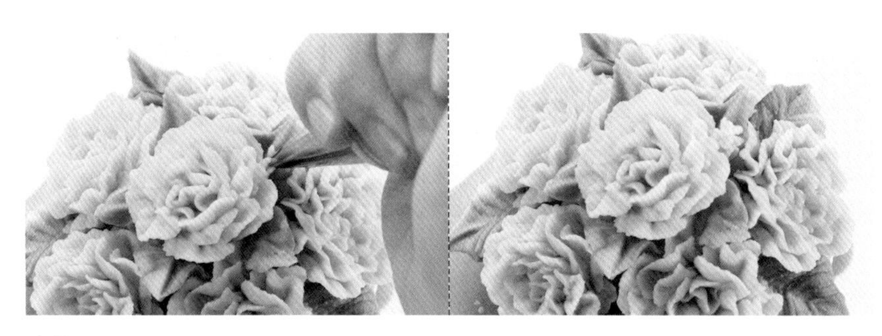

15 将 #13 花嘴随意插入捧花间隙中，挤出小球状。

16 重复步骤 15，依序在康乃馨侧边挤出小球状，即完成浅紫色小花。

TIP 浅紫色小花挤出的位置与大小，可依照个人喜好调整。

17 如图，捧花型完成。

Step Description　　步骤说明

· 花形制作

仙人球2（P.240）、球松（P.243）

· 底座制作

01 取已抹面的杯子蛋糕，并撒上可可粉。

TIP 杯子蛋糕抹面方法请参考P.31。

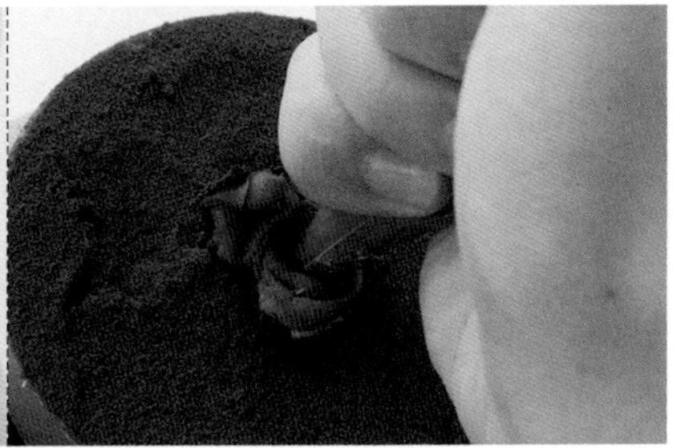

02 用平口花嘴在杯子蛋糕上以绕圈方式挤出豆沙霜。

03 重复步骤 1，持续挤出豆沙霜，呈现小山丘后，将花嘴稍微向下压，以固定豆沙霜，作为底座。

· 裱花装饰

04 以花剪为辅助，将仙人球 2 放在底座上。

05 将平口花嘴以 3 点钟方向插入仙人球 2 侧边，挤出豆沙霜，以补底座加强固定。

TIP 或可借由补底座调整裱花位置。

06 用平口花嘴在仙人球 2 侧边挤出圆形豆沙霜，为底座。

07 用花剪夹取球松放在豆沙霜上。

08 如图，第一个球松摆放完成。

09 重复步骤 7，将第二个球松放在第一个球松侧边。

TIP 多肉适合摆放成小群落的感觉，非常可爱。

10 重复步骤 4~8，也可以牙签为辅助固定，完成第三个球松摆放。

TIP 若摆放的裱花较边缘，可使用牙签辅助摆放。

11 重复步骤 4~8，完成第二个仙人球 2 摆放。

12 如图，多肉植物摆放完成。

6吋蛋糕组合配置

6 INCH CAKE COMBINATION

Step Description　　步骤说明

· 花形制作

小玫瑰（P.38）、基础陆莲花（P.102）、秋菊（P.57）、牡丹（全开）（P.97）、牡丹（花苞）（P.87）

· 底座制作

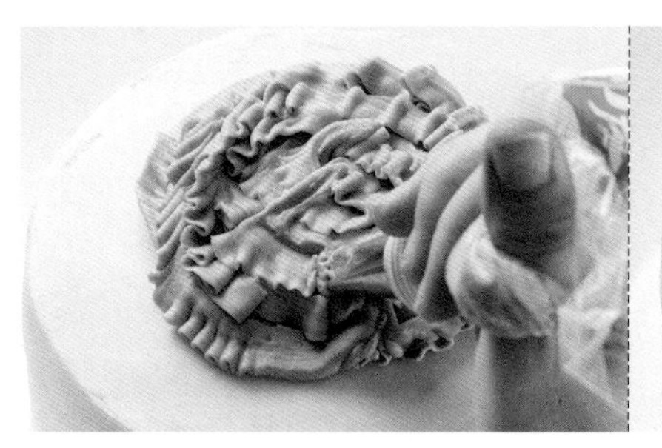

01 取已抹面好的蛋糕，并用花嘴在蛋糕体上以绕圈方式挤出豆沙霜。

02 重复步骤 1，持续挤出豆沙霜，呈现小山丘后，将花嘴稍微向下压，以切断豆沙霜，作为底座。

· 裱花装饰

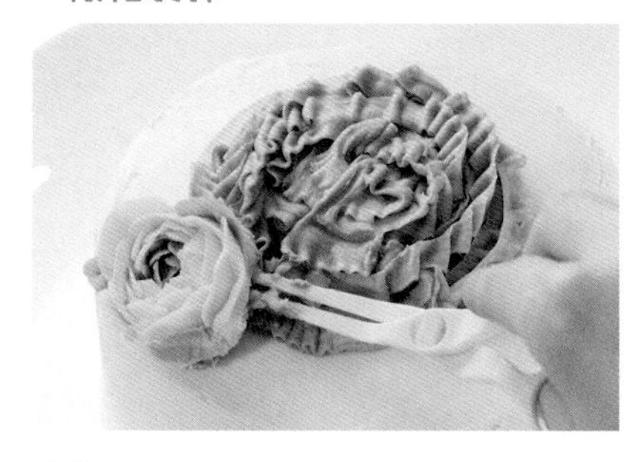

03 用花剪夹取陆莲花放在底座外缘一侧。

TIP 任选一侧即可。

04 重复步骤 3，将第二朵陆莲花放在上一朵陆莲花侧边。

05 重复步骤 3，将叶子放在蛋糕外缘。

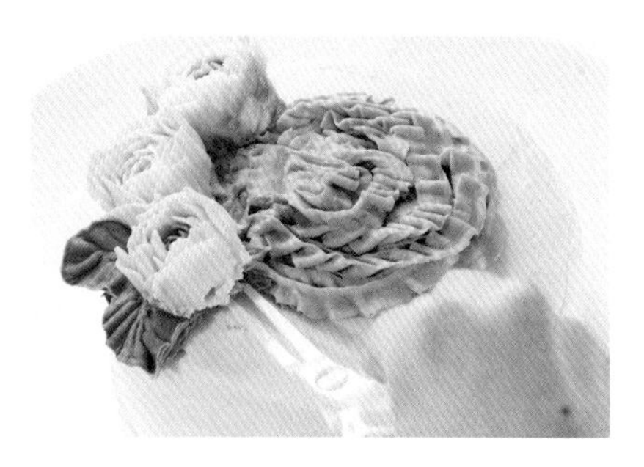

06 承步骤 5，将第三朵陆莲花放在叶子上装饰。

07 重复步骤 5~6，依序摆放小玫瑰。

08 用花剪夹取小菊花放在底座外缘一侧。

09 用花剪夹取陆莲花放在底座外缘一侧。

10 以花剪为辅助，继续将郁金香放在底座外缘一侧。

11 如图，外圈裱花摆放完成。

12 用花剪夹取牡丹放置在底座上固定。

13 重复步骤 12，依序排列裱花，直到填满底座中心。

14 如图，内层裱花摆放完成，呈现半圆形。

15 将平口花嘴插入裱花侧边，挤出球状形态，为花苞。

16 承步骤 15，在花苞上挤出小球状，为金杖菊。

17 将 #352 花嘴插入裱花中间挤出，为叶子。

18 重复步骤 17，继续挤出叶子。

TIP 叶子挤出的方向、位置与大小，可依照个人喜好调整。

19 以花剪为辅助，两朵紫罗兰分别放在花朵间隙。

TIP 紫罗兰的位置可依照个人喜好调整。

20 重复步骤 19，依序挤出叶子。

21 如图，捧花型完成。

弯月型 New Moon

Step Description　　步骤说明

· 花形制作

小玫瑰（P.38）、牡丹（全开）（P.97）、牡丹（花苞）（P.87）、木莲花（P.133）

· 底座制作

01 取已抹面好的蛋糕，并以牙签在蛋糕体上画出弯月型的记号线。

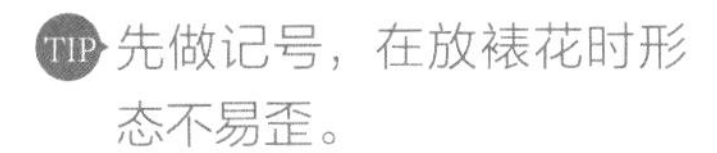

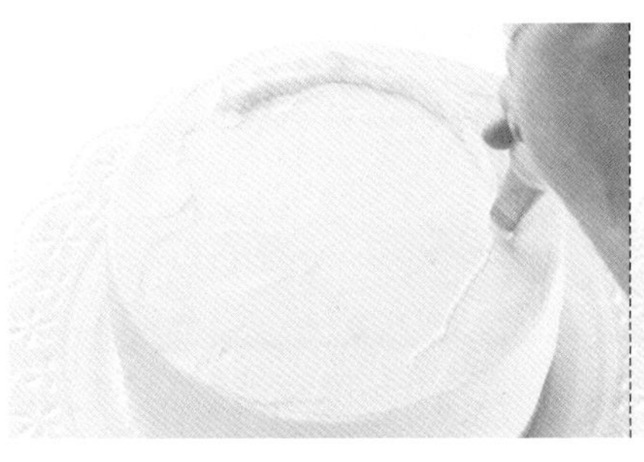

02 沿着记号线挤出奶油霜。

03 如图，底座完成。

· 裱花装饰

04 以花剪为辅助，将全开牡丹放在底座定位点。

05 在全开牡丹侧边挤出奶油霜，以补底座固定。

TIP 可借由补底座调整裱花的倾斜角度。

06 用花剪夹取小玫瑰放在全开牡丹侧边。

07 重复步骤6，将牡丹放在两朵花对侧，呈现三角形结构。

08 承步骤7，用花剪夹取羊耳叶放在牡丹与玫瑰间隙中。

09 重复步骤 8~10，依序摆放牡丹、玫瑰、叶子。

10 重复步骤 9，依序顺着底座基准点摆放花朵。

11 将花嘴在月牙尾端挤出豆沙霜底座。

12 用花剪夹取木莲花在底座上。

13 重复步骤 12，共摆放六朵木莲花。

14 将 #352 花嘴插入木莲花侧边，挤出叶子。

15 承步骤 14，在蛋糕体上继续挤出往下飞落的叶子，为装饰。

TIP 叶子的位置、大小与数量可依照个人喜好调整。

16 若有剩下的小花也可随意装饰在蛋糕外围。

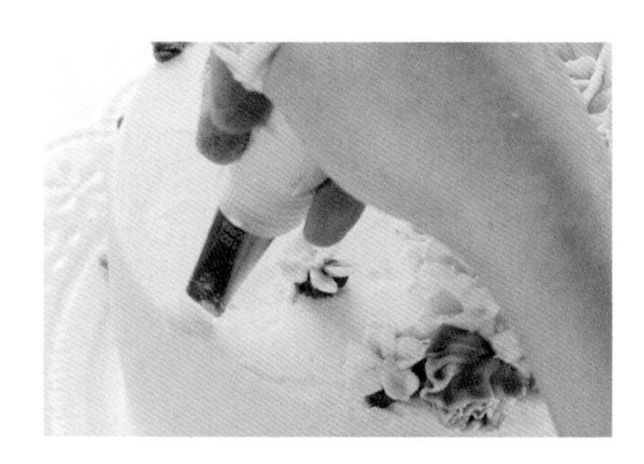

17 将花嘴插入蛋糕体侧边，挤出花瓣形奶油霜，为点缀花瓣飘落。

18 重复步骤 17，在盘子上也可挤出花瓣，以完成蛋糕体点缀。

19 如图，弯月型摆放完成。

Step Description　步骤说明

• 花形制作

木莲花（P.133）、蜡花（P.147）、苹果花（P.72）、小玫瑰（P.38）、牡丹（花苞）（P.87）、牡丹（半开）（P.91）、牡丹（全开）（P.97）

• 底座制作

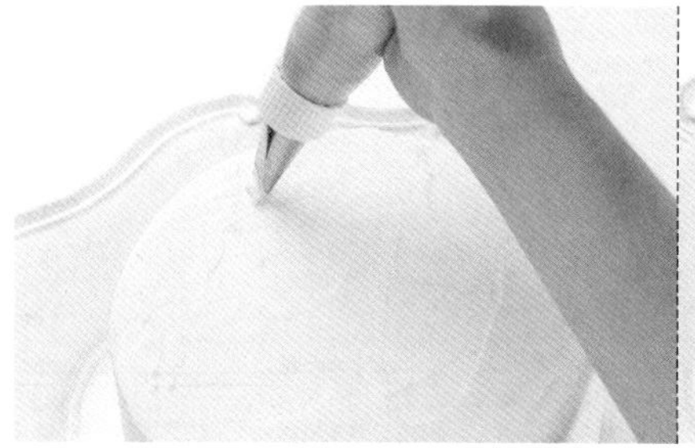
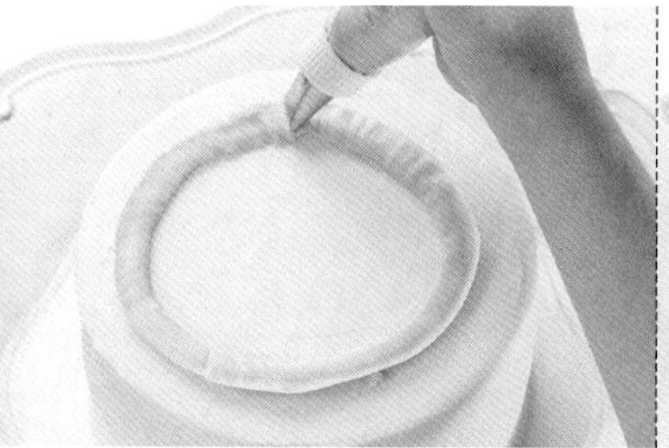
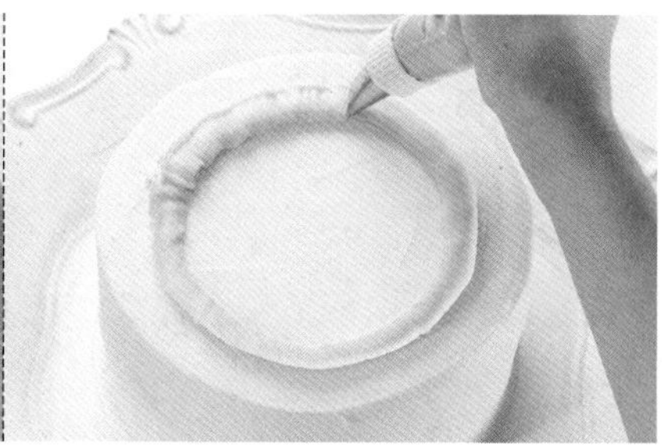

01　取已抹面好的蛋糕，顺着蛋糕轮廓在外圈挤出圆圈形底座。

• 裱花装饰

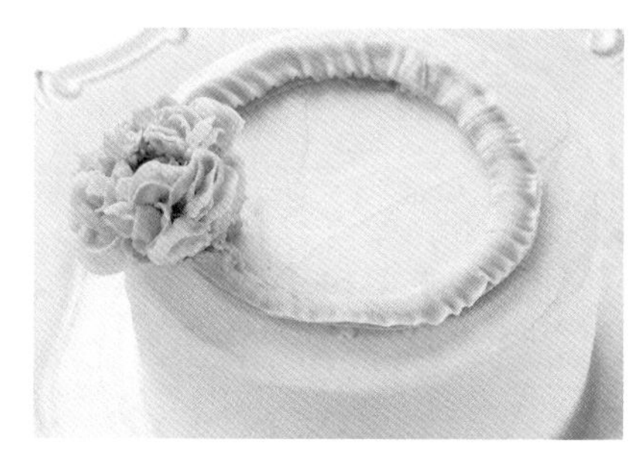

02　如图，底座完成。

03　用花剪夹取牡丹放在底座外缘上。

04　如图，牡丹摆放完成。

05　用花剪夹取牡丹花苞放在牡丹侧边。

06　用花剪夹取叶子放在两朵花的中间。

07　以花剪为辅助，将牡丹花苞放在叶子上方。

08 接着，将牡丹花苞放在其前两朵花苞中间，呈现三角形结构。

09 在牡丹花苞的空隙间放上叶子。

10 重复步骤3~9，依序摆放牡丹、牡丹花苞、玫瑰、叶子。

11 以花剪为辅助，将绣球花摆在叶子上。

12 重复步骤 11，依序摆放堆叠绣球花。

13 重复步骤 3~12，依序摆放绣球花、牡丹花苞、叶子。

TIP 花朵摆放位置、数量与密度，可依照个人喜好调整。

14 如图，花环主体完成。

15 用花剪夹取小花放在空隙间。

16 用花剪继续夹取不同小花，装饰在花环上。

17 将#352花嘴插入花瓣空隙间，挤出叶子。

TIP 叶子挤出的位置与数量，可依照个人喜好调整。

18 重复步骤17，依序挤出外圈叶子。

TIP 可在花环的空隙处挤出叶子，以增加画面整体感。

19 如图，花环型完成。

福袋蛋糕制作及装饰

LUCKY BAG CAKE

Tool & Ingredients　　工具材料

1 上新粉 60g
2 白豆沙 600g
3 搅拌盆
4 低筋面粉 15g
5 酒适量
6 金色亮粉
7 熟粉
8 植物油适量
9 白色色膏
10 黄色色膏
11 蓝色色膏
12 粉红色色膏
13 葡萄糖浆 115g
14 保鲜膜
15 尺
16 小剪刀
17 画笔
18 擀面棍
19 花形切模
20 牙签
21 锥形雕塑棒
22 筛网
23 切刀棒
24 塑型推棒
25 挤泥器
26 海绵垫
27 烘焙垫
28 钢盆
29 桨状搅拌器
30 大剪刀
31 棉质手套
32 食物用手套
33 磅秤
34 烘焙纸

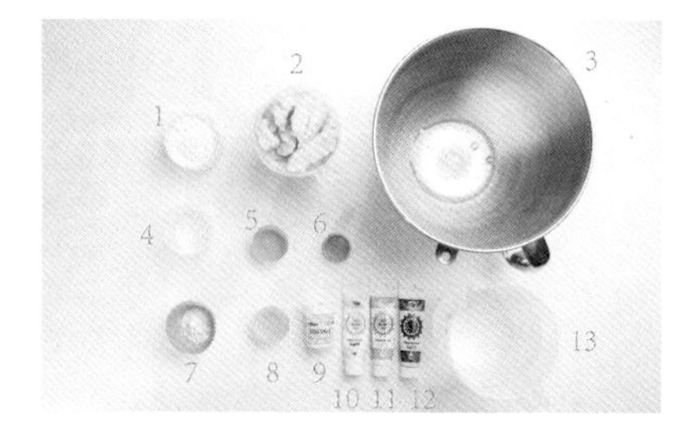

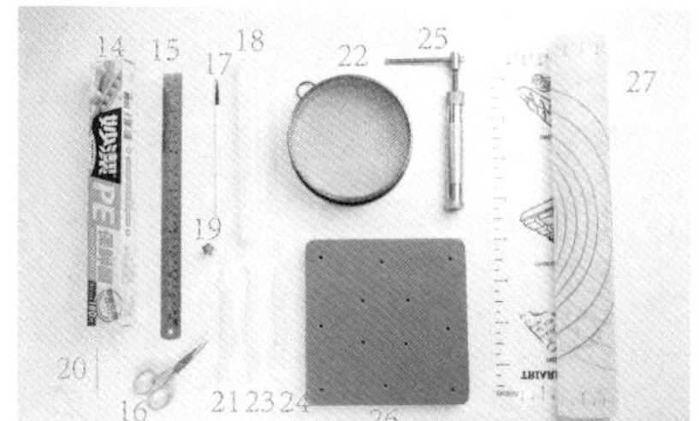

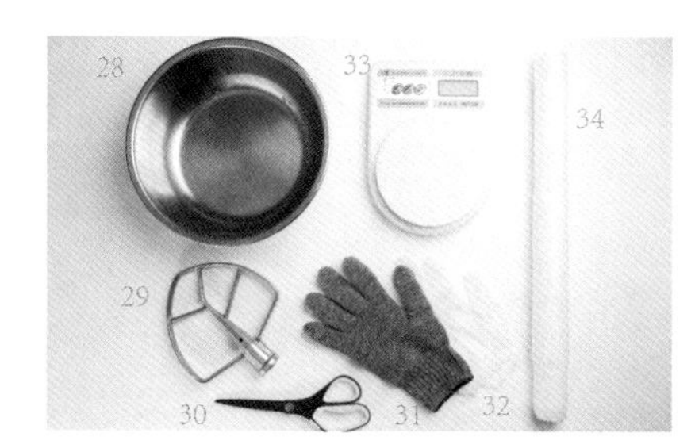

前置制作　基底制作及保存

步骤说明 Step Description

01 在搅拌盆内倒入白豆沙。

02 加入上新粉。

03 加入低筋面粉。

04 装入桨状搅拌器。

05 取电动搅拌机以低速将材料拌匀后加入葡萄糖浆。

06 确认面团状态是否能成团，若不能成团，则须再适量加少许葡萄糖浆继续拌打。

TIP 加入的葡萄糖浆克数可因豆沙干湿调整比例。

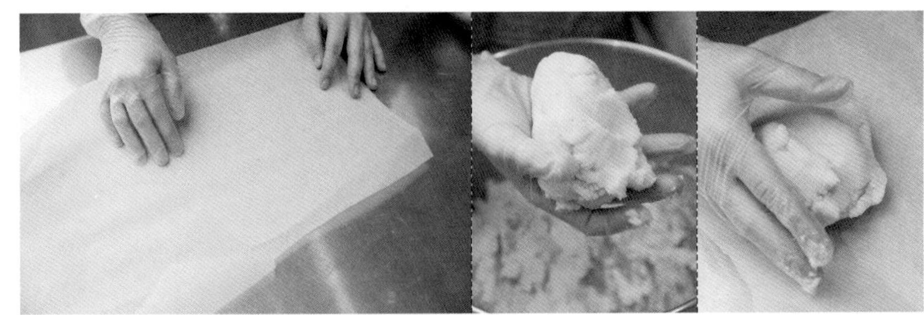

07 取烘焙纸，并将 1/3 份面团放在烘焙纸上。

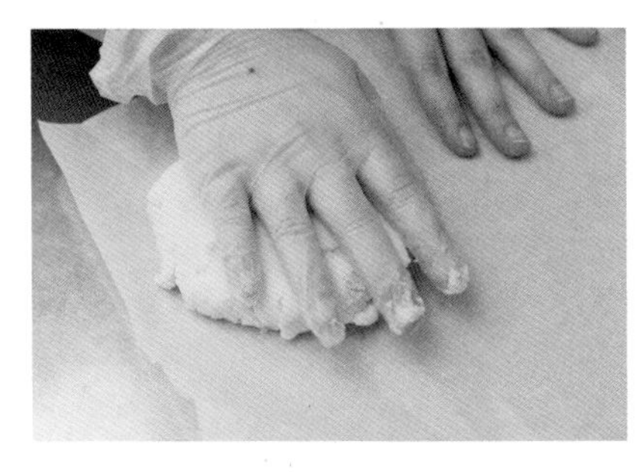

08 将面团压平并调整面团形状及厚度。

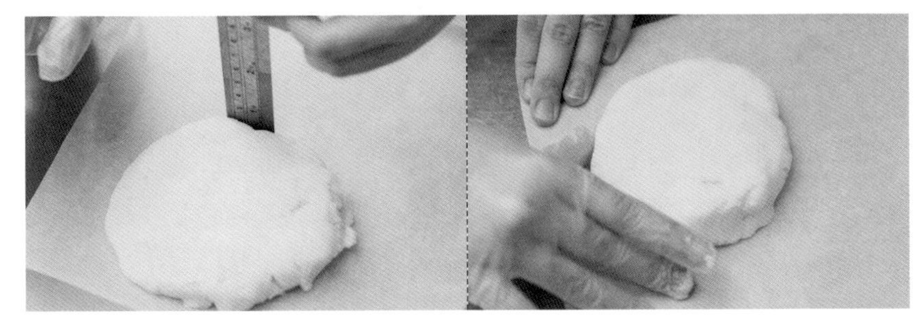

09 以尺为辅助确认面团的厚度在 2 厘米左右。

TIP 面团不可过厚，以免蒸时里外熟度不均匀。

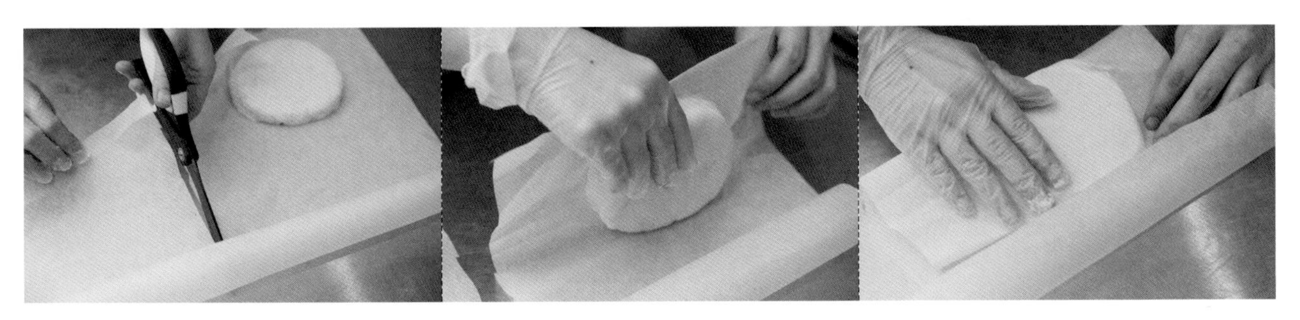

10 用剪刀剪去过多的烘焙纸，并包住面团。

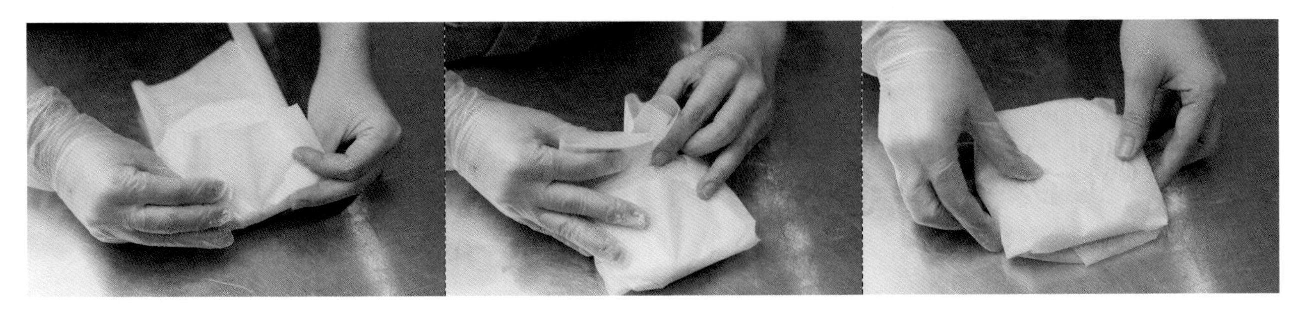

11 将烘焙纸上、下往中间折，即完成面团包覆。

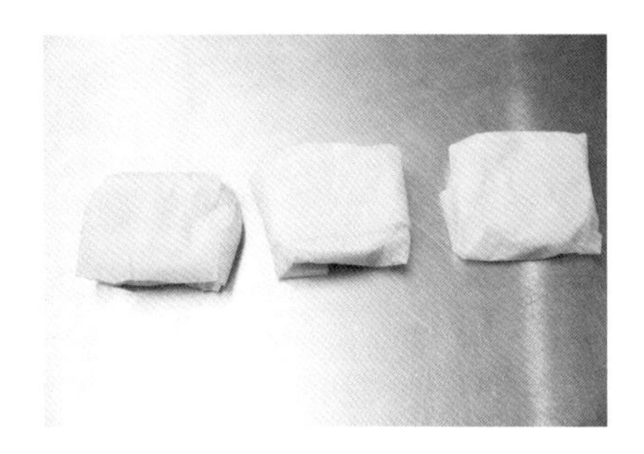

12 重复步骤 7~11，共完成三个面团。

13 将水倒入蒸锅中，并将火烧开。

14 水开后将面团放入蒸笼内。

15 用中大火蒸 20~25 分钟。

16 待加热完成后，用隔热手套将面团取出，并撕下烘焙纸。

17 重复步骤 16，共取出三个面团。

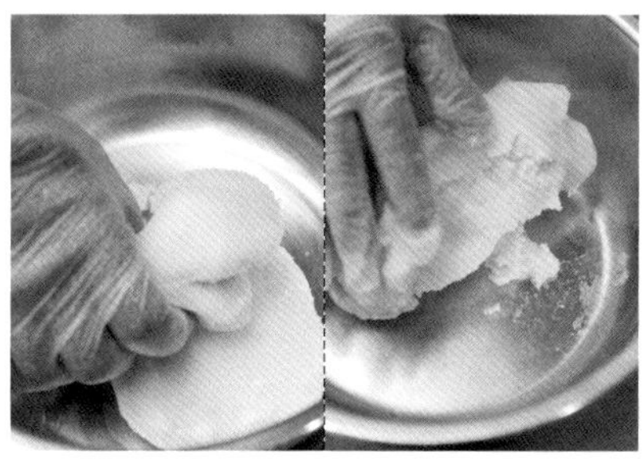

18 用手将面团搓揉均匀。

19 若面团偏干，可倒入少许植物油调整。

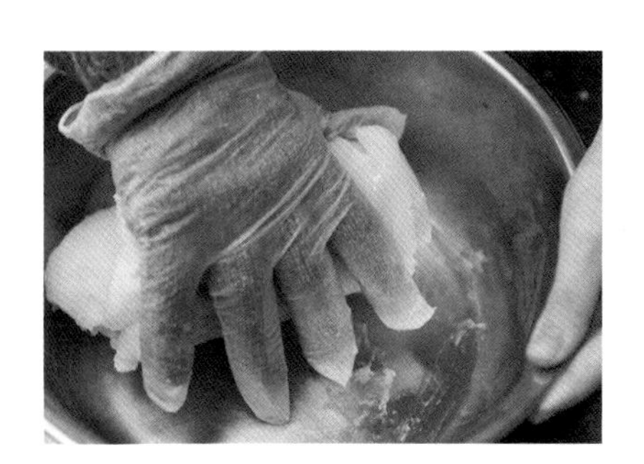

20 将面团及植物油搓揉均匀。

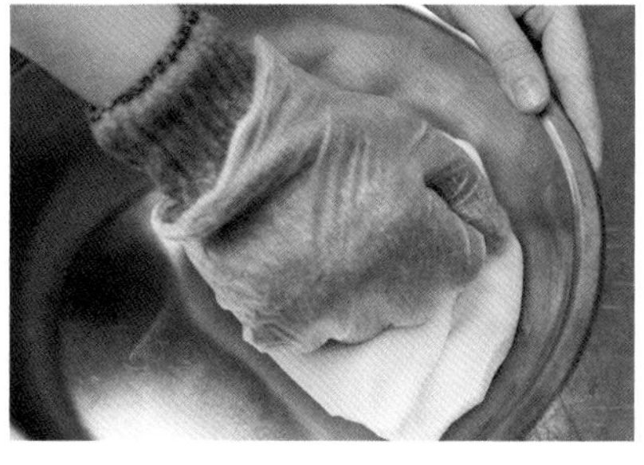

21 最后，将面团搓揉至光滑不粘手的状态即可。

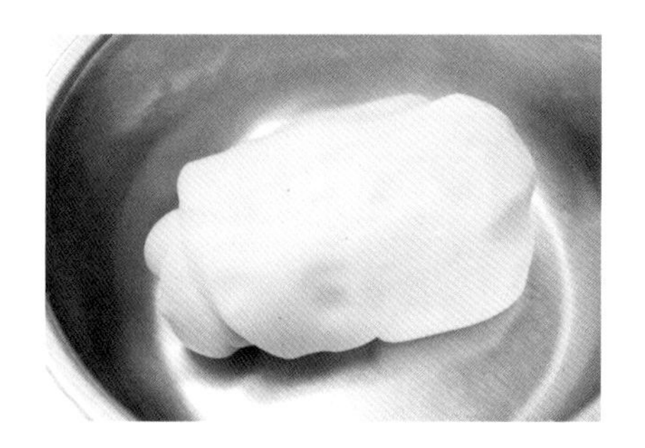

22 如图，豆沙糖皮制作完成。

23 取保鲜膜，包覆豆沙糖皮以免干裂。

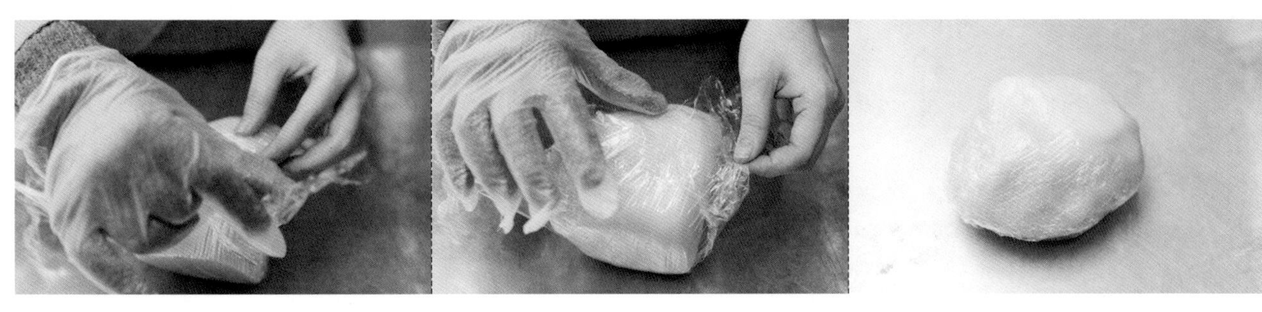

24 最后，将保鲜膜完整包覆豆沙糖皮即可备用。

前置制作 粉红色豆沙糖皮制作

步骤说明 Step Description

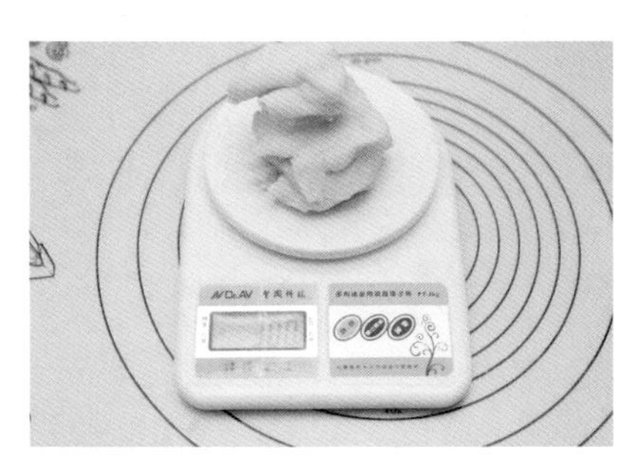

25 取 300 克豆沙糖皮。

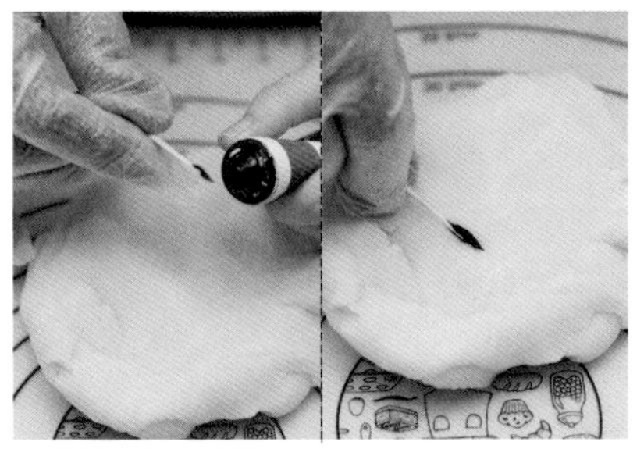

26 用牙签蘸取粉红色色膏，并沾染在豆沙糖皮上。

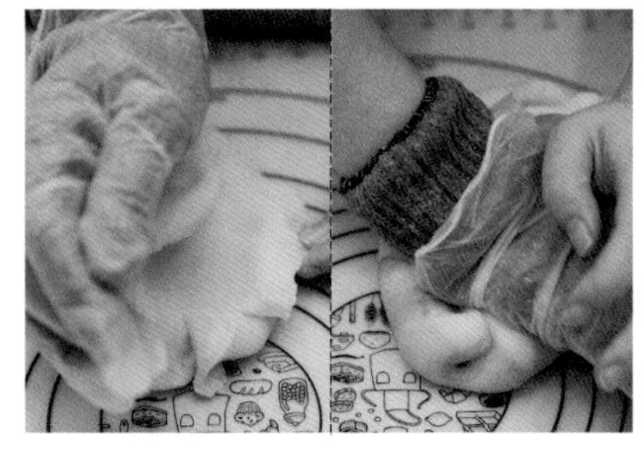

27 承步骤 26，用手搓揉面团，使豆沙糖皮上色。

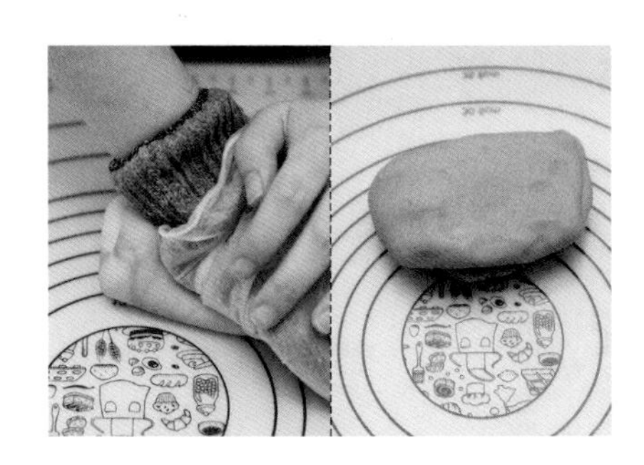

28 重复步骤 27，用手搓揉至面团完全上色即可。

TIP 可依照个人喜好，适时添加色膏。

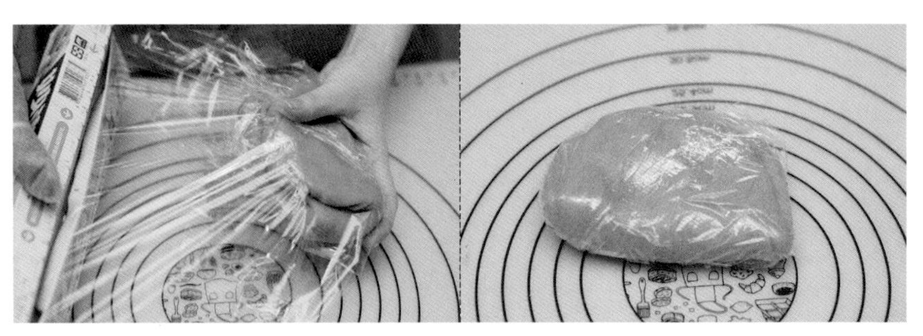

29 最后，用保鲜膜将粉红色豆沙糖皮包覆保存即可。

前置制作 亮白色豆沙糖皮制作

步骤说明 Step Description

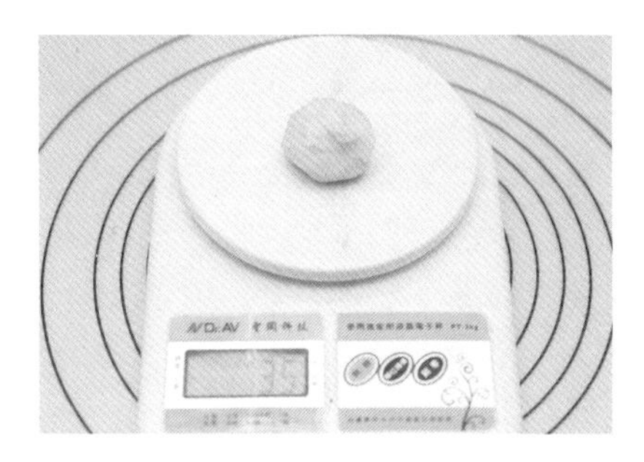

30 取 35 克豆沙糖皮。

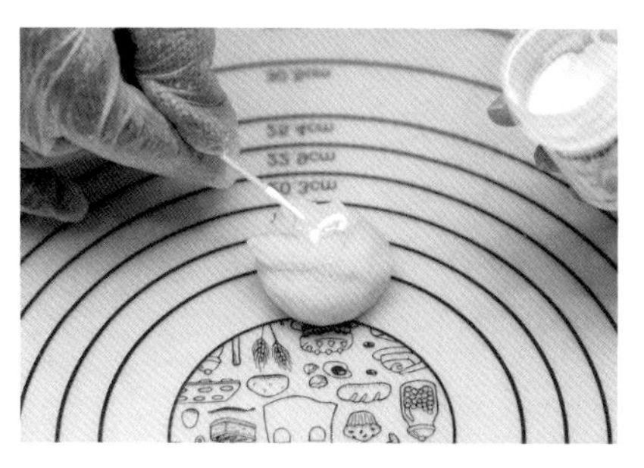

31 用牙签蘸取白色色膏，并沾染在豆沙糖皮上。

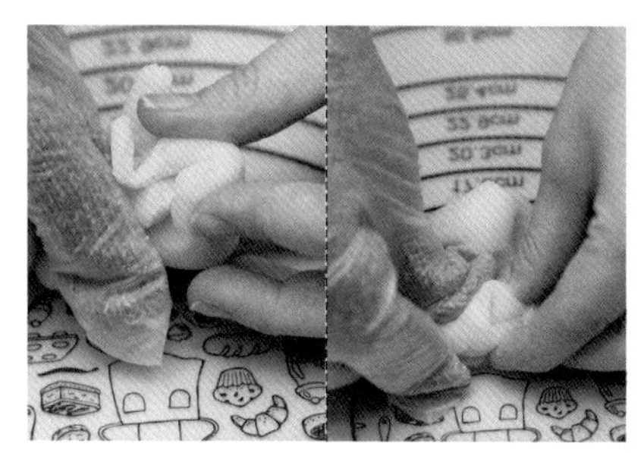

32 承步骤 31，用手搓揉面团，使豆沙糖皮上色。

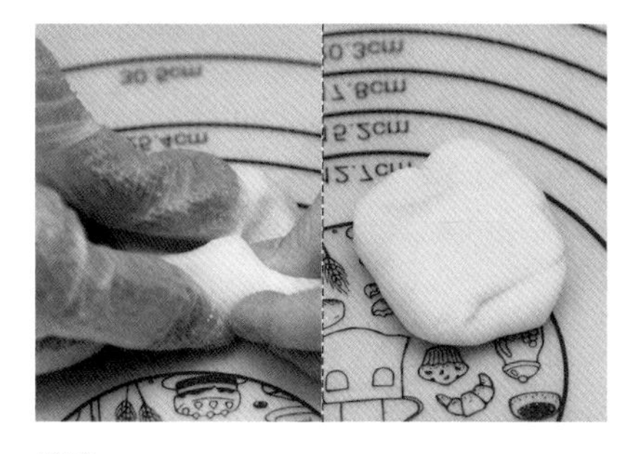

33 重复步骤 32，用手搓揉至面团完全上色即可。

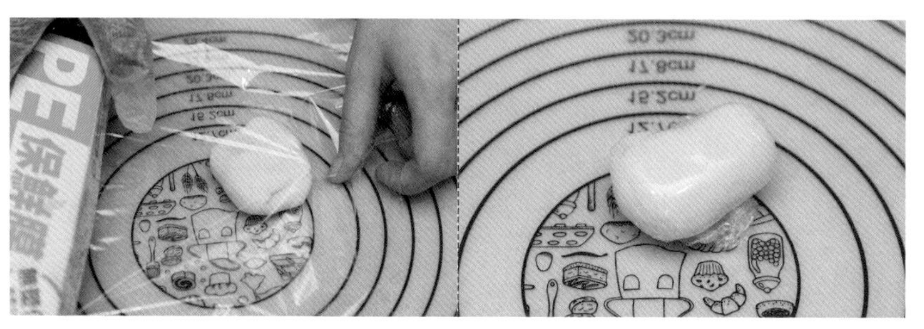

34 最后，用保鲜膜将亮白色豆沙糖皮包覆保存即可。

前置制作 蓝色豆沙糖皮制作

步骤说明 Step Description

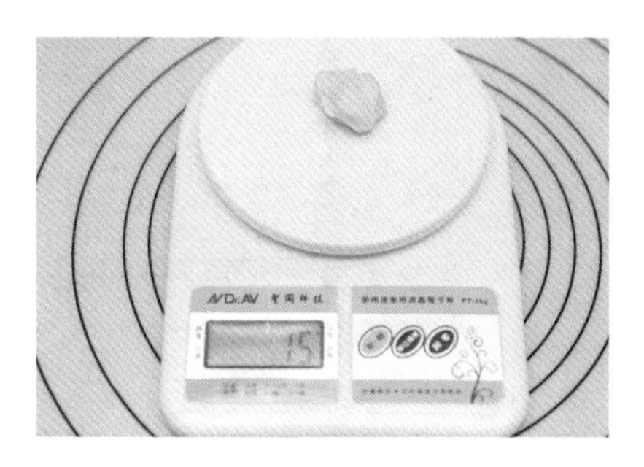

35 取 15 克豆沙糖皮。

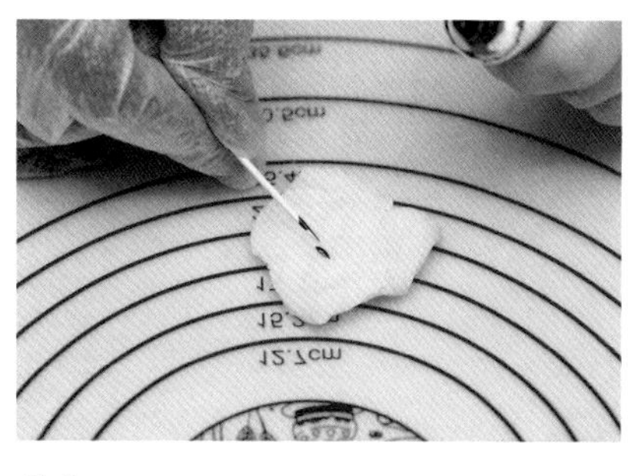

36 用牙签蘸取蓝色色膏，并沾染在豆沙糖皮上。

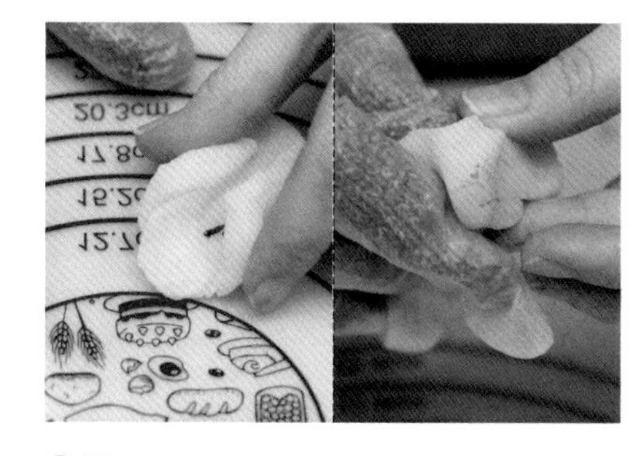

37 承步骤 36，用手搓揉面团，使豆沙糖皮上色。

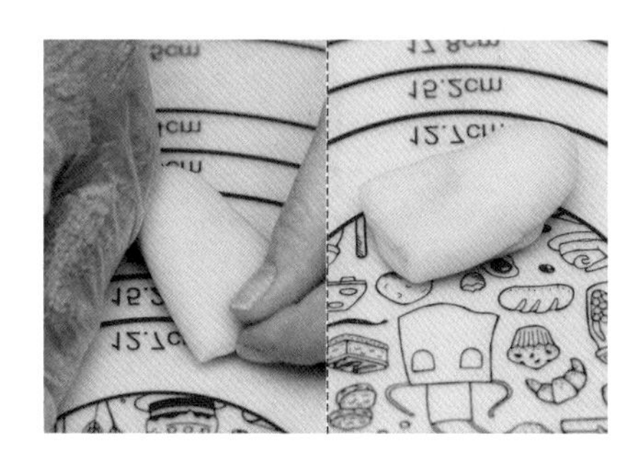

38 重复步骤 37，用手搓揉至面团完全上色即可。

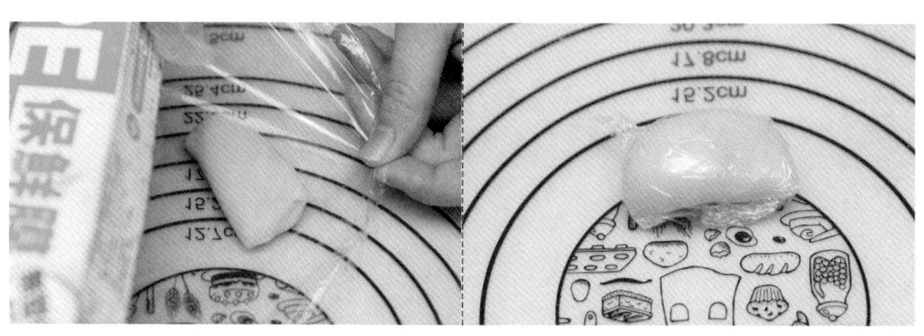

39 最后，用保鲜膜将蓝色豆沙糖皮包覆保存即可。

前置制作 黄色豆沙糖皮制作

步骤说明 Step Description

40 取 10 克豆沙糖皮。

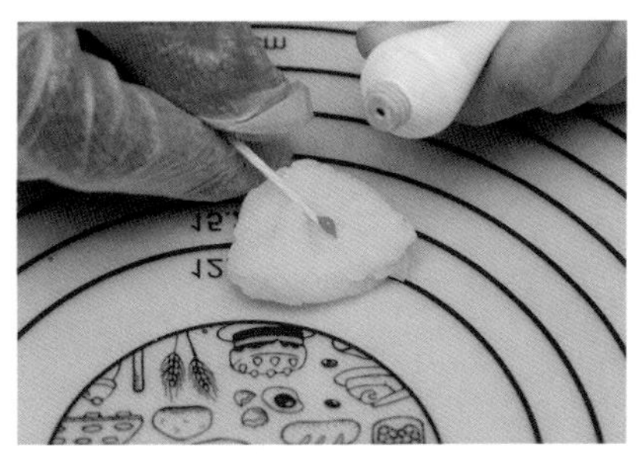

41 用牙签蘸取黄色色膏，并沾染在豆沙糖皮上。

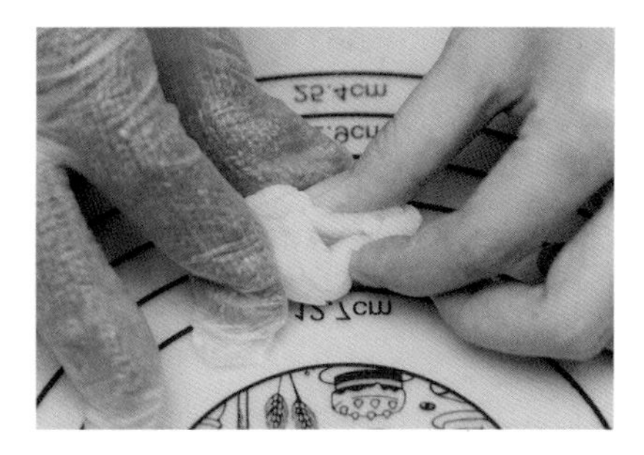

42 承步骤 41，用手搓揉面团，使豆沙糖皮上色。

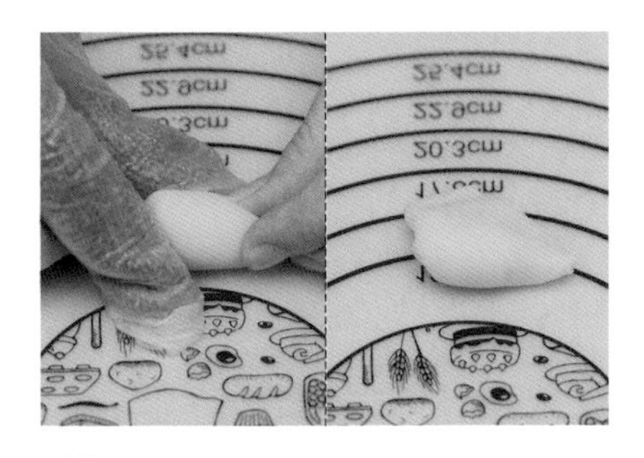

43 重复步骤 42，用手搓揉至面团完全上色即可。

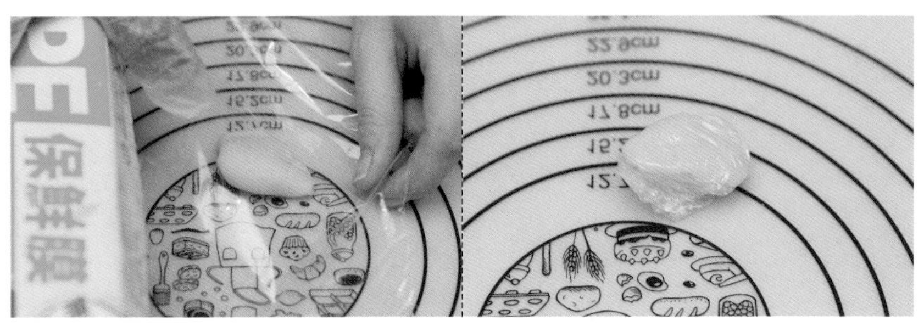

44 最后，用保鲜膜将黄色豆沙糖皮包覆保存即可。

组合配置 福袋蛋糕主体制作

步骤说明 Step Description

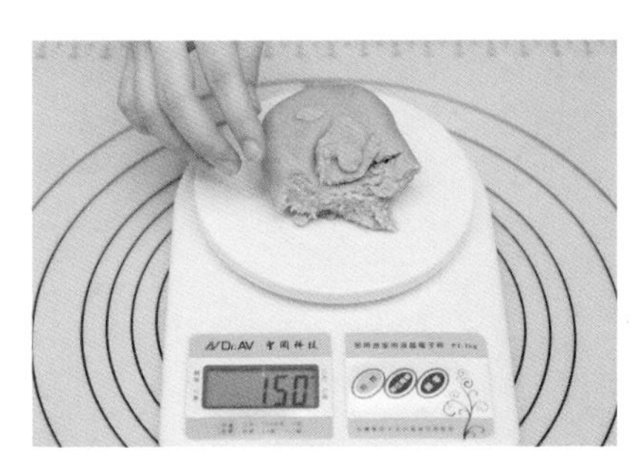

01 取150克粉红色豆沙糖皮。

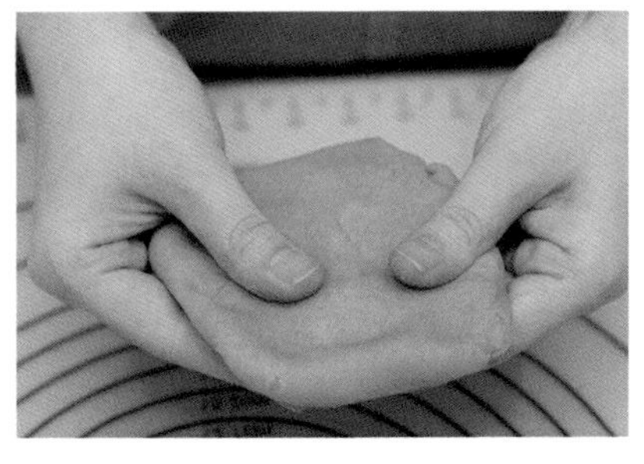

02 用手稍微将粉红色豆沙糖皮捏平。

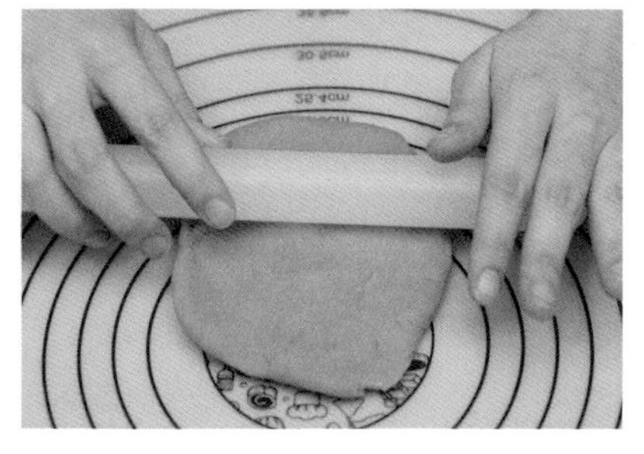

03 用擀面棍擀平粉红色豆沙糖皮。

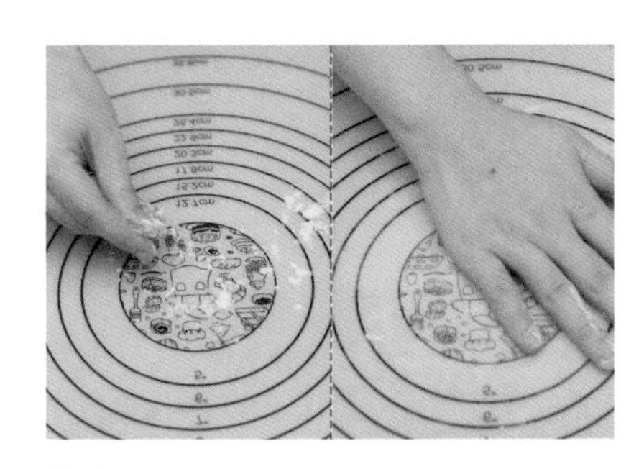

04 在烘焙垫上撒上熟粉后，用手将熟粉抹均匀。

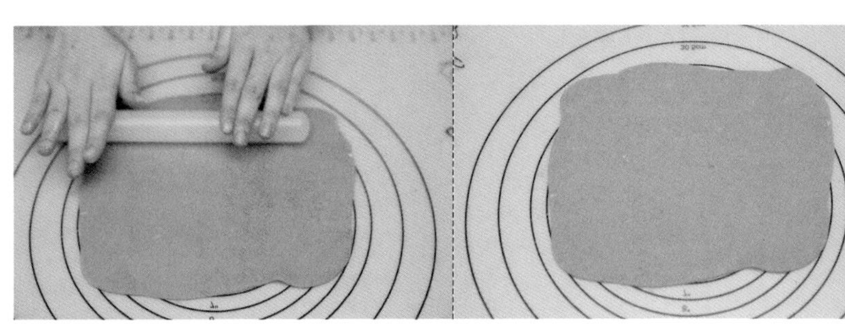

05 重复步骤 3~4，将粉红色豆沙糖皮擀平。

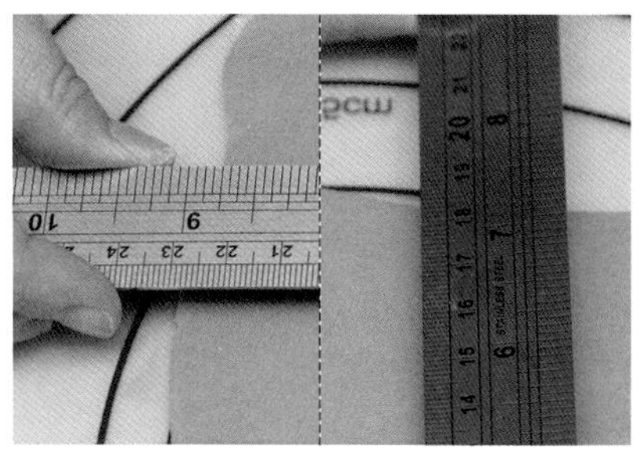

06 如图，擀平至长 23 厘米、宽约 18 厘米左右即可。

TIP 可超过但不要小于此大小。

07 用手在粉红色豆沙糖皮右侧 1/4 处捏出自然皱褶。

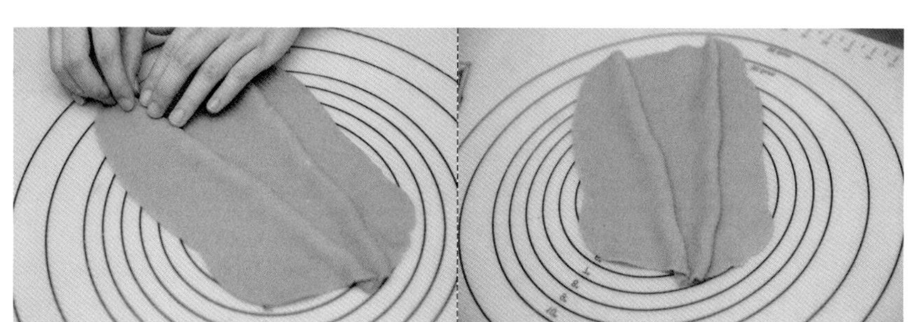

08 重复步骤 7，完成第二条皱褶，即完成粉红色豆沙糖皮①制作。

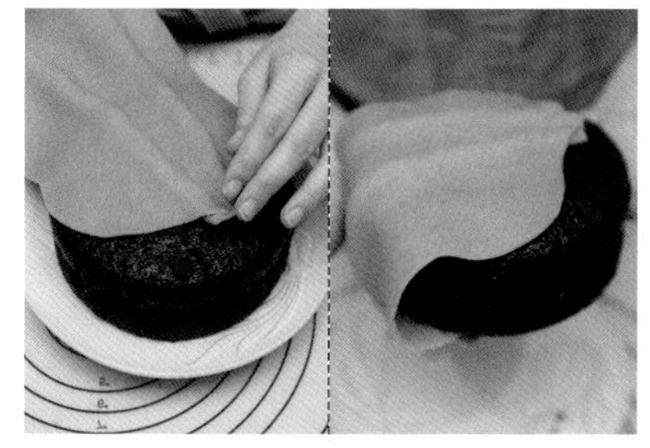

09 将粉红色豆沙糖皮①包覆在蛋糕上。

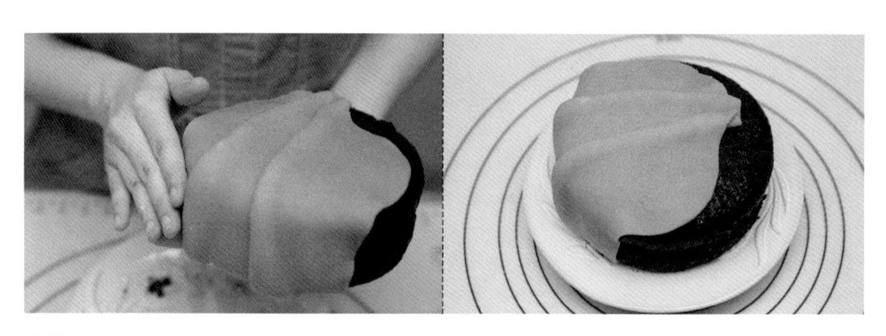

10 承步骤 9，用手将粉红色豆沙糖皮①的底部收进蛋糕内即可，若过长可自行裁剪。

11 用保鲜膜覆盖蛋糕备用。

12 重复步骤 1~8，以同样尺寸完成粉红色豆沙糖皮②制作。

13 重复步骤 9~11，将粉红色豆沙糖皮②包覆蛋糕。

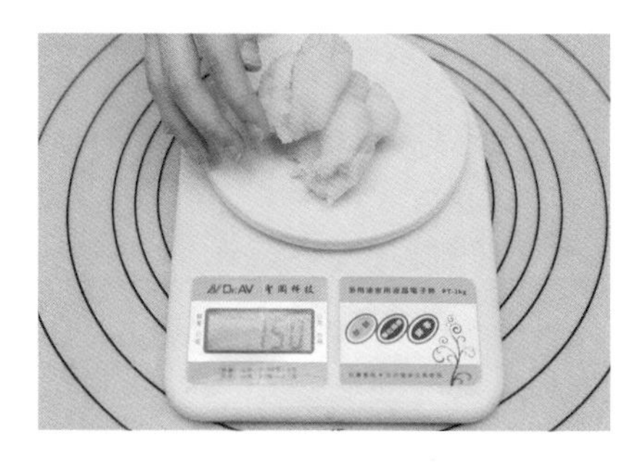

14 取 150 克原色豆沙糖皮。

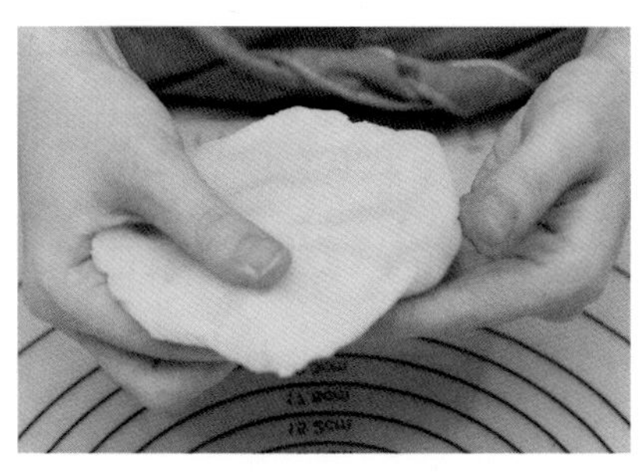

15 用手稍微将原色豆沙糖皮捏平。

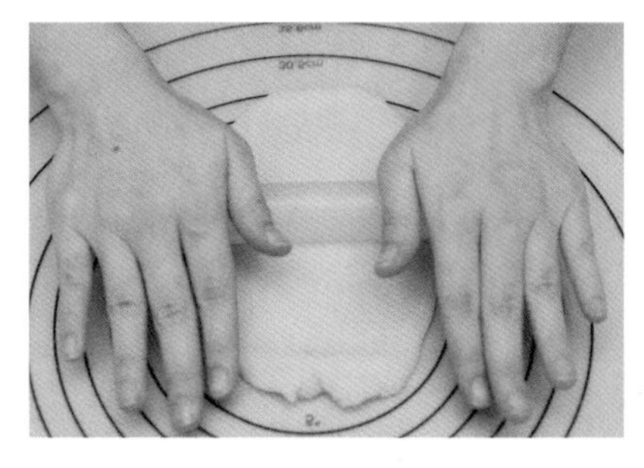

16 用擀面棍擀平原色豆沙糖皮。

17 在烘焙垫上撒上熟粉后，用手将熟粉抹均匀。

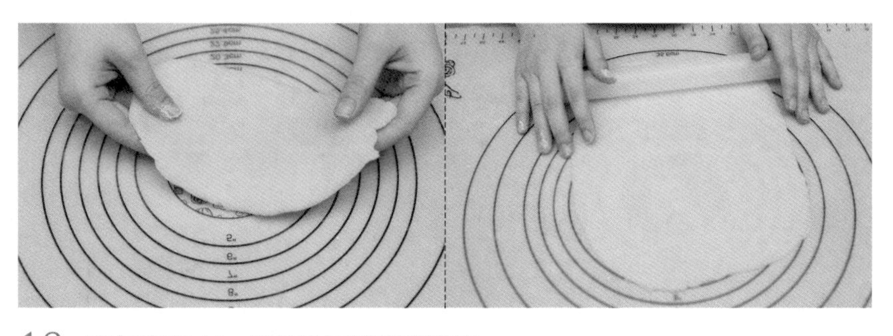

18 重复步骤 16，将原色豆沙糖皮擀平。

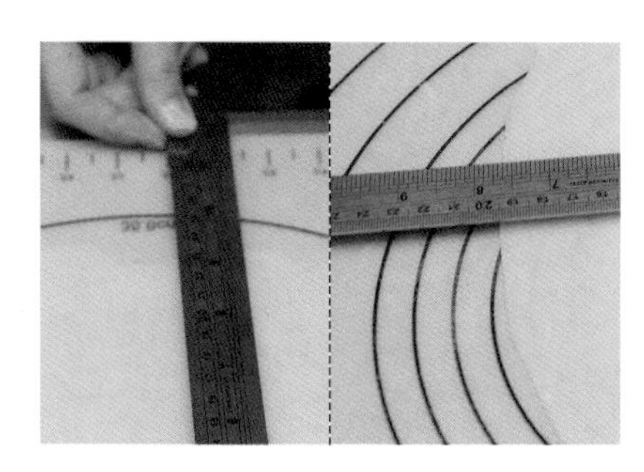

19 如图，擀平至长 23 厘米、宽约 18 厘米左右即可。

TIP 可超过但不要小于此大小。

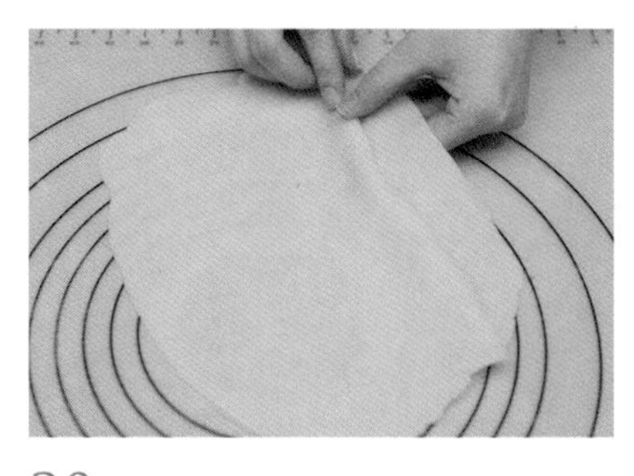

20 用手在原色豆沙糖皮右侧 1/4 处捏出皱褶。

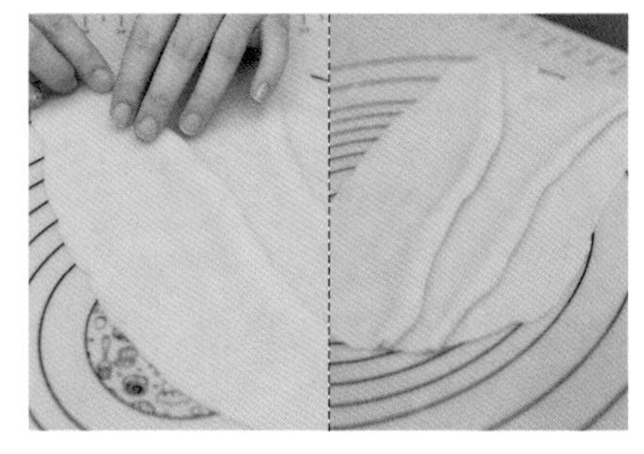

21 重复步骤 20，完成第二条皱褶。

22 将原色豆沙糖皮两侧边缘往内收折，即完成原色豆沙糖皮①制作。

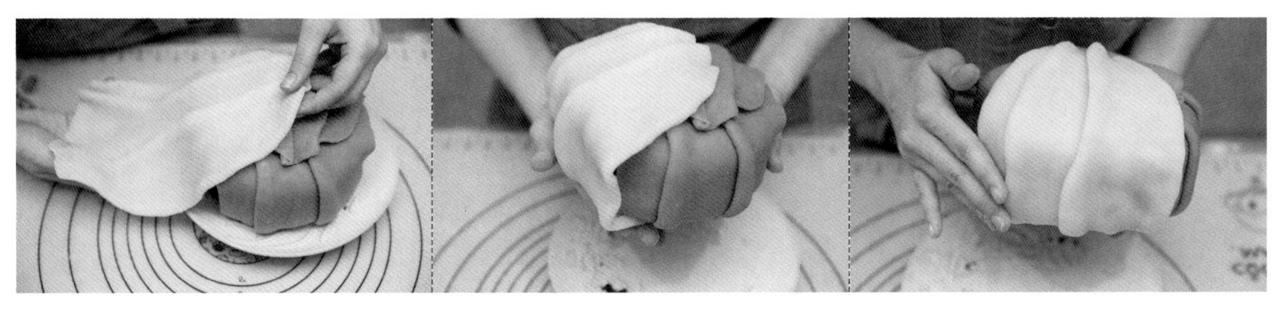

23 将原色豆沙糖皮①包覆粉红色豆沙糖皮右侧，并收入底部。

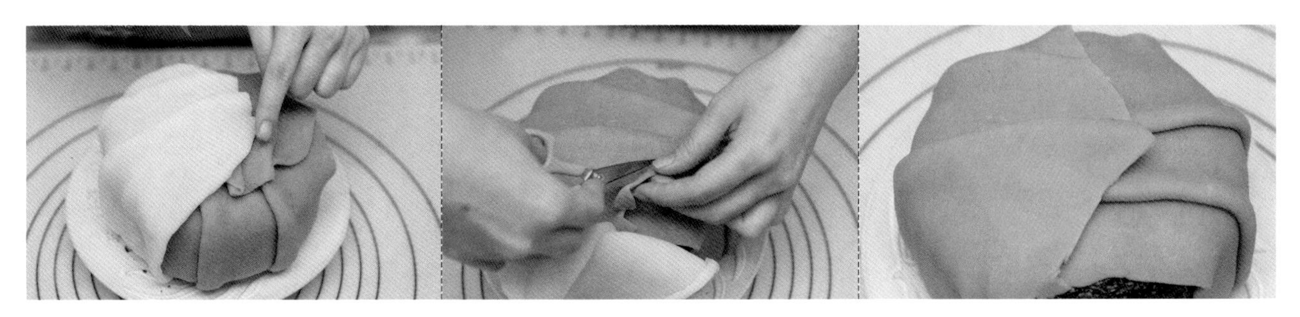

24 用剪刀修剪过长的豆沙糖皮。

25 将原色豆沙糖皮①覆盖住粉红色豆沙糖皮，确认长度没问题后，用保鲜膜包覆。

TIP 若过长可自行修剪。

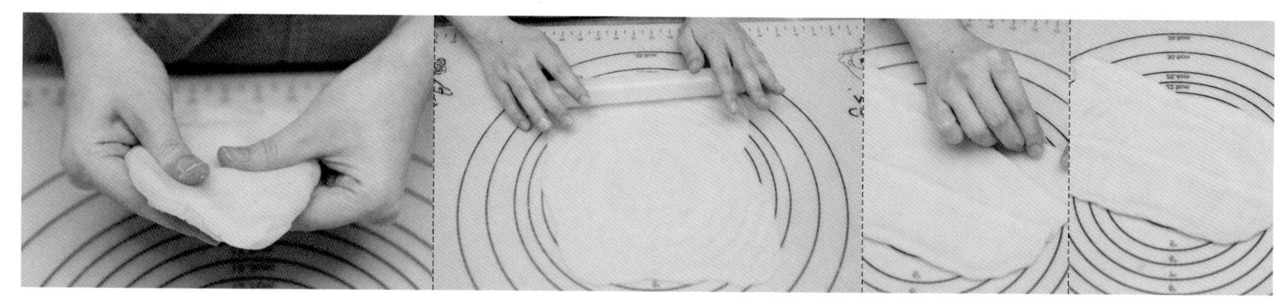

26 重复步骤 14~22，完成原色豆沙糖皮②制作。

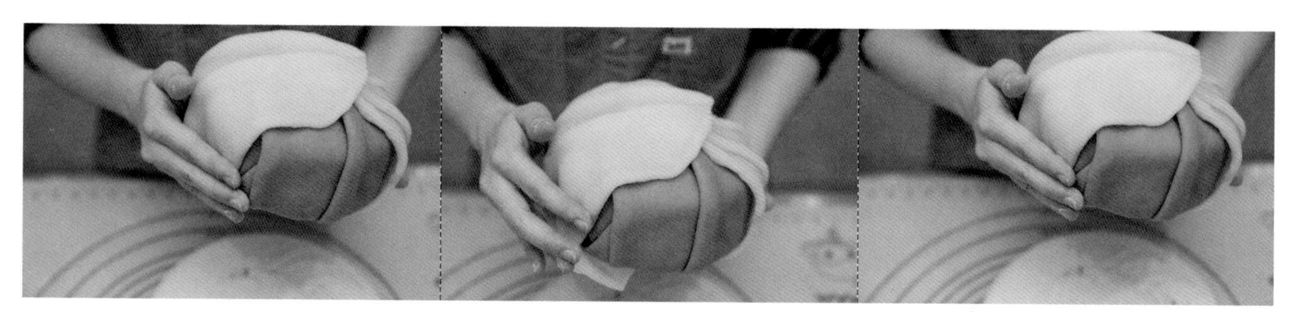

27 重复步骤 23，将原色豆沙糖皮②包覆蛋糕左侧。

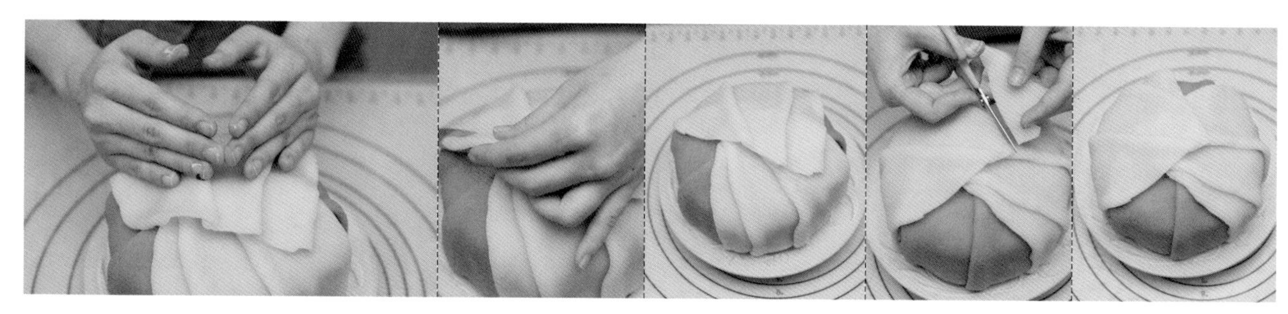

28 用剪刀剪下过长的豆沙糖皮，呈现往内收口状。

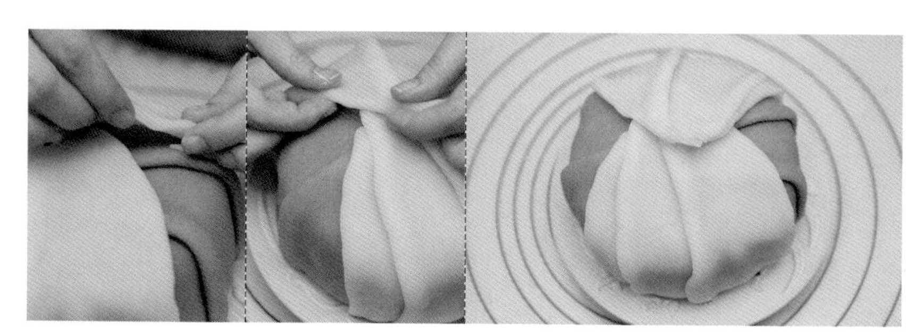

29 将原色豆沙糖皮两侧边缘往内收折，使之边缘圆润。

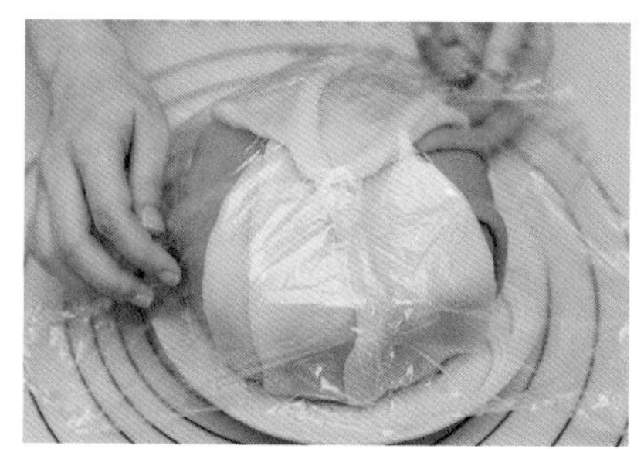

30 用保鲜膜包覆蛋糕，即完成福袋蛋糕主体。

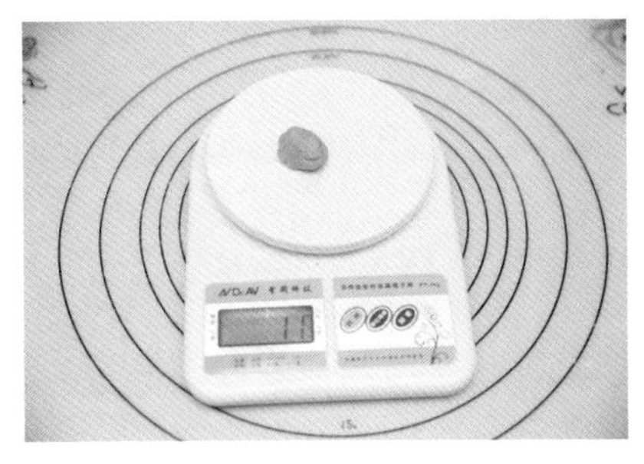

31 取 11 克粉红色豆沙糖皮。

32 取 59 克原色豆沙糖皮。

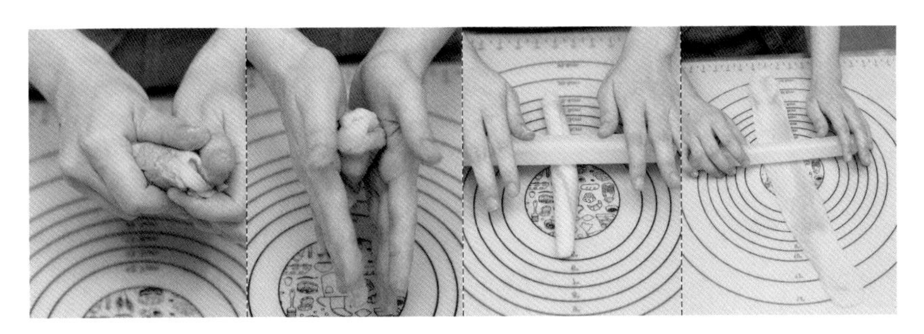

33 将原色与粉红色豆沙糖皮揉成长条状后，用擀面棍擀平。

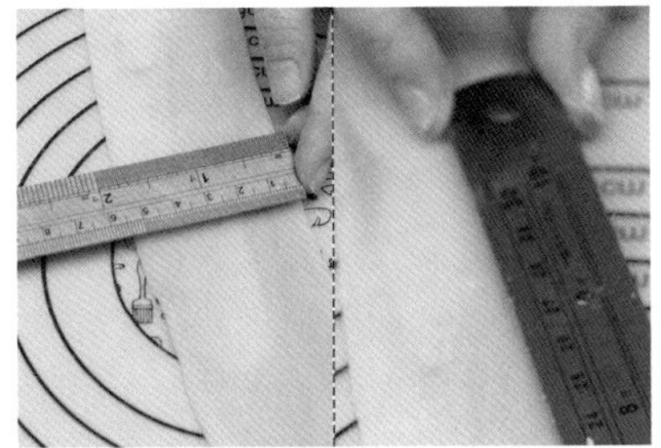

34 如图，擀成宽 5.5 厘米、长 33 厘米的粉原色豆沙糖皮。

35 用切刀棒将左右宽度修剪成 4 厘米左右。

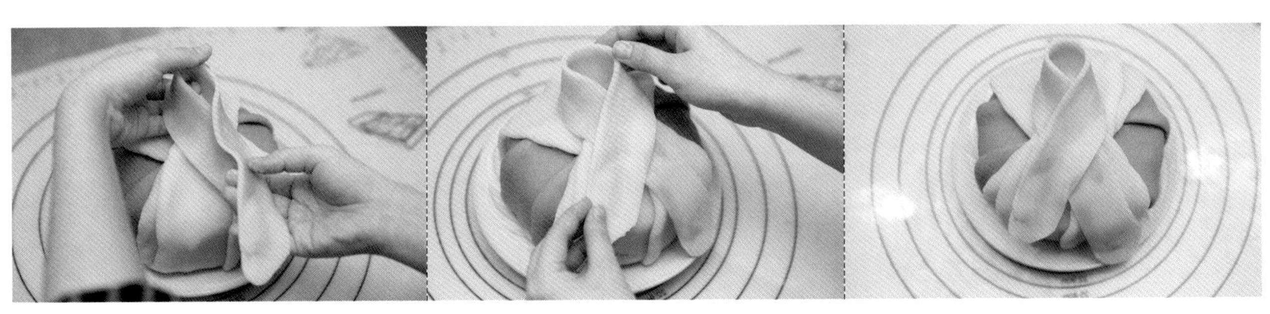

36 将粉原色豆沙糖皮交叉绕圈后，放在福袋主体上方。

TIP 此时可顺势修剪过长的糖皮。

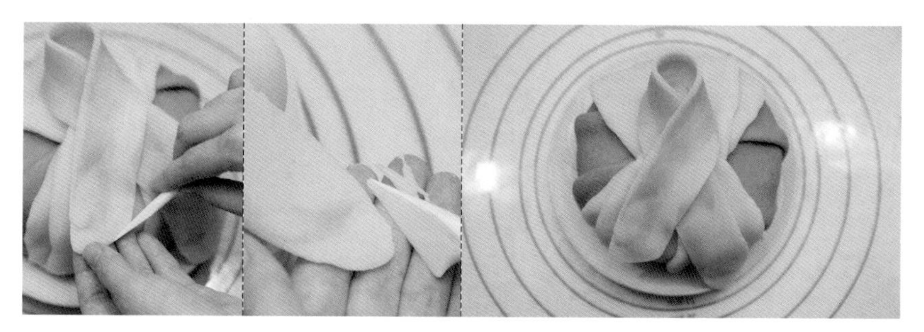

37 用切刀棒将粉原色豆沙糖皮边缘修出圆弧形。

38 用保鲜膜包覆蛋糕，即完成衣领制作。

组合配置 装饰制作

步骤说明 Step Description

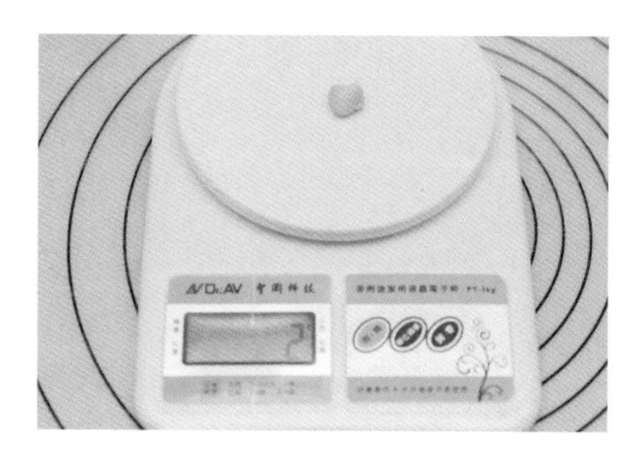

39 取 2 克蓝色豆沙糖皮。

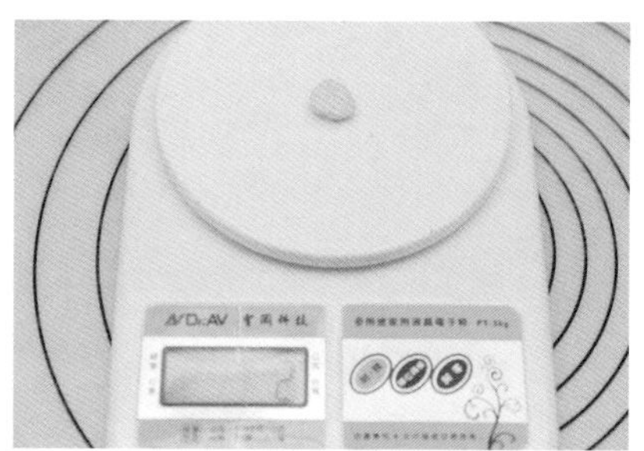

40 取 2 克白色豆沙糖皮。

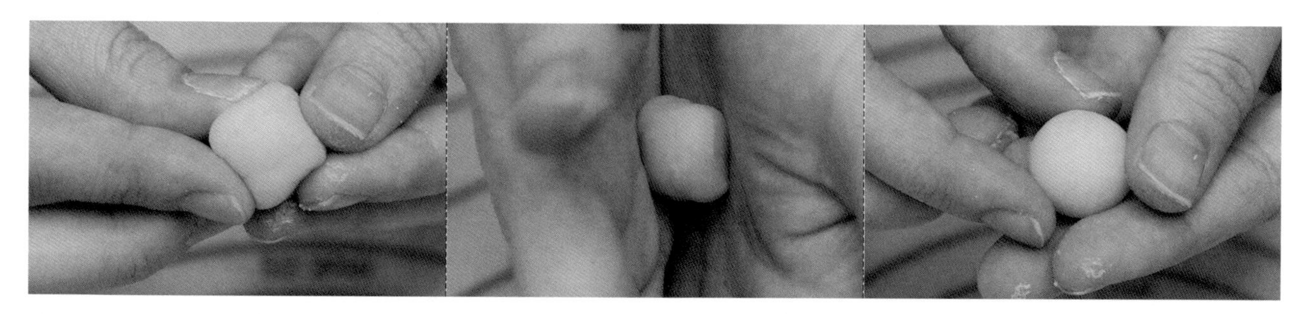

41 将蓝色与白色豆沙糖皮混合并搓成圆形后，备用。

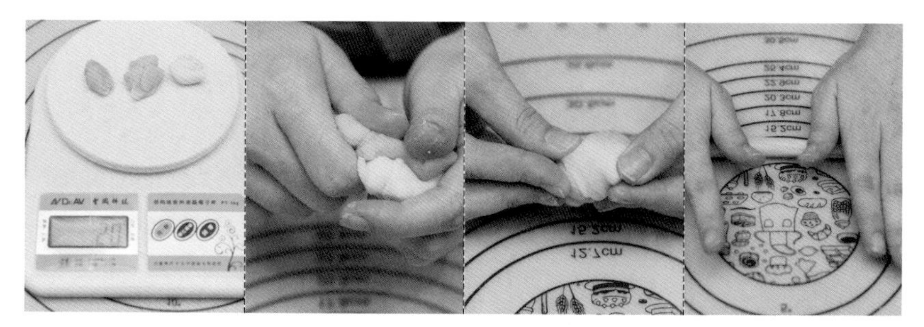

42 将白色（5 克）、蓝色（10 克）与粉红色（5 克）豆沙糖皮混合后，搓成长条形。

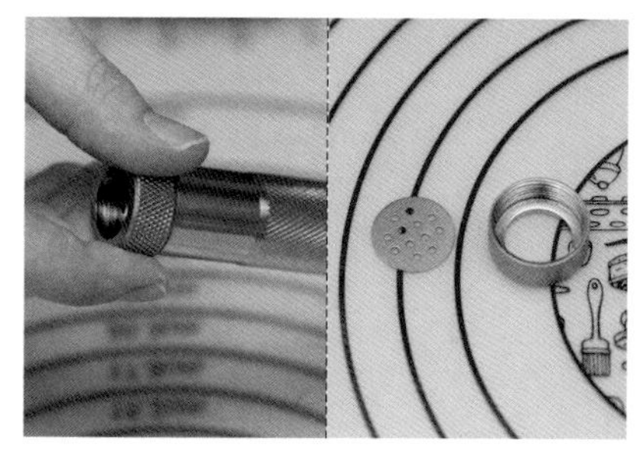

43 将挤泥器前端螺丝及造型片取下。

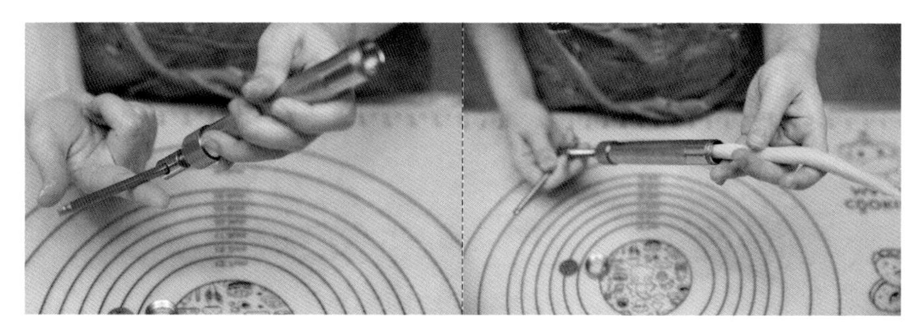

44 将挤泥器旋转杆向后旋后，前端放入长条形豆沙糖皮。

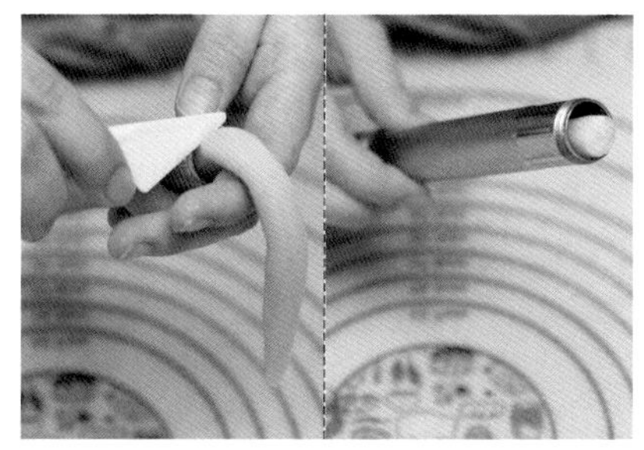

45 用切刀棒将过长的长条形豆沙糖皮切除。

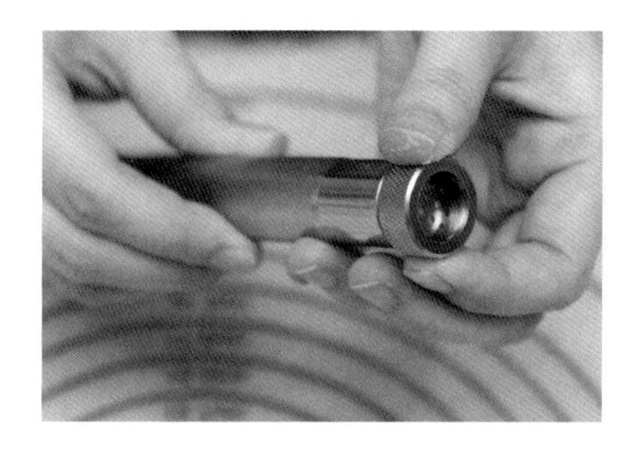

46 放回前端螺丝及造型片。

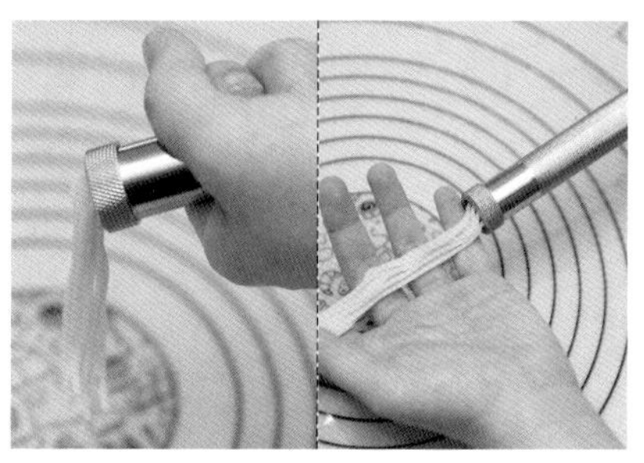

47 用旋转杆挤出面条状豆沙糖皮。

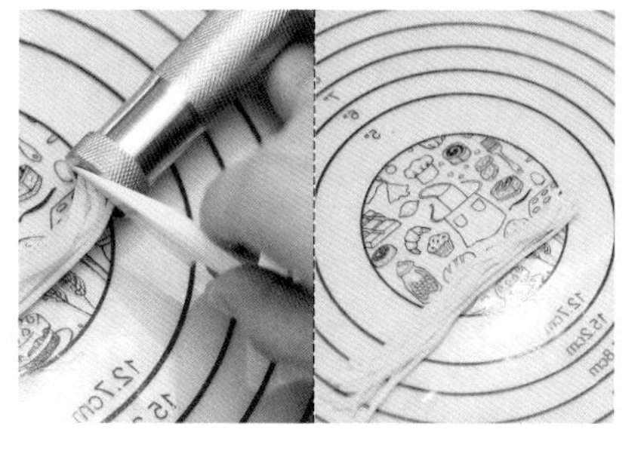

48 用切刀棒将前端的面条状豆沙糖皮切断。

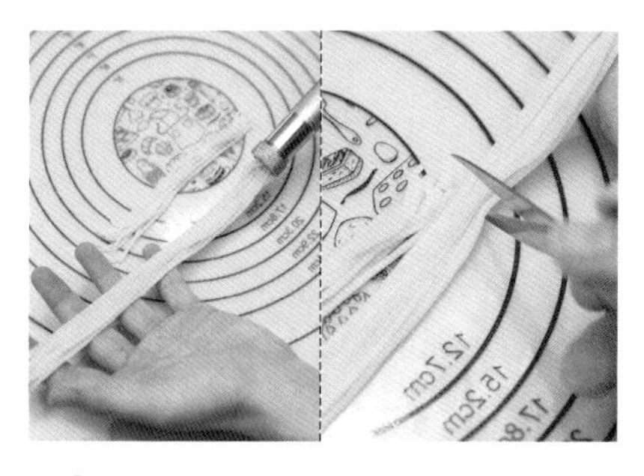

49 用剪刀修剪面条状豆沙糖皮形两束。

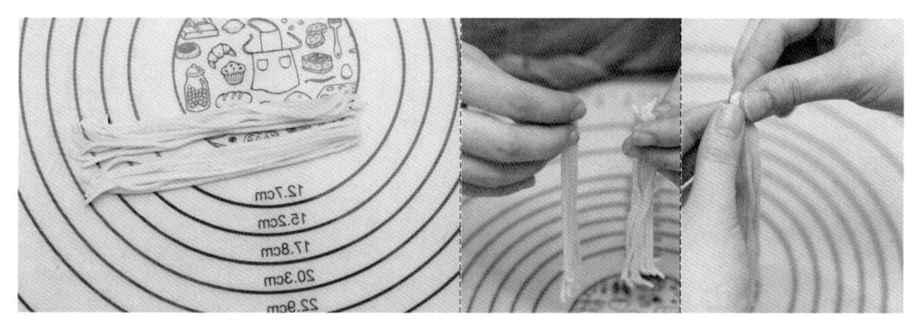

50 将两束面条状豆沙糖皮前端按压粘合。

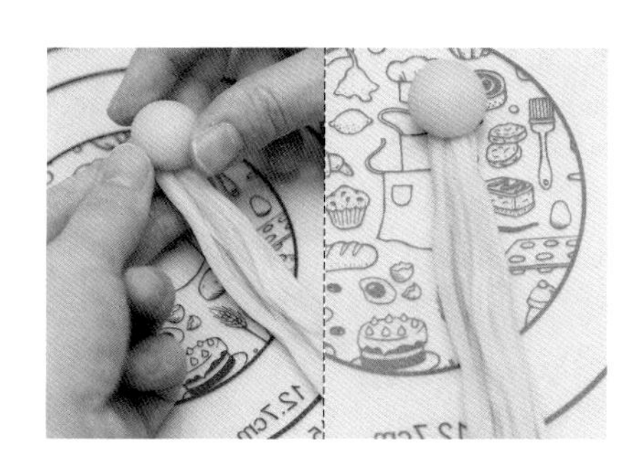

51 承步骤 50，将备用的圆形豆沙糖皮取出，在前端与面条状豆沙糖皮粘合。

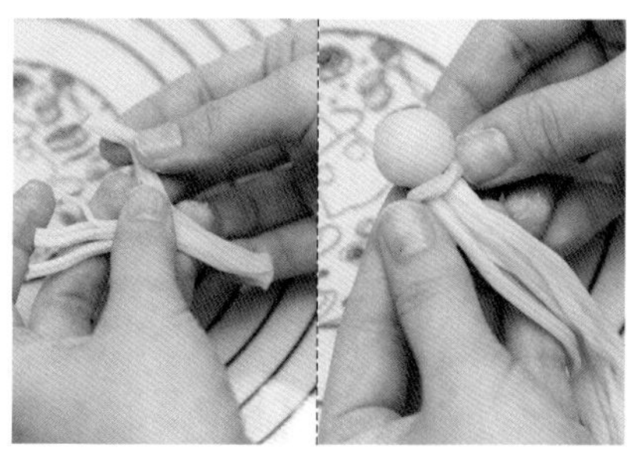

52 取被切除的剩余面条状豆沙糖皮，围在圆形豆沙糖皮下方，作为装饰。

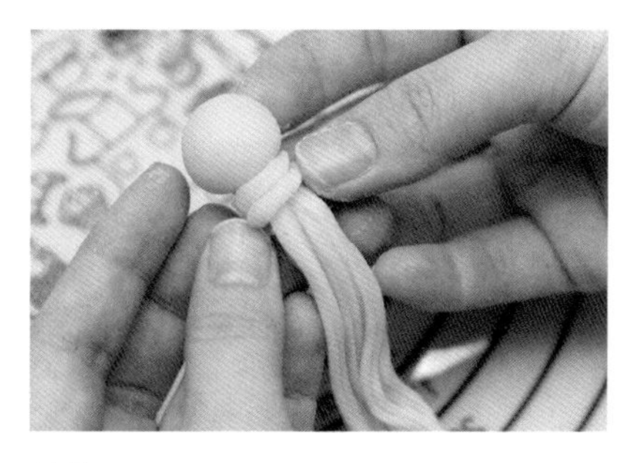

53 如图，缠绕固定完成。

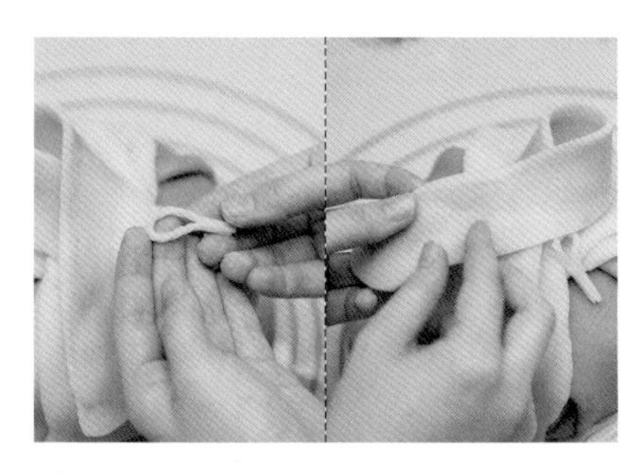

54 取剩余细长形豆沙糖皮，以交叉绕圈的方式藏入衣领底下。

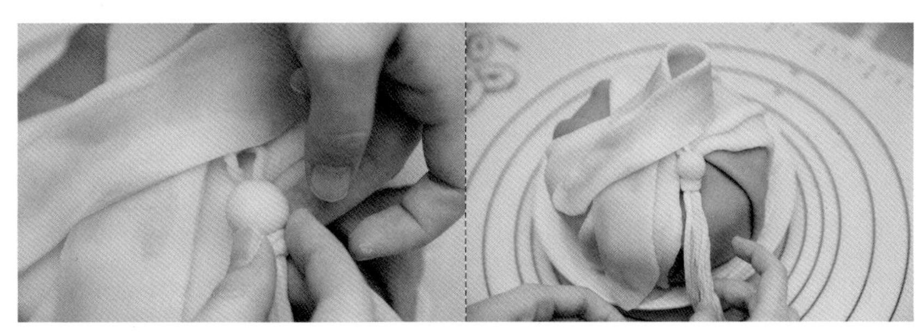

55 将吊饰与细长形豆沙糖皮按压粘合。

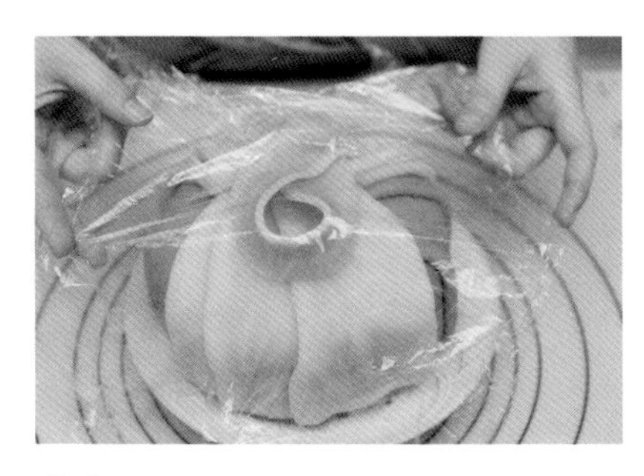

56 用保鲜膜包覆蛋糕，即完成坠饰制作。

57 将金色亮粉与酒混合。

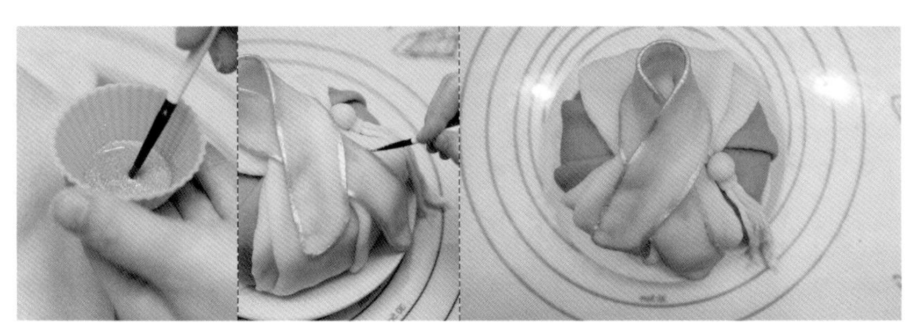

58 用画笔蘸取亮粉，将衣领边缘勾勒亮粉。

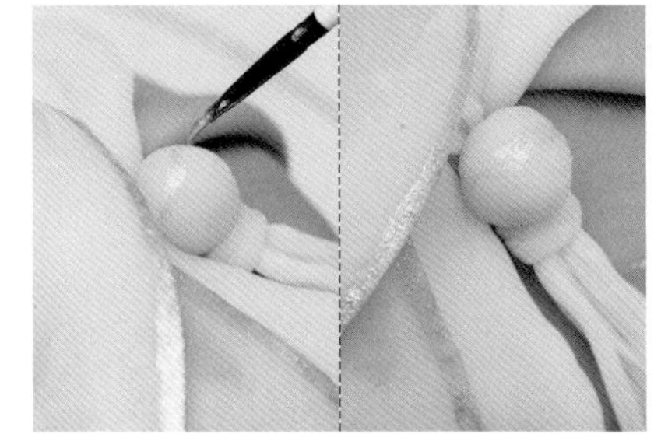

59 用水彩笔蘸取亮粉在坠饰上妆点一条横线。

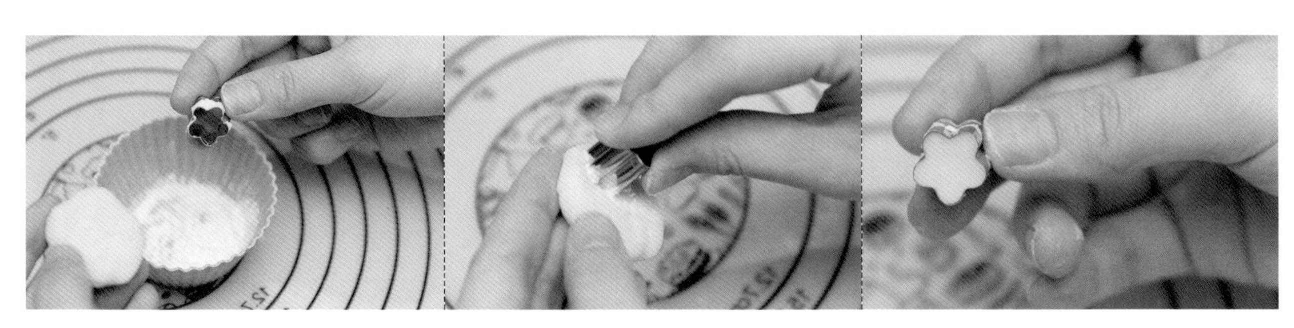

60 将花形切模蘸取熟粉后，压在白色豆沙糖皮上。

TIP 使用熟粉可较好地取出面团。

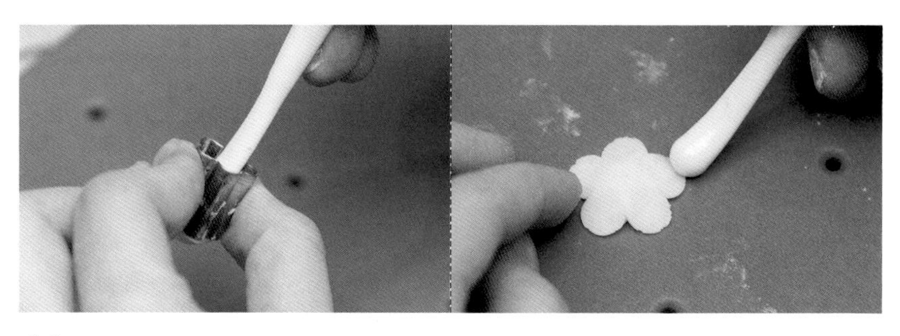

61 用推棒取下小花豆沙糖皮。

62 用雕塑棒在花瓣中心压出花心位置。

63 用剪刀修剪花瓣边缘形状。

64 重复步骤 60~63，共完成四朵小花。

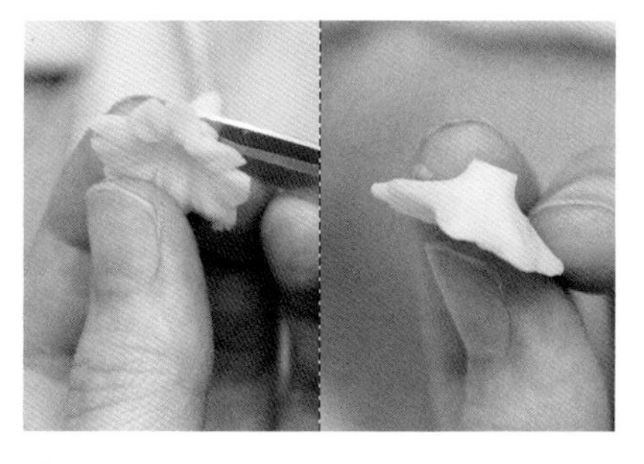

65 用剪刀将花瓣底部剪平，以方便黏着。

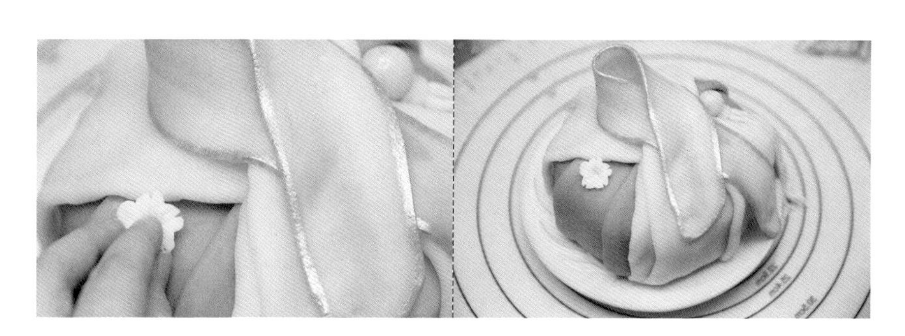

66 承步骤 65，将花瓣放在福袋蛋糕主体上按压装饰。

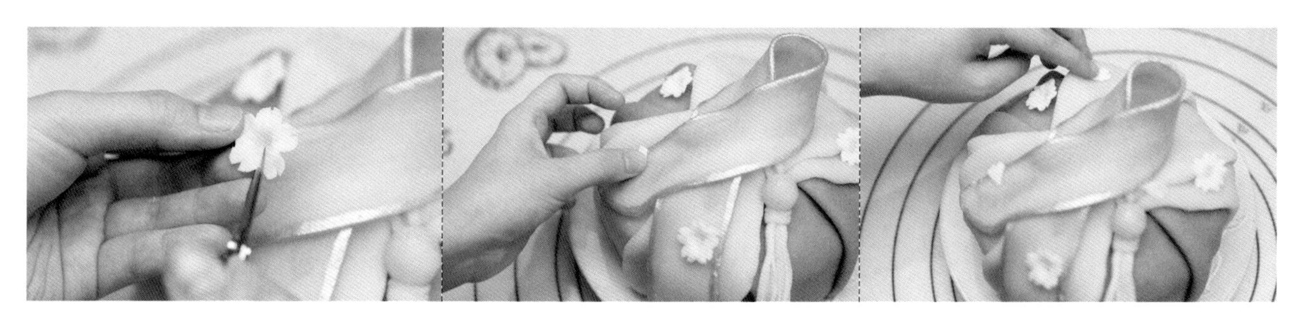

67 重复步骤 65~66，完成花瓣摆放。

TIP 花瓣的位置可依照个人喜好调整。

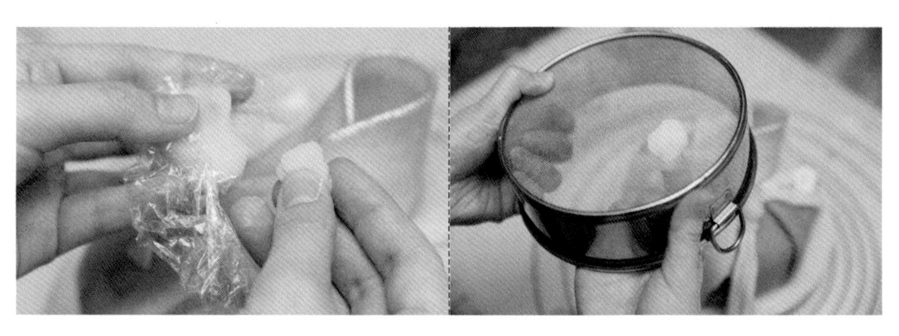

68 取黄色豆沙糖皮，将豆沙糖皮放在筛网内，并向上按压。

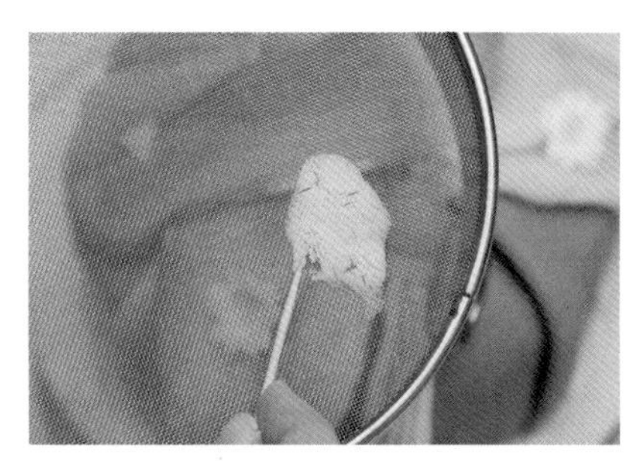

69 用牙签蘸取黄色豆沙糖皮，并放在花瓣中心，为花蕊。

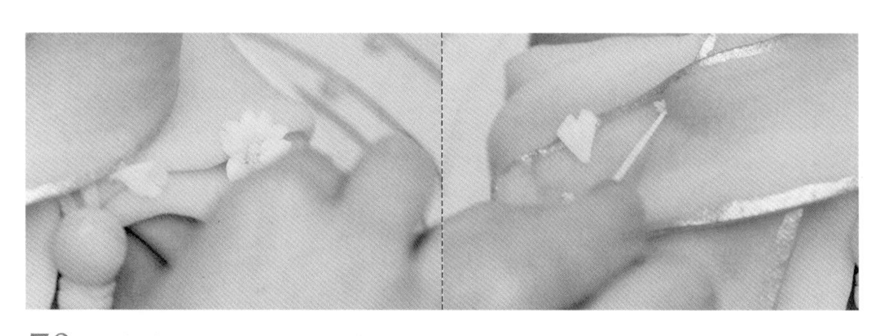

70 重复步骤 69，依序完成花蕊。

TIP 黄色花蕊也可运用在衣领装饰或福袋蛋糕上作点缀。

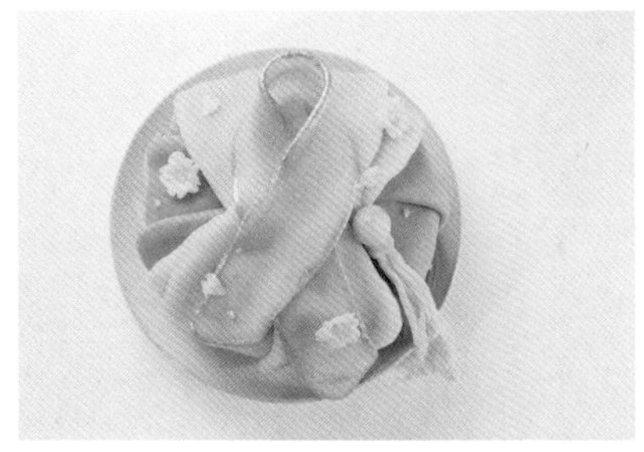

71 如图，福袋蛋糕完成。

Les

La Lune
Pastry Art